Britta Schinzel (Hrsg.)

Schnittstellen

Theorie der Informatik

herausgegeben von Wolfgang Coy

Das junge technische Arbeitsgebiet Informatik war bislang eng mit der Entwicklung der Maschine Computer verbunden. Diese Kopplung hat die wissenschaftliche Entwicklung der Informatik rasant vorangetrieben und gleichzeitig behindert, indem der Blick auf die Maschie andere Sichtweisen auf die Maschinisierug von Kopfarbeit verdrängte. Während die mathematisch-logisch ausgerichtete Forschung der Theoretischen Informatik bedeutende Einblicke vermitteln konnte, ist eine geisteswissenschaftlich fundierte Theoriebildung bisher nur bruchstückhaft gelungen.

Die Reihe „Theorie der Informatik" will diese Mängel thematisieren und ein Forum zur Diskussion von Ansätzen bieten, die die Grundlagen der Informatik in einem breiten Sinne bearbeiten. Philosophische, soziale, rechtliche, politische wie kulturelle Ansätze sollen hier ihren Platz finde neben den physikalischen, technischen, mathematischen und logischen Grundlagen der Wissenschaft Informatik und ihrer Anwendungen.

Bisher erschienen:

Sichtweisen der Informatik
von Wolfgang Coy et al. (Hrsg.)

Die maschinelle Kunst des Denkens
von Günther Cyranek und Wolfgang Coy (Hrsg.)

Formale Methoden und kleine Systeme
von Dirk Siefkes

Neuronale Netze und Subjektivität
von Anita Lenz und Stefan Meretz

Schnittstellen
von Britta Schinzel (Hrsg.)

Vieweg

Britta Schinzel (Hrsg.)

Schnittstellen

Zum Verhältnis von Informatik und Gesellschaft

Mit Fotografien von Clemens Schülgen
und Zeichnungen von Rudolf Schönwald

Fotografien von CLEMENS SCHÜLGEN
Zeichnungen von RUDOLF SCHÖNWALD

Der Verlag Vieweg ist ein Unternehmen der Bertelsmann Fachinformation GmbH.

Druck und buchbinderische Verarbeitung: Lengericher Handelsdruckerei, Lengerich/Westfalen
Gedruckt auf säurefreiem Papier
Printed in Germany

ISBN 3-528-05537-5

Inhalt

Schnittstellen zwischen Informatik und Gesellschaft
Zu diesem Buch

DER vorliegende Band beschäftigt sich mit den Eigenschaften und Wirkungen der Informationstechnik und ihrer möglichen Beeinflussung. Dieser Problemkreis wird innerhalb der Informatik im Bereich ›Informatik und Gesellschaft‹ behandelt, außerhalb der Informatik in verschiedenen Disziplinen, gezielt in der Technikfolgen-, Technikbegleit- und Technikgeneseforschung (hier allgemein mit TA bezeichnet) zur Informationstechnik.

Informationstechnische Artefakte haben sowohl uniforme als auch sehr spezifische Eigenschaften. Die Uniformität drückt sich in der unabhängig vom Anwendungsgebiet einheitlichen Methode der Formalisierung, Algorithmisierung, Programmierung und Ausführung auf Rechnern aus, welche auf der Seite der Anwendungen charakteristische Verengungen mit sich bringt. Dieser Generalismus wird durch die Abstraktheit der Methoden erreicht, welche formale Repräsentationen (Zeichen) von Dingen der realen Welt mit Hilfe von Algorithmen bearbeiten. Die programmierten Repräsentationen setzen dem Verständnis der Abläufe enge Grenzen durch die kognitiven Schwierigkeiten des Menschen, mit Abstraktem, unvorstellbaren Größen und komplexen Strukturen explizit umzugehen. Die Fremdheit der diskreten Semiotik beschränkt die Vorstellungskraft und beflügelt die Phantasie des in kontinuierlichen Formen denkenden Menschen. Kein Wunder also, daß die informationstechnischen Innovationen von ebenso großen Hoffnungen wie Befürchtungen begleitet werden.

Die Undurchschaubarkeit der Folgen wird durch die vielfache Verschränkung der Informationstechnik mit anderen Bedingungen noch verstärkt. Es ist geradezu typisch für die Wirkungen der Informationstechnik, daß sie meist über ein komplexes Gefüge von sozialen und organisatorischen Zusammenhängen vermittelt auftreten.

Gerade bei der Computertechnologie hat sich gezeigt, daß alle Vorstellungen, die den Computer seit seiner Entstehung in den vierziger Jahren begleiteten, weit hinter der Realität zurückgeblieben sind. Ich meine hier allerdings nicht die vollmundigen Versprechungen der sogenannten ›Künstlichen Intelligenz‹, für die eher das Gegenteil gilt. Doch die Geschwindigkeit der Entwicklung, die Verbesserung der Hardware bei gleichzeitiger Kostensenkung übertrifft frühere technische Innovationen bei weitem. Ähnliches ist zur Verbreitung festzustellen: Die konsequente Ausbreitung sowohl hinsichtlich der Dichte in Bevölkerung und Institutionen, als auch der Zahl und Ausdehnung der Anwendungsgebiete hat alle Erwartungen überflügelt. Noch in den siebziger Jahren schien es kaum vorstellbar, daß nahezu jeder Arbeitsplatz und jeder Haushalt mit einem eigenen Monitor oder PC ausgestattet werden könnte. Die Großrechner dieser Zeit leisteten ja kaum soviel wie ein heutiger PC. Persönlich begnügte man sich mit arithmetischen Taschenrechnern. Erst Mitte der achtziger Jahre begann die flächendeckende Verbreitung der Software-Unterstützung in den meisten Lebensbereichen.

Mitte der neunziger Jahre beginnt die Vernetzung und der verstärkte Zugriff der Computerisierung auf die Kommunikation via Datenautobahnen, Cyberspace, Multimedia etc. einen neuen Qualitätssprung bei der Vergesellschaftung der Informationstechnik einzuleiten, der von der Verarbeitung von Daten zur Verfügbarmachung von Daten führt. Ob dies auch den von Wirtschaft und Staat erhofften Impuls einer wirtschaftlichen Entwicklung geben und zur Schaffung von Arbeitsplätzen (bei gleichzeitig erhoffter Verminderung von Umweltbelastungen) beitragen wird, bleibt abzuwarten. Jedenfalls scheinen die jetzt verfügbaren technischen Kommunikationskanäle, die über electronic mail, news, conferencing, Foren, groupware, workflow management u.s.w. neue Ebenen zwischen Brief, Telegramm, Fachzeitschrift, Telefon und Nachschlagewerken einziehen oder neue Organisationshilfen bei Arbeitsteilungsprozessen, Konferenzen, gemeinsamer Vorgangsbearbeitung bereitstellen, nicht nur neue oder erweiterte Möglichkeiten des Umgangs mit Information zu bieten. Diese Form der Kommunikation scheint auch, sofern sie einmal allgemein verfügbar gemacht ist, im Vergleich zu den erwähnten Medien psychische Barrieren herabzusetzen. Es ist zu erwarten, daß dadurch neue soziale Prozesse in Gang gesetzt werden. Die Industrie setzt dabei auf die Masse der Bevölkerung: Durch die geplante Integration mit dem Fernsehen und anderen Medien, durch den Zugriff auf weitere Daten und Operationen sowie durch erweiterte Selektionsmöglichkeiten im Informations- und Unterhaltungsbereich.

Entsprechend dem jeweiligen Stand und den jeweiligen Realitäten der Computertechnik war es im Verlauf der historischen Entwicklung kaum möglich, die konkreten Risiken zu erahnen, die die Informatisierung der Gesellschaft mit sich bringen würde. Doch daß sie gravierende Änderungen und massive Umwälzungen verursachen würde, das haben gerade viele Pioniere der Rechnerentwicklung und der Informatik, wie HEINZ ZEMANEK, KONRAD ZUSE oder KARL STEINBUCH, sehr wohl erkannt. Und sie wurden nicht müde, immer wieder auf deren massive gesellschaftliche Auswirkungen hinzuweisen. Besonders heute fällt es schwer, sich die gesellschaftlichen Wirkungen des weltweiten elektronischen Austauschs in ihrem ganzen Umfang vorzustellen. Es ist wahrscheinlich, daß sie zum Fall von Barrieren führen und nationale Hoheiten und Integrität, Rechtssysteme und Wirtschaft nicht unberührt lassen wird.

Ist die gesellschaftliche Umwälzung durch den Computer vergleichbar mit jener Revolution, die die Eisenbahn vor hundert Jahren eingeleitet hat? Die starke Beschleunigung großer Menschenmengen und die rasche Überbrückung großer Distanzen legen Analogiebildungen zu den immateriellen Beschleunigungen und Schrumpfungen von Entfernungen bei der technisierten Kommunikation nahe. Die Eisenbahn wird ja als Symbol des industriellen Zeitalters gehandelt, obgleich die ersten großen industriellen Entwicklungen im textilen Bereich stattfanden, wo die neuen Spinnmaschinen wegen des Bedarfs an Energie, Arbeitskraft und Management in Manufakturen nicht mehr zu betreiben waren. Der Computer seinerseits ist zum Zeichen eines postindustriellen oder postmodernen Zeitalters geworden.

»Doch was war doch die Dampflokomotive für ein ausdrucksvolles Gebilde« im Vergleich zum ›Nichtaussehen‹ des Computers, so schreibt H. ZEMANEK in seinem Beitrag. Nicht nur die Lokomotive, auch die Bilder der historischen Verkehrswege für die ersten Massenverkehrsmittel sowie der für sie notwendigen Energie- und Stahlgewinnung sind beeindruckend. Von ihnen sind einige zur optischen Erbauung und Anreicherung des Textes hier abgebildet. Die erwähnten Analogien waren leitend bei der Auswahl der Reproduktionen, die die Texte begleiten.

Auch bei der Entwicklung der Eisenbahn machte man sich Gedanken um die Folgen, und sie waren teils realistisch (Gestank der Lokomotiven und Umweltbelastung), teils wirken sie heute lächerlich (Krankheitsfolgen durch die rasche Kurvenfahrt). Dasselbe gilt für das Auto: Auch hier wurden manche Gefahren für Leib und Leben von Menschen sowie für die Umwelt erwartet, andere nicht.

Es ist nicht möglich, die Konsequenzen der weiteren informationstechnischen Durchdringung und Vernetzung vorherzusehen und die Risiken richtig zu sehen bzw. einzuordnen. Des weiteren steht in Frage, ob die Beschleunigung der technischen und gesellschaftlichen Veränderung, die Erhöhung der organisationalen Komplexität und die Überflutung mit Informationen, die durch die Informatisierung in Gang gesetzt werden, die Akzeptanz der Gesellschaft nicht überstrapazieren; oder ob sie zu einer weiteren Trennung innerhalb der Gesellschaft führen zwischen jenen, die die Technik nutzen bzw. nicht nutzen können; oder wie hoch die Selbstadaptions- und -Heilungsfähigkeit der Gesellschaft sein wird.

Wieweit wir die neuen Möglichkeiten zu unserem Vorteil nutzen können werden, ist die entscheidende Frage.

In diesem Buch sind Beiträge zu gesellschaftlichen Folgen der Informationstechnik und Fragen, die sie aufwirft, unter dem Gesichtspunkt vereinigt, wie in Zukunft damit einerseits von seiten der Informatik umgegangen werden kann, und welche Fragen sich für eine begleitende, auch außerinformatische Forschung stellen. Seit mehreren Dekaden forschen Sozialwissenschaftler über Technikfolgen des Computers und Informatiker im Bereich Informatik und Gesellschaft. Viele der zusammengetragenen Erkenntnisse erscheinen zwar durch neue Innovationen oder durch den raschen gesellschaftlichen Wertewandel bereits überholt. Doch gibt es auch immer wieder reproduzierte Ergebnisse.

Um die Breite der genannten Forschungsfragen zu demonstrieren, sind in diesem Band Beiträge versammelt, die Überblicke verschaffen (W. COY, W. MÜLLER, B. SCHINZEL) und exemplarisch neue Ansätze zur Analyse der Ursachen für Probleme mit der Informationstechnik suchen (H.-J. BRACZYK, CH. FUNKEN, R. STRANSFELD) oder aktualisierte Standpunkte und Vorschläge zu Forschungsfragen vorstellen (K. BRUNNSTEIN, H. ZEMANEK, S. FISCHER-HÜBNER/ K. SCHIER UND R. VOLLMAR). Hier kommen Positionen zu Informatik und Gesellschaft, Datenschutz, Datenautobahnen, Ethik und Verantwortung ebenso zur Sprache wie die Frage, ob unser Rechtssystem auf die Dynamik der Entwicklung der Software-Technik adäquat reagieren kann. Auch ein Fragenkomplex, der sich um die friedliche Koexistenz von Lean Production und Computerisierung dreht, wird zur Diskussion gestellt.

Zum Teil haben die Beiträge ihren Ursprung in einem Freiburger *Symposium zur Technikfolgenabschätzung Informatik* im Februar 1993, wo W. COY, K. BRUNNSTEIN, G. WOHLAND, R. VOLLMAR, H. ZEMANEK und ich die im Buch erschienenen Themen vorgetragen haben. Eine Podiums-Diskussion zum Thema *Hilft Technikfolgenabschätzung zur Beseitigung der Softwarekrise?* beeinflußte die folgende Diskussion und warf die Verstehensproblematik bei der Aufgabenanalyse auf, die ihren Niederschlag in den vorliegenden eingehenderen Überlegungen von CH. FUNKEN gefunden hat.

Ich danke allen, die an diesem Band gearbeitet und mitgewirkt haben. Dies sind natürlich alle Autorinnen und Autoren, bei denen ich mich für ihre Beiträge und ihre Geduld bedanke; die beiden unten vorgestellten Künstler, die dieses Buch auch zu einem Kunstband gemacht haben; der Serienherausgeber WOLFGANG COY, der viel zusätzliche Arbeit auf sich genommen hat, um dieses Buch auf den Weg zu bringen. Aber auch den vielen, die sich nicht direkt hier dokumentiert haben, insbesondere JÖRG MARTIN PFLÜGER für Korrekturen, LUTZ ELLRICH, dem ich den Buch-Titel verdanke, KARIN KLEINN, URSULA SCHILLINGER und BRIGITTE SCHNEIDER möchte ich herzlich für ihre Mitarbeit danken.

Die Fotoserie stammt von CLEMENS SCHÜLGEN. Er ist 1948 geboren, Diplom-Mathematiker und Fotograf, lebt in Wien und Köln. Seit Jahren dokumentiert er mit seiner Kamera den Wandel der Landschaft und der Architektur des industriellen Zeitalters in Belgien, Frankreich und der tschechischen Republik. So verfolgte er die verschiedenen Phasen des Abrisses eines riesigen Stahlwerks in Charleroi, und es entstand eine ganze Fotoserie, die diesen Vorgang mit großer Schärfe und Eindringlichkeit wiedergibt. Die österreichische Südbahnstrecke von Wien bis Triest wurde von ihm in Hunderten von Fotos in ihren entscheidenenden Punkten festgehalten. Die technische Großleistung der Semmeringbahn fasziniert ihn ebenso wie die Form der Schienen, der Brücken und der Bahnhöfe, der Wegeartefakte der ersten Massenbeschleunigung der Menschheit.

Der Wiener Maler und Grafiker RUDOLF SCHÖNWALD, geboren 1928, ist em. Professor für Bildnerische Gestaltung an der RWTH Aachen. Über seine Zeichnungen schreibt er: »Seit über einem Jahrzehnt wandere und zeichne ich in europäischen Industrielandschaften, die in schnellem Verschwinden begriffen sind: Landschaften aus Beton und Stahl werden gleichsam weich, Hochöfen und Fördertürme mit ihrer bizarren Architektur werden umgestürzt, Berge, in Wirklichkeit Abraumhalden, verändern ihre Silhouette. Orte, an denen das Feuer der Geschichte gebrannt hat, sind plötzlich nicht mehr aufzufinden oder sind Freilichtmuseen geworden. Diese ›Ästhetik des Verschwindens‹ hat mich zu einer größeren Serie von Zeichnungen angeregt.«

Ich danke beiden Künstlern sehr dafür, daß sie ihre Werke zur Reproduktion in diesem Band gerne und großzügig zur Verfügung gestellt haben.

Freiburg, April 1996

Britta Schinzel

Informatik und Gesellschaft: Eine Einführung

Britta Schinzel und Nadja Parpart

Mit den informationstechnischen Neuerungen gehen rasche Veränderungen der Arbeitsplätze, der Organisationen, der Produktion einher. Innovationen in der Computertechnik, der Hardware wie der Software, erlaubten eine enorme Ausweitung der Anwendungsgebiete von Computern und ihrer Integration in Organisation und Kommunikation. Der Entwicklungsverlauf konnte von niemandem realistisch eingeschätzt und vorausgesehen werden, denn zu rasch verbilligte sich die Technik, und zu sehr änderten sich gesellschaftliche Rahmenbedingungen und entsprechende Wertvorstellungen. Ein frappierendes Beispiel dafür ist die PC-Entwicklung und PC-Diffusion: Während alle Gruppen (Politik, Wissenschaft, Wirtschaft und Technikfolgenabschätzung) auf die Weiterentwicklung der Großrechner bauten, setzte sie nahezu unbemerkt ein und hat heute im Netzverbund die Großrechner weitgehend abgelöst.

Immerhin wurde sehr rasch deutlich, daß diese Technik starke gesellschaftliche Implikationen mit sich bringen würde. In der Rückwirkung auf die Profession der Informatik kam es zur Entstehung eines eigenen Fachgebiets innerhalb der Informatik, dem Fach ›Informatik und Gesellschaft‹. Die Beschränkung der Informatik auf mathematisch-technische Methoden und Wissensgebiete wird der Komplexität der an die Software gerichteten Anforderungen auch theoretisch nicht gerecht. Die Situiertheit des Computers in der Realität, in Organisation und Kommunikation erzwingt stärker als bei klassischer Technik das Einbeziehen dieser Realität in die Modellbildungen und Methoden. Die starken berufsverändernden Wirkungen durch Rationalisierung und Konversion der Arbeit führten zu der Einsicht, daß die Informatik Verantwortung für die von ihr entwickelten Produkte und ihre Anwendung in der Gesellschaft übernehmen müsse. Die Informatik hat nicht nur die Seite der Entwicklung von Soft- und Hardware, sondern auch die Position der Benutzer und Betroffenen zu reflektieren; die Notwendigkeit, ethische Kriterien für Entwicklung und Einsatz der Informatik-Produkte zu entwickeln, ist unabweisbar geworden.

Das erste Kapitel versucht Einblick in das Gebiet Informatik und Gesellschaft zu verschaffen, einen Fachbereich, der, obwohl auch wesentlich analytisch orientiert, in die der mathematisch-technischen Konstruktion von Artefakten verpflichtete Informatik integriert ist. Die Erkenntnisinteressen des Fachgebiets liegen in der Erforschung der gesellschaftlichen Bedingungen für die Verbreitung der Informationstechnik und der gesellschaftlichen Implikationen der Informatik. Die Erkenntnisziele liegen in einer sozialverträglichen Technikgestaltung. Damit gehören auch übergreifende Fragen zu diesem Fach, wie die Analyse der Rolle des Computers und seiner Eigenschaften, z.B. als Medium oder als Werkzeug, oder seiner Leistungen und psychologischen Wirkungen. Solche werden im zweiten Teil des Kapitels erörtert.

WOLFGANG COY, der derzeitige Sprecher des Fachbereichs Informatik und Gesellschaft der Gesellschaft für Informatik (FB 8 der GI), stellt das Fach ›Informatik und Gesellschaft‹ und seine Entwicklung in Deutschland und anderen Ländern vor. In seinem Beitrag »Was ist, was kann, was soll *Informatik und Gesellschaft*?« versucht er, Entstehung und Inhalte des Faches historisch im inner- wie außerinformatischen Kontext zu situieren (was *ist* ...), seine Ausrichtung und Zielsetzung theoretisch zu fassen (was *soll* ...) sowie praktische Möglichkeiten aufzuzeigen (was *kann* ...). Er nimmt dabei eine Positionsbestimmung des Fachs und eine Aktualisierung seiner Aufgaben vor. Diese orientieren sich vor allem an den neuen und erweiterten Anwendungen im Bereich von Bildung, Medizintechnik, Verkehr und Umwelt, an den qualitativ neuen technischen Zugriffen auf Organisation und Kommunikation, an dem Beitrag der Informatik zu den neuen digitalen Medien.

Die inhaltliche Ausrichtung eines Fachgebietes, das sich solcher Aufgaben annimmt, ist nicht eindeutig festgelegt. Sie ergibt sich vielmehr aus dem Austausch der Informatik mit ihren Nachbardisziplinen und durch die vielfältigen Anwendungen. Über die Einzelfragen und -probleme hinaus sieht W. COY das übergeordnete Ziel eines Fachs Informatik und Gesellschaft darin, die Einseitigkeit einer nur mathematischen oder ingenieurswissenschaftlichen Perspektive der Informatik zu überwinden und die Grenzen der Formalisierung in der informatischen Modellbildung aufzuzeigen.

In diesem Rahmen sind seine in dieser VIEWEG-Reihe dokumentierten Bemühungen um eine erweiterte ›Theorie der Informatik‹ zu sehen, die nicht nur die mathematischen Begriffsbildungen fundiert, sondern auch Grundlagen für nichtformale Begriffe, Metaphern, Leitbilder, Modellbildungen und Paradigmen der Informatik legen soll. Das informatische Denken soll in Dialog treten mit sozial- und geisteswissenschaftlichen Theorien, und es müssen Philosophie und Geschichte des informatischen Denkens selbst reflektiert werden. Eine Geschichtsschreibung der eigenen

Disziplin, nicht nur im Sinne einer Verwaltung von Artefakten, muß begonnen werden, um die Selbstreflexion der Computer-Disziplin in die Wege zu leiten.

Obgleich die Wirkungsforschung herausgefunden hat, wie stark Erfolg und Akzeptanz der Informationstechnik von organisationalen und menschlichen Faktoren abhängt, gibt es dennoch ihr inhärente Eigenschaften und Wirkungen. Solche beziehen sich weder auf ein spezifisches Anwendungsgebiet, noch sind sie von einem speziellen Interesse abhängen. Sie hängen mit dem spezifischen Medium Software, mit der Methode der Formalisierung und der Algorithmisierung, mit der Ausführung der Algorithmen auf Hardware und mit der besonderen Beziehung zwischen Software und den Organisationen, in deren Zusammenhängen sie eingesetzt wird, zusammen.

Die konkrete Ausgestaltung von Software ist nur in geringem Maß durch Materialeigenschaften und weniger durch die Aufgabe bestimmt als bei herkömmlicher Technik. Das Hardware-Material und der größte Teil des verwendeten Software-Materials sind unabhängig von der konkreten Aufgabenstellung. Auch wenn es die unterschiedlichsten Programmierparadigmen, Programmiersprachen, Software-Entwicklungsumgebungen und Software-Systeme gibt, so sind diese doch meist nicht nach dem Aufgabenbereich diversifiziert, sondern nach dem Stand von Wissenschaft und Entwicklung, nach Moden oder der aktuellen Verfügbarkeit auf dem Markt oder im Betrieb.

Diese Art von ›Uniformität‹ der Methoden findet sich bei keiner anderen Technik. Sie erlaubt die Ausbreitung der Informationstechnik in allen möglichen Anwendungsbereichen. Sie verstellt aber auch den Blick für die Grenzen der Algorithmisierbarkeit, die nicht so unmittelbar vom Techniker erlebt werden wie bei anderen Techniken. Ihre Konsequenzen werden erst im Einsatz deutlich.

Die geringe Determiniertheit durch Material und Aufgabe macht Software aber auch so vielseitig gestaltbar. Dies wird Software-Entwicklern, die häufig dem ›one-best-way‹-Denken verhaftet sind und die zudem unter chronischem Termindruck arbeiten, oft nicht bewußt. Sie verspielen mögliche Entscheidungsfreiheiten, wenn sie nur gemäß ihrer Gewohnheiten, der Tagesform, der Einengungen durch die Organisation des Entwicklungsprozesses und anderer situativer und subjektiver Kontingenzen reafieren, anstatt ihre Freiheiten bei der Gestaltung zu nutzen. Wie diese allerdings zu nutzen sind, ist in vielerlei Hinsicht unklar. Dennoch wären so manche Verbesserungen möglich. Auch ohne nähere Beschäftigung mit dem Forschungsstand der Informatik und der Technikfolgenabschätzung sind Entwickler nach Beendigung ihrer Aufgabe klüger als vorher und meinen, jetzt wüßten sie, wie sie ihr Programm besser hätten schreiben sollen. Dieser Lernprozeß hätte zumindest in Teilen vor der Festschreibung des Programms stattfinden können, wenn die Verwertung wissenschaftlicher Ergebnisse in der Entwicklung nicht durch Zeitdruck und andere Bedingungen erschwert worden wäre.

Ein für technische Artefakte typisches Problem ist dabei das der Historizität: Altlasten verhindern die Umsetzung der Innovationen aus Forschung und Entwicklung in die Software-Praxis, da die Anbindungen des Neuen an das Bestehende nicht umstandslos, billig und schonend genug (Brüche erzeugen Instabilitäten und Fehler) gelingen.

Andererseits entstehen mit Software grundsätzliche Probleme, die sich weder durch bessere Theorie noch durch besseres Engineering weggestalten lassen. Diese haben mit dem Gegensatz zwischen Formalem und der Einbettung der Formalismen in nichtformalisierbare Zusammenhänge, in soziale Strukturen, Arbeitsumgebungen und Organisationen zu tun. Durch eindeutige determinierte Problemlösungen entstehen feste Verbindungen in einer veränderlichen Umwelt, welche Veränderungen behindern (›Softwarezement‹) und organisatorische und sonstige Mängel festhalten und verstärken.

Darüber hinaus setzen die kognitiven Schwierigkeiten des Menschen, mit unvorstellbaren Größen, diskreten Phänomenen oder Nichtrobustheit und komplexen Strukturen explizit umzugehen, der Durchschaubarkeit und Kontrollierbarkeit der Systeme sowie dem Verständnis der Abläufe und Folgen enge Grenzen.

Gerade dadurch ist die Informatik als Technik eine radikale Neuheit und dies, so DIJKSTRA, sollte nicht verniedlicht, sondern die Fremdheit sollte akzeptiert und gelehrt werden. Die diskrete Andersartigkeit der Computersysteme überfordert nicht nur die Software-Entwickler, sondern auch die von den Auswirkungen dieser Systeme Betroffenen.

Psychologische Faktoren und (falsche) Vorstellungen über seine Fähigkeiten und Unfähigkeiten wirken sich auf Nutzung und Sorgfältigkeit beim Umgang mit dem Computer aus.

HEINZ ZEMANEK, ein Pionier der Informatik, schreibt in seinem Beitrag ›Werkzeug Computer: Verstärker von Intelligenz und Sorglosigkeit‹ u.a. von der Verschränkung psychologischer Faktoren mit technischen Gegebenheiten. Sehr eingänglich werden hier Computer und ihre Funktionsweise erkärt, aber auch die Ursachen für einen problematischen Umgang mit ihnen. Der Computer transzendiert die menschliche Vorstellungswelt in vieler Hinsicht: Sein Erscheinungsbild liefert keine kognitiven Hilfen zum Verständnis seiner Funktionsweise; Geschwindigkeit, Hochintegration der Hard- und Software und Komplexität der Software übersteigen die menschliche Kognition. Dies führt zu unglücklichen Symbiosen: Der Computer unterstützt und verstärkt durch seine schnellen Rechenkünste die menschliche Intelligenz. Manche komplexen Leistungen wären in Menschengedenken ohne ihn unmöglich. Aber mit dem Grad der Automatisierung steigt auch das Potential für Fehler und Risiken. So führt der unkritische Umgang mit Informationstechnik zu unangemessener Sorglosigkeit: Man glaubt, der Computer kontrolliere seine eigene Performanz und arbeite absolut korrekt. Viel zu leichtgläubig akzeptieren die meisten Menschen Auskünfte, die von Computerausgaben stammen. Dabei wären mehr Selbstbewußtsein und Vertrauen in die eigene Kritikfähigkeit vonnöten. Natürlich erfordert dies auch minimale Kenntnisse über den Computer und eine realistische Sicht seiner Grenzen, also einen Bildungsstand, der in solcher Breite nicht anzutreffen und wohl auch kaum erreichbar ist.

Werkzeuge als Kraftverstärker, Maschinen als Organverstärker des Menschen, von diesen Gedanken geht HEINZ ZEMANEK aus, um den Charakter des Verhältnisses von Mensch und Computer zu bestimmen. Anhand der Opposition Verstärker von Intelligenz und von Sorglosigkeit betrachtet er eine Reihe von Eigenschaften von Software und von Umgangsweisen mit ihr. Er plädiert für eine Einsatzhaltung als Werkzeug, ohne die transzendierenden Tendenzen als Verstärker der Intelligenz des Menschen zu verleugnen. Auf jeden Fall hat der Computer seine Grenze dort, wo Verständnis, Einsicht und Intuition gefordert sind - und mit diesem Bewußtsein darf er auch nur genutzt werden. Der Mißbrauch, von ›intelligenten Häusern« und dergleichen zu sprechen, ist bei Strafe der Maschinisierung der Menschen zu vermeiden.

Die verschränkte Problematik von Software-Herstellung, rechtlichen Regelungen und der Qualität von Software wird anhand der folgenden Frage aufworfen: Ist die Software, der *Geist* im Computer, privates oder öffentliches Gut? In jedem Programm stecken, so der Autor, schließlich Stil und Architektur, die dem Programm-Entwickler zuzuschreiben sind. H. ZEMANEK diskutiert die Auswirkungen des Patentrechts und des mit ihm verknüpften Erfinderschutzes auf Programmierer und technische Artefakte: Das Patentrecht erzwingt die Reduktion auf das Wesentliche. Ganz im Gegenteil dazu fördert das leider für Software geltende Copyright die überflüssige Länge - ein gutes Beispiel für gesellschaftliche oder rechtliche Determinanten, die in Software gestaltend hineinspielen.

Was ist, was kann, was soll ›Informatik und Gesellschaft‹?

Wolfgang Coy

Aus der Tradition der formalisierten Wissenschaften und der Technik kommend, zeigt sich die Informatik als deren Verlängerung und Vertiefung. Aber sie demonstriert in ihrer raschen Entwicklung und Verbreitung auch ein Potential radikaler sozialer und kultureller Eingriffe, die zu heftigen gesellschaftlichen Reaktionen herausfordern.

Zeitlich fällt der Aufbau der Informatikstudiengänge zusammen mit dem kulturrevolutionären Umbruch der 68er Jahre und dem ökologischen, radikaldemokratischen Aufbruch der siebziger Jahre. Es ist deshalb nicht verwunderlich, daß sich die neue technische Wissenschaft *Informatik* nicht nur in der Bundesrepublik mit Fragen, aber auch mit Unterstellungen und Verdächtigungen der *Studentenbewegung* und in ihrem Gefolge der *Bürgerinitiativen*, der *Friedensbewegung* oder der *Frauenbewegung* konfrontiert sah. Provoziert wurde diese Kritik durch die zentrale Rolle der Informatik in den Rationalisierungsprozessen der Fabrik- und Büroautomation, durch ihren wirksamen Einsatz in der öffentlichen Verwaltung sowie durch ihre militärische Bedeutung.

Die Fachvertreter der Disziplin Informatik nahmen demgegenüber unterschiedliche Haltungen ein: Einige lehnten die Diskussion über gesellschaftliche Relevanz und gesellschaftliche Wechselwirkungen grundsätzlich oder faktisch ab, andere griffen diese Diskussion aktiv auf. Zuerst überwog wohl die faktische Ignoranz der Wechselbeziehungen zwischen Informatik und Gesellschaft, doch eine kleinere Gruppe von Informatikerinnen und Informatikern entschloß sich zum aktiven Diskurs und initiierte damit einen zunehmend eigenständigen Arbeitsbereich ›Informatik und Gesellschaft‹.

Die oft radikaldemokratische Herkunft dieser Fragen prägt nun gelegentlich die Haltung, aber auch gewisse *Vor*-Urteile gegenüber dem Forschungs- und Lehrbereich ›Informatik und Gesellschaft‹. Dabei wird jedoch leicht übersehen, daß gerade die Pioniere des Rechnerbaus und der Informatik das Bewußtsein eines radikalen sozialen und kulturellen Wandels beschworen und schriftlich und politisch-praktisch Position bezogen. Hier seien nur HEINZ ZEMANEK, KARL STEINBUCH, KONRAD ZUSE oder NORBERT WIENER genannt, die immer wieder einem breiten Publikum die aus der Informatik erwachsenden Probleme darlegten.

Was ist ›Informatik und Gesellschaft‹ ?

Das Fachgebiet ›Informatik und Gesellschaft‹ wurde etabliert durch Hochschullehre, durch Konkretisierungen in den Lehrplänen von Schulen wie in der Fort- und Weiterbildung, aber ebenso durch verbandspolitische Aktivitäten und interdisziplinäre Forschungen zur Technikfolgenabschätzung und zur Technikbewertung. Nicht zuletzt wird das Bewußtsein einer starken Wechselwirkung zwischen Informatik und Gesellschaft durch, dem Rechnerbau oder der Softwaretechnik eher äußerliche Fragen wie Arbeitsgestaltung, Normen oder Standards wachgehalten.

Jenseits der Hochschulen, in den verbandspolitischen Aktivitäten der Gesellschaft für Informatik (im GI-Fachausschuß 15 bzw. dem heutigen GI-Fachbereich 8) engagierten sich deshalb sowohl Praktiker wie Wissenschaftler. Ähnliches Engagement findet man im Fachbereich ›Informationstechnik und Öffentlichkeit‹ der informationstechnischen Gesellschaft (ITG), in verschiedenen VDI-Arbeitsgruppen und im internationalen Rahmen im Technical Committee 9 ›Computer and Society‹ der IFIP. Neben den wissenschaftlichen Verbänden organisierten sich Interessierte in dem mehr gesellschaftspolitisch orientierten Berufsverband FIFF (*Forum Informatikerinnen und Informatiker für Frieden und gesellschaftliche Verantwortung*). Die betroffene wie interessierte Öffentlichkeit findet in Bürgerinitiativen und dem ›Institut für Kommunikationsökologie (IKÖ)‹ einen Platz zur kontinuierlichen Diskussion der Beziehungen zwischen Informatik und Gesellschaft. Ähnliche Entwicklungen sind in anderen Ländern erkennbar, so in den USA, wo derartige Fragen sowohl in den wissenschaftlichen Fachgesellschaften ACM und IEEE als auch im gesellschaftspolitisch orientierten Verband CPSR (*Computer Professionals for Social Responsibility*) diskutiert werden.

In wissenschaftlicher Disziplin hat sich im Bereich ›Informatik und Gesellschaft‹ eine breite Vielfalt thematischer Ausrichtungen eingenistet, ohne daß eine einheitliche Einführungsstrategie erkennbar wäre. Dies ist zum Teil durch die unterschiedlichen Interessen engagierter Wissenschaftlerinnen und Wissenschaftler bedingt, aber auch durch zeit- und tagespolitische Fragestellungen und Strömungen wie Datenschutz, Militärforschung oder Frauenforschung. Nicht zuletzt aus derartig zufälligen Thematisierungen, die ja stets auch politische Positionen anmahnen, mag ein gewisses Mißtrauen gegenüber dem breit gefächerten Arbeitsfeld ›Informatik und Gesellschaft‹ von führenden Vertretern der mit ungleich mächtigeren Mitteln aufgebauten technischen Disziplin Informatik entstanden sein.

Ein wesentlicher Ansatzpunkt der inneren und äußeren Kritik an Informatik und besonders der amerikanischen Computer Science ist ihre historisch enge Verknüpfung mit der Militärforschung, die sich praktisch allseits sichtbar im Vietnamkrieg niederschlug. JOSEPH WEIZENBAUMS Buch ›Computer Power and Human Reason‹ drückte für viele (nicht nur amerikanische) Informatikerinnen und Informatiker das latente und das offene Unbehagen an der Verflechtung von Computertechnik und Krieg aus. SDI, der ›Krieg der Sterne‹, die bekannt gewordenen Fehlalarme des nordatlantischen SAGE-Raketenabwehrsystems, die Debatte um einen automatischen atomaren Gegenschlag haben diese Diskussion zugespitzt. Neuere Ereignisse, wie der Abschuß eines persischen Passagierflugzeuges durch die rechnergesteuerten AEGIS-Raketen oder die Präzisionsangriffe auf irakische Bunker, haben diese Problematik nicht entschärft.

Parallel zu dieser militärischen Komponente hat das rasche Anwachsen der behördlichen Großrechner und Datenbanken die politische Aufmerksamkeit auf die mit neuer Erfassungs-, Kontroll- und Überwachungstechnik einhergehende Verschiebung des Machtgleichgewichts zwischen Verwaltung und den verwalteten Bürgern gelenkt. Dies bedeutet auch eine Änderung der Lasten und Rechte innerhalb der demokratischen *Balance of Power*, zwischen Regierung, Parlament und Justiz. Die Frage der Bürgerrechte, die sich am Datenschutz entzündete, war deshalb eine klare Aufforderung an alle Verursacher und Betreiber dieser technisch induzierten Verschiebungen, also auch an die Informatiker, sich der damit entstehenden gesellschaftlichen Verantwortung zu stellen.

Datenschutz war nur *ein* Signal weitreichenderer Änderungen. Mit dem mißglückten Versuch einer umfassenden Volkszählung wurde die Problematik aus einer anderen Perspektive sichtbar. Ein Urteil des Verfassungsgerichtes begrenzte die Ansprüche der Regierung, indem es dem technisch Machbaren eine Definition des verfassungsmäßig Erlaubten entgegensetzte. Der Begriff der »Informationellen Selbstbestimmung« schuf einen Rahmen des künftigen Einsatzes massenhafter Datenverarbeitung. Aus dieser Abgrenzung heraus ergaben sich weitere technische Vorgaben, wie z.B. ein datenschutzrechtlicher Rahmen für die Einführung von ISDN. Neue Regelungserfordernisse werden sichtbar z.B. bei der Verwendung kryptografischer Verfahren. Die in den USA begonnene *Clipper Chip Controversy*, aber auch die Auseinandersetzungen um die Rechte und Grenzen ›freier Rede‹ im INTERNET können in der Bundesrepublik nicht ignoriert werden, zumal nun europäische Regelungen anstehen.

Datenschutz und Bürgerrechte sind nicht die einzigen rechtlichen Aspekte der Informatik. Rechtsbestimmungen und Normen, die den Alltag technischer Entwicklung, Produktion und Dienstleistung prägen, gelten selbstverständlich auch für die Informatik. Vertragsrecht, Patentrecht, Urheberrecht ebenso wie technische Normen, Standards, Qualitätssicherung oder Produkthaftung sind wesentliche Gestaltungselemente der Technik, deren Mißachtung einfach schlechte technische Arbeit ist. Angesichts der schnellen Einführung von Informationstechnik und der enormen Summen von Investitionen und Infrastruktur darf die Informatik als Technik die rechtlichen Randbedingungen nicht erst nach deren Explizierung durch oberste Gerichte übernehmen, sie muß den Prozeß der Rechtsbildung im informationstechnischen Raum beobachten, verstehen und sachkundig daran mitwirken, soweit ihre Expertise reicht. Die naheliegende Form dieser Mitwirkung ist der gemeinsame Diskurs von Jura, Politik und Informatik sowie von Betroffenen.

Mitwirkung an gesellschaftlichen Prozessen, die Übernahme von Verantwortung setzt Wertvorstellungen und moralische Positionen voraus; doch diese lassen in einer pluralen Gesellschaft dem Individuum große Spielräume. Weder die Gesellschaft noch das berufsständische Kollektiv der Informatikerinnen und Informatiker kann hier über die rechtlichen Regelungen hinaus etwas erzwingen. Die berufsständischen Organisationen, wie etwa wissenschaftliche Gesellschaften oder Gewerkschaften, können hier Hilfestellungen geben - allerdings auch nicht mehr. Die *Gesellschaft für Informatik* versucht als wesentliche Vertreterin der wissenschaftlichen Informatik, einen Diskurs entlang ihrer *Ethischen Leitlinien* zu initiieren. Diese verfolgen das Ziel, ethische Konflikte von Informatikerinnen und Informatikern am Arbeitsplatz, im Alltag oder in der Forschung offenzulegen, klar herauszuarbeiten und damit diskutierbar und bewertbar zu machen. Dabei kann es nicht das Ziel sein, diese Bewertungen stets eindeutig zu treffen, wohl aber, ein Forum der Auseinandersetzung zu bieten und im Extremfall fehlende rechtliche Regelungen anzuregen - wenn eine Selbstregulierung nicht mehr greift. Themen für eine solche Diskussion sind zahlreich; Anregungen kann man in jeder Ausgabe des weltweiten elektronischen Rundbriefes ›Risks of Computing‹ sehen, den PETER G. NEUMANN in Stanford moderiert.

Motivationen aus den Anwendungen der Informatik

Angesichts der stark von tagespolitischen Anforderungen geprägten Entwicklung des Bereichs ›Informatik und Gesellschaft‹ ist es daher weder verwunderlich, daß er langsam, fast bedächtig und durchaus nicht zielgerichtet aufgebaut wurde, noch daß er noch immer um seine inhaltliche Ausprägung ringt. Aber: Es lassen sich neben den eher akzidentiellen Forschungsthemen kontinuierlich bearbeitete Themenbereiche erkennen, die einen disziplinären Kern konstituieren. Diese entstehen im Verhältnis der Informatik zu benachbarten Wissenschaften und Anwendungen, also in dem Feld, das sich zunehmend vom ›Nebenfach‹ der Disziplin zu einer eigenständigen ›Angewandten Informatik‹ mausert, aber genauso durch die unübersehbaren sozialen und kulturellen Auswirkungen und Folgen der Informatik.

Die Rechentechnik begann mit Labormustern, deren Hauptanwendungsgebiet kriegsbedingt im militärischen Sektor lag. Doch THOMAS J. WATSONS häufig zitierte Prognose, daß weltweit wohl weniger als ein Dutzend Rechner im nicht-militärischen Bereich gebraucht würden, war voreilig, und so hat sich die Informatik aus der Rechentechnik zu einer Technik entwickelt, deren Hauptwirkung bislang in der Arbeitswelt lag. Informatikanwendungen haben bisher vor allem anderen dazu gedient, die Arbeit in der Industrie und den Verwaltungen oder im Dienstleistungssektor zu reorganisieren: Dies zeigt Rationalisierungseffekte, die sich in schandhaften Arbeitslosenzahlen niederschlagen, zeigt aber auch erhebliche Veränderungen an den verbliebenen Arbeitsplätzen.

Informatik, die sich bloß als Rechen- und Datenverarbeitungstechnik versteht, ist auf diese Herausforderung nicht vorbereitet und ihr allzuoft auch nicht gewachsen. Parolen wie ›Unsere Lösung ist Ihr Problem!‹ oder die berühmte Bananenstrategie: ›Ware reift beim Kunden‹ zeugen von der schwierigen Aufgabenstellung. Die mangelnde Aneignung und Verarbeitung von Themen wie industrieller Arbeitsteilung, Arbeitsorganisation, betrieblicher und volkswirtschaftlicher Rationalisierung durch die Disziplin Informatik wird hier sichtbar. Auch die klassischen Arbeitswissenschaften, die Ergonomie oder die Arbeitspsychologie sind derart herausgefordert. Sie sind zu wichtigen Kooperationspartnern der Informatik geworden, nicht zuletzt im Bereich ›Informatik und Gesellschaft‹, der hier gelegentlich eine Vorreiterrolle übernommen hat.

Der Gestaltung rechnergestützter Arbeitsorganisation, Arbeitsplätze und Arbeitsprozesse kommt in diesem Kontext eine besondere Bedeutung in der Informatik zu. Im Bereich ›Informatik und Gesellschaft‹ sind derartige Ansätze in den letzten Jahren verstärkt diskutiert worden. Die Gestaltung angemessener Benutzungsschnittstellen, *rechnergestützte Gruppenarbeit* (CSCW) und *Software-Ergonomie* sind Beispiele informatischer Arbeitsgebiete, die besonders von Forscherinnen und Forschern im Bereich ›Informatik und Gesellschaft‹ vorangetrieben wurden.

Neben diesen letztlich sozialen und sozial-politischen Fragen des Informatikeinsatzes im Arbeitssektor stellen sich mit dem breiteren Einsatz von Computern außerhalb der Arbeitswelt verstärkt Fragen kultureller Wechselwirkungen der Informatik. Unmittelbar sichtbar wird dies in der Frage der *Bildung* und *Erziehung*. Rechner in der Schule bieten über den bloßen Charakter eines Instrumentes hinaus die Herausforderung einer informationstechnischen Grundbildung wie die Aufforderung, einen spezifischen Informatikunterricht einzuführen. Die wissenschaftliche Informatik hat diese Prozesse bisher in bemerkenswerter Zurückhaltung verfolgt. Sie ist kaum als Lobby aufgetreten - was angesichts der Schwierigkeiten und der Komplexität dieser Herausforderungen eine respektable Haltung bewies, doch Lehrer und Politiker oft alleine mit den Verkäufern ließ. Gerade in der informationstechnischen Grundbildung ist Platz für Fragestellungen aus dem Bereich ›Informatik und Gesellschaft‹. Dies gilt auch für Fort- und Weiterbildungsaktivitäten.

Über den Bildungssektor hinaus greift die Informatik durch die zunehmende Verbreitung von PCs in den häuslichen Alltag ein, vor allem durch die rapide anwachsende Vernetzung und die digitale Umgestaltung aller technischen Medien.

Telebanking, home shopping, private Internet-Nutzung und die unscharfen Übergänge von offenen Rechnernetzen zu digitalem Fernsehen, Fax und Telefon kennzeichnen eine neue Positionierung der Informatik im Alltag und in der Gesellschaft. Dies bewirkt radikale kulturelle Einschnitte, die in Ausbildung, Fort- und Weiterbildung, vor allem aber in Konsumelektronik und im Medienbereich sichtbar und spürbar werden.

Informatik lebt von ihren *Anwendungen*. Diese waren traditionell in der Produktion und Verwaltung, aber auch im Wertverkehr der Banken und Versicherungen sowie in der Distribution zu finden. Neuerdings werden *Verkehr* und *Umwelt* als wesentliche Herausforderungen der Gesellschaft erkennbar, die eine enge Verknüpfung der Informatik mit gesellschaftlichen Fragestellungen fordern. Im Verkehr spielt die Informatik eine immer wichtigere Rolle. Dies betrifft den Straßen- und Schienenverkehr ebenso wie Luftfahrt und Schiffahrt. Im Umweltbereich führt dies z.B. zu neuer oder verbesserter Sensorik und Datenerfassung, aber auch zu informationstechnischen Hilfsmitteln zur Müllvermeidung und Entsorgung.

Neben Verkehr und Umwelt hat die Informatik in der Medizintechnik eine wichtige Rolle eingenommen. Dies betrifft die Heilung ebenso wie die Vorsorge und Pflege. Eine besondere Bedeutung erlangen informatische Hilfsmittel für Behinderte, wo die Informatik mit fallenden Gerätekosten und wachsender Vielfalt der Ein-/Ausgabegeräte neue Ansätze zur technischen Unterstützung entwickelt.

In den Forschungen des Bereichs ›Informatik und Gesellschaft‹ werden weniger isolierte Fragestellungen bearbeitet, wie sie für Untersuchungen herkömmlicher Technik typisch sind, sondern mehr Zusammenhänge zwischen Technik und Benutzern und Betroffenen thematisiert. Der Bereich ›Informatik und Gesellschaft‹ konstruiert keine eigenen wissenschaftlich-technischen Objekte, weder materieller noch symbolischer Art. ›Informatik und Gesellschaft‹ untersucht vor allem spezifische Fragestellungen, die Artefakte der Informatik in ihrem Verhältnis, den Wirkungen und Folgen zur sozialen Umwelt untersuchen. Dazu wird natürlich immer wieder auf die technischen und wissenschaftlichen Ergebnisse der Kerninformatik zurückgegriffen.

Innerfachliche Motivationen

Für die Disziplin ›Informatik und Gesellschaft‹ gibt es allerdings noch stärkere Motivationen als den äußerem Druck, nämlich die inneren Widersprüche des Faches, die es der Informatik nicht erlauben, sich bruchlos in den Kanon bisheriger technischer Wissenschaften einzuordnen. Zu diesen Widersprüchen gehören die enormen Anforderungen an die *Sicherheit* und *Zuverlässigkeit* informatischer Systeme, der sich diese jedoch - in einer unheilvollen ›Parallelaktion‹ - regelmäßig durch entsprechende Steigerung der Komplexität ihrer Produkte und Prozesse entziehen. Die Frage nach gesteigerter Sicherheit läßt sich nicht allein mit den technischen Mitteln *soliderer Hardware*, *soliderer Programmierung* oder noch so eleganter *formaler Verfahren* lösen. Viren, trojanische Pferde, Würmer, aber auch die plötzlich wirksame Ökonomie der Konsumelektronik im Rechnerbereich zeigen den hohen gesellschaftlichen, sozialen, ökonomischen, kulturellen und politischen Gehalt von Sicherheits- und Zuverlässigkeitsfragen.

Die Bewertung informationstechnischer Produkte, das *technological assessment* wird damit bei der Strafe des Untergangs notwendiger Bestandteil informatischer Forschung. Derartige Fragen gehören zum Kanon des Bereichs ›Informatik und Gesellschaft‹. Mit den technischen Fragen nach Sicherheit und Zuverlässigkeit sind deshalb auch Fragen rechtlicher Beherrschung der Informationstechnik eng verbunden, wie Datenschutz, aber auch Patentrecht, Urheberrecht, Normierung, Qualitätssicherung (z.B. ISO 9000) oder Produkthaftungsrecht.

Was soll ›Informatik und Gesellschaft‹ ?

Die enorme Ausbreitung der Rechnertechnik, die die Informatik aus dem Labor in die Produktion, dann ins Büro und nun in die Wohnungen führten, unterwirft die Disziplin Informatik ständig weiterentwickelten und veränderten ökonomischen, rechtlichen, sozialen und kulturellen Randbedingungen, die sie reflektieren muß, um den an sie gestellten gesellschaftlichen Anforderungen gerecht zu werden. Der Bereich ›Informatik und Gesellschaft‹ ist dabei nicht einfach eine avancierte Ausprägung einer Angewandten Informatik, es gibt auch innerdisziplinäre, strukturelle und professionelle Ansätze zur Untersuchung der philosophisch-theoretischen Grundlagen der Informatik.

Die Informatik ist in starker Weise ihrer mathematisch-ingenieurwissenschaftlichen Herkunft verbunden. Dementsprechend hat sie zuerst einmal die herrschenden Methodologien und Ideologien dieses Umfeldes aufgegriffen: Ein reduktionistisches Weltbild, das die umfassende Mathematisierung aller Einzelwissenschaften und der Technik betreibt. Systemtheorie, Behaviorismus oder Formalismus sind Raster, die sich in der Informatikforschung und verstärkt in den Forschungen zur Künstlichen Intelligenz leicht wiederfinden lassen. Andererseits ist die Informatik nun schon so alt, daß sie Wandlungen dieser Methodologien und Ideologien kritisch reflektiert und sogar umgekehrt beeinflußt. Als große Herausforderung zeigt es sich, die Rolle und die Grenzen des Formalismus in der informatischen Modellbildung herauszuarbeiten.

So überrascht es nicht, daß sich mit den methodischen Ansätzen und den Möglichkeiten der Informatik alte Fragen der Philosophie neu stellen. Neue und veränderte Fragen nach dem Charakter des Wissens, seiner Generierung, seiner Aneignung, seiner Speicherung oder seiner Nutzung, entstehen im Umfeld der Informatik, deren Zuspitzung in Form der Künstlichen Intelligenz ja längst von der Datenverarbeitung zur Wissensverarbeitung übergegangen ist. Wieweit die Informatik nachhaltige Antworten auf solche Fragen gibt, wird sich erst zeigen, aber die Epistemologie erlebt neue Anregungen durch die maschinelle Speicherung und Verarbeitung zeichenhafter Gebilde. Dahinter entstehen neue erkenntnistheoretische Fragen, alte werden neu gestellt oder neu beantwortet. Der radikale Konstruktivismus ist Beispiel einer kybernetisch, aber auch einer informatisch beeinflußten Erkenntnistheorie.

Auch andere biologische, philosophische oder psychologische Theorien greifen auf informatische Modelle zurück. So sind Aspekte der Theorie der Selbstorganisation, die in Biologie, Physik und Psychologie, aber auch in anderen Wissenschaften diskutiert wird, sowohl als kybernetisch-informatische Modelle zu sehen wie als Angriffe auf eine reduktionistisch-behavioristische Ausprägung des Informationsbegriffs, wie er in der Informatik häufig vertreten wird. In der Psychologie sind neue Zweige der Modellbildung entstanden, die in ihren Experimenten auf die Dynamik von Computerprogrammen zurückgreift. Bereits aus der Kybernetik und der Informationstheorie überkommen sind auch in ihrem Informatikgehalt Grundbegriffe zu klären, die gerne im Alltag untergehen: Information, Komplexität, Semantik, Pragmatik, Korrektheit, Zuverlässigkeit.

Neben diesen analytischen Fragen muß die junge Disziplin ihren Alterungsprozeß aufmerksam begleiten: Historische Aspekte betreffen nicht nur die museale Verwaltung maschineller Artefakte. Gerade, weil die Informatik nicht nur Geräte produziert, sondern vor allem Prozesse programmiert und Systeme integriert, ist es sehr schwierig, ihre Technikgeschichte zu notieren und verstehbar zu halten.

Informatik vertritt einen neuen Typus technischer Wissenschaft, in dem die gesellschaftlichen Wechselwirkungen unmittelbarer, gewaltiger und auch schneller sichtbar werden als bei klassischen Fächern wie Maschinenbau, Bauingenieurwesen, Elektrotechnik oder Bergbau. Deshalb kann es der Disziplin Informatik anders als diesen nicht gelingen, sich als ›Ingenieurwissenschaft‹ des klassischen Typs zu etablieren.

Die Geschichte der Informatik belegt, daß sie weder eine dauerhafte Definition ihres Kernbereichs noch eine feste Definition ihrer Anwendungen besitzt und wahrscheinlich auch noch lange nicht besitzen wird. Informatik ist eine *imperialistische Technik*: Sie besetzt immer wieder neue Anwendungsgebiete, um sie sich erst im Anschluß daran anzueignen. Dies ist nicht alleine Schuld von Informatikern, sondern kommt ebenso unspezifischen oder unüberlegten Anforderungen der Anwender entgegen. ›Informatik und Gesellschaft‹ kann hier eine Mittlerfunktion übernehmen: Die dort gepflegte Fähigkeit zur Reflexion mag zur Aneignung neuer oder bereits erschlossener Anwendungsgebiete wie zur Bestimmung ihrer Grenzen dienen. Zu scheinbar eindimensionalen Entwicklungspfaden mögen so unterschiedliche Optionen entwickelt werden. So können Arbeitsplätze durch die Informatik ebenso wegrationalisiert wie qualitativ unterstützt werden. Informatische Systeme können sowohl als Werkzeuge dienen wie als reine Automatisierungstechnik angelegt werden. Dies muß kein blinder Prozeß sein - sofern die Optionen offengelegt und verhandelbar werden.

Die technischen Determinanten der Aneignung neuer Anwendungen haben sich gewandelt. Zuerst waren es Datenbanken und die damit verbundenen Transaktionssysteme, dann PCs, dann Netze und nun die digitalen Medien. Mit jeder dieser Techniken sind neue soziale oder kulturelle Wechselwirkungen verbunden. Die Möglichkeiten der Online-Datenbanken warfen Fragen nach deren politisch-rechtlicher Beherrschung auf, die inzwischen zum Teil beantwortet sind. Dies betrifft Fragen des Datenschutzes und in der Folge die zugespitzte Frage nach der informationellen Selbstbestimmung. Andere Fragen, wie die Neubestimmung der Speicherung, Verfügung und des Zugangs zu geistigem Eigentum, also Fragen der Wissensordnung, sind dagegen noch weitgehend offen. Auch hier müssen Optionen analysiert, Verhandlungsmöglichkeiten erarbeitet werden.

Mit den Anwendungen der Großrechner in der industriellen Produktion, aber vor allem durch den Einsatz von Mikrorechnern in den Büros, rückten Fragen der Arbeitsplatzgestaltung ins Zentrum informatischer Arbeit. Die lokale Vernetzung dieser Rechner erweiterte dies auf Fragen der Arbeitsorganisation, der rechnergestützten Gruppenarbeit - des *computer supported cooperative work*. Dieses Forschungsfeld wird auch im Bereich ›Informatik und Gesellschaft‹ bearbeitet.

Kulturelle Wechselwirkungen der Informationstechnik sind nicht nur auf Arbeit, Bildung und Erziehung beschränkt. Weltbild und Wahrnehmung heutiger Gesellschaften sind in zentraler Weise durch die Medien geprägt, die wiederum in erheblichem Maße von ihren technischen Grundlagen bestimmt sind. Hier ist ein enormer Verschmelzungsprozeß von Medientechnik, Nachrichtentechnik und Informatik hin zu Digitalen Medien zu beobachten, der durch die Elemente Computer, Bildschirm, Satelliten, Speichertechnik und Netze charakterisiert werden kann. Die durch die rasche Entfaltung dieser technischen Revolution verursachten gesellschaftlichen Veränderungen sind nur schemenhaft erkennbar. Neue Formen des Fernsehens und Verschmelzungen von Computernetzen und Fernsehen zu interaktiven Medien sind absehbar ebenso wie eine radikalen Umgestaltung der Buch-, Zeitungs- und Zeitschriftenproduktion und -distribution. Reizworte wie Data Highway, Publishing on Demand, interactive TV, Internet, Video on Demand, Pay TV, Funkmodems, Ubiquitous Computing und Low Earth Orbiting Satellites (LEOS) Kommunikation kennzeichnen eine derzeit noch orientierungslose Diskussion, hinter der aber international enorme Kapitalien bereitstehen.

Spätestens durch die Verschmelzung der Rechner mit den digitalisierten Medien greifen die sozialen und politisch-rechtlichen Wirkungen der Informatik in die kulturelle Sphäre über, wohl nachhaltiger als dies bereits durch die informatischen Anwendungen in Medizin, Umwelttechnik, Logistik oder Verkehr geschehen ist. Globale Vernetzung stellt die Gesellschaft vor völlig neue Herausforderungen, die die nationale wie die internationale Arbeitsorganisation, Arbeitsteilung oder Rechtsordnung, aber auch die Wirtschafts- und Wissensordnung verändern. Hier wird die technische Wissenschaft Informatik zu einer globalen gesellschaftlichen und kulturellen Diskussion herausgefordert, in dem der Bereich ›Informatik und Gesellschaft‹ eine tragende Rolle spielt.

Als wesentliche Aufgabe des Bereichs ›Informatik und Gesellschaft‹ zeigt sich also neben der notwendigen innerwissenschaftlichen, philosophischen und ethischen Reflexion die Reflexion der schnellen und heftigen Wechselwirkungen der Informatik mit der Öffentlichkeit, der Arbeit oder der Kultur. Als Teil der technischen Disziplin Informatik darf der Bereich ›Informatik und Gesellschaft‹ nicht bei der Reflexion stehenbleiben. Er ist zur aktiven Gestaltung herausgefordert - ebenso wie zur wachen Bestimmung der Optionen und der Grenzen solchen Gestaltungswillens. Immer neu zu begründendes Ergebnis dieser Reflexion ist das Verhältnis informatischer Anwendungen zu den Grundlagen der Informatik, ebenso wie die Bestimmung des Verhältnisses von Technik zu Wissenschaft im Rahmen der Informatik.

Was kann ›Informatik und Gesellschaft‹ ?

Nun wäre die permanente Neubestimmung des ganzen Faches eine absurde Überschätzung der Möglichkeiten der vergleichsweise wenigen Forschungsgruppen im Bereich ›Informatik und Gesellschaft‹. Es gilt also, realistische Wirkungsmöglichkeiten zu bestimmen. Ziel muß die kooperative Diskussion mit den Kernbereichen der Informatik sein, letztlich die Integration gesellschaftlicher Reflexion und dort angedachter Lösungsansätze in die technisch-fachliche Forschung hinein.

Im Bereich ›Informatik und Gesellschaft‹ setzt dies die Bereitschaft zur wachen Beobachtung, Diskussion und Durchdringung von Einsatzfeldern und Wechselwirkungen der Informatik in Arbeit, Öffentlichkeit, Recht und Kultur voraus. Ergebnis solcher Reflexion kann die Integration gesellschaftlicher Fragestellungen und Wechselwirkungen in die Technikentwicklung sein, gerade auch in die frühen Phasen dieser Entwicklung als praktisches Beispiel integrierter Technikfolgenabschätzung und Technikbewertung. Daraus ergibt sich Technikgestaltung, beispielsweise als Softwareentwicklung und -gestaltung oder als Softwareergonomie.

Neben diesen technischen Wirkungen kann das Fach ›Informatik und Gesellschaft‹ dazu beitragen, eine schmerzliche Grundlagenkrise der jungen Wissenschaft Informatik aufzuarbeiten. Wie bei anderen technischen Wissenschaften fehlt der Informatik eine Institution zur Diskussion und Bestimmung eines wesentlichen Teils ihrer Grundlagen, nämlich zur philosophisch-theoretischen Reflexion. Bei einem so jungen Fach ist es nicht verwunderlich, daß weder ihren Grundlagen noch ihrer eigenen Geschichte bisher die gebührende Aufmerksamkeit galt. Dies könnte ebenso wie die Untersuchung der geistesgeschichtlichen Grundlagen und der informatischen Technikgenese ein reiches Feld für den Bereich ›Informatik und Gesellschaft‹ bieten.

Anwendungen der Informatik werden ständig erweitert und vertieft. Als Beispiele mögen die Bereiche des medizinischen Einsatzes, der Telekommunikation, des Straßenverkehrs oder der Luftfahrt genannt werden, in denen die Anwendungen eine isolierte Betrachtung der technischen Komponenten nicht mehr zulassen. Mit ihrer systemischen Komplexität verlangen sie nach einer integrierenden und umfassenden

Sichtweise, wie sie mit den Methoden und Fragen des Bereichs ›Informatik und Gesellschaft‹ zumindest ansatzweise entwickelt werden.

Neben diesen ist ein Strauß unterschiedlicher gesellschaftlicher Anforderungen an die Informatik zu erkennen, in dem sie in Kooperation mit anderen Kräften wirkt. Dies umfaßt Fragen der gesellschaftlichen Entwicklung wie etwa der Unterstützung und Förderung von Behinderten mit Hilfe informationstechnischer Mittel oder Fragen des Einsatzes der Informatik in der Medizin und der Gesundheitsfürsorge. Besonders in den technischen Wissenschaften stellt sich die Förderung von Schülerinnen und Studentinnen als wichtige Aufgabe; sie ist Teil einer aktiven Gleichstellungspolitik. Dazu gehört es auch, geschlechtsspezifische Differenzen im Umgang mit der Informationstechnik bewußt zu machen.

Informatik wird mehr und mehr eine politisch wirksame und geförderte Technik. Die Umweltinformatik reicht von der Sensorik und Datenerfassung bis zur Unterstützung von Müllvermeidung und Entsorgung. Für die stark anwachsenden Verkehrsprobleme werden mehr und mehr informationstechnische Mittel bereitgestellt. Die unterschiedlichsten Aspekte globaler Entwicklung, von der Wettervorhersage über die Satellitenkommunikation und die Erdfernerkundung bis zur Friedenssicherung und der Militärforschung und -entwicklung, hängen eng mit informatischer Grundlagenforschung und Praxis zusammen.

Der Forschungsbereich Informatik und Gesellschaft reicht derart von den methodischen und historischen Grundlagen bis zu sehr konkreten Einzelfragen. Er ist fest in der Informatik als technischer Wissenschaft verankert und bedarf doch der ständigen Kooperation mit anderen Wissenschaften und der vielfältigen Praxis.

Werkzeug Computer: Verstärker von Intelligenz und Sorglosigkeit

HEINZ ZEMANEK

DER Computer ist ein Werkzeug - davon wird in diesem Artikel die Rede sein. Er ist insofern ein schwieriges Werkzeug, als er schwer vorstellbar ist. Nicht nur die Leute, die überlaut verkünden, daß sie rein gar nichts davon verstehen - was mit Sicherheit Übertreibung und Weltanschauung ist -, sondern auch wir Fachleute haben Schwierigkeiten mit der rechten Vorstellung von seinem Innenleben. Deswegen sind wir so sehr bereit, ihn zu vermenschlichen und auf andere Weise naiv zu betrachten, zu behandeln und zu beschreiben. Auch davon wird mehrfach die Rede sein.

Als ich vor vierzig Jahren meine ersten Computervorträge hielt, überforderte ich die Vorstellungskraft meiner Zuhörer, die sich nicht denken konnten, wie dergleichen funktionieren und sich in der Praxis durchsetzen könnte. Heute, wo der Computer etwas Alltägliches geworden ist, überfordert man die Vorstellungskraft so mancher Zuhörer, wenn man von den Grenzen des Computers spricht. Man kann sich nicht vorstellen, daß der Computer auf lange Sicht etwas nicht kann. Schon dies ist ein Phänomen von Sorglosigkeit. Denn jeder Kanal hat beschränkte Kanalkapazität - jede Computeranwendung hat beschränkte Verarbeitungskapazität, nicht nur, was Verarbeitungszeit und Speichergröße anbelangt, sondern auch bezüglich der Methodik.

In Wirklichkeit hat der Computer nur wenig von seiner Ungewöhnlichkeit verloren, aber man behandelt ihn und die Vorstellungen, die man von ihm hat, als etwas Vertrautes und Verläßliches. Man hat sich gewöhnt an seine Leistungen und seine mehr oder weniger harmlosen Pannen, seine Verbilligung und seine Anwendungsverbreitung. Niemand wundert sich, an Stellen, wo er keinen Computer erwartet, einen vorzufinden: Eine weitere Anwendung, sonst nichts.

Und doch gibt es tausend Gründe, hinter die oberflächliche Vorstellung zu blicken, die man sich zweckmäßigerweise vom Computer gemacht hat, und das Ungewöhnliche aufzudecken, das hinter seiner bemerkenswert nichtssagenden Oberfläche brodelt.

Etwas davon will ich hier tun. Im ersten Teil soll der Werkzeugcharakter des Computers deutlich herausgearbeitet werden. Wie jedes Werkzeug verstärkt er die menschliche Kraft in ausgewählten Dimensionen, und diese gehen weit hinaus über die numerische Rechnung. Im zweiten Teil will ich mich mit der eigenartigen Verstärkung der Intelligenz auseinandersetzen, die der Computer bietet und bringt, während der dritte Teil die Verstärkung der Sorglosigkeit analysiert, die mit Werkzeugautomaten unvermeidlich verbreitet wird.

Intelligenz ist eng mit Reduktion auf das Wesentliche verbunden, und sowohl ›Reduktion‹ als auch ›Wesentliches‹ verdienen besonderes Nachdenken. Das ›Wesentliche‹ ist und gehört in Stil eingebettet - sollte man den Computer nicht auch als Stilverstärker sehen oder gar ansetzen?

Automatismen verdienen Vertrauen - auf wieviele Automatismen verlassen wir uns in uns selbst? Aber sie verdienen nicht unbegrenztes Vertrauen. In uns wacht das Bewußtsein über das Wirken der Automatik und läßt uns aus der Sorglosigkeit hinausspringen, wenn sich Gefahr signalisiert oder sonst ein Grund dafür auftritt. Der Computer hat kein Bewußtsein, aber auch kein Superprogramm, das verwandte Aufgaben erfüllen würde. Er ist ein Produkt unserer Überzeugung von der algorithmischen Unfehlbarkeit und unseres Bedürfnisses nach einem technischen Sklaven, und er besitzt nur äußerst rudimentäre Möglichkeiten, aus der Automatik auszubrechen. Damit verleitet er uns zu unberechtigter Sorglosigkeit - nicht nur im Detail des Betriebes, sondern auch im Grundsätzlichen und in der methodischen Auffassung. Dies wieder ergibt eine Respektlosigkeit gegenüber den Zusammenhängen, in die wir den Computer stellen, die nicht ohne Folgen auf die Gesellschaft bleibt, die ohnehin nicht gerade eine Ära des Respekts durchläuft. Der Computer vermag uns die Verstärkung der Wachsamkeit nicht abzunehmen. Hier müssen wir selbst etwas tun. Es gilt, Fußgängerzonen im automatischen Verkehr des Denkkraftfahrzeuges Computer einzurichten.

Teil I : Werkzeug Computer

Schon die elementaren Werkzeuge und Maschinen (wie zum Beispiel der Hebel) sind Produkte der menschlichen Klugheit und Intelligenz, und sie verstärken die Kraft und die Leistung von Mensch und Gesellschaft. Sie sind Werkzeuge: Nutzen und Schaden hängen vom sie einsetzenden und steuernden Menschen ab. Werkzeuge bleiben nicht ohne Folgen: für den Arbeitsgang, für das Produkt, für den Hersteller, für den Benutzer und für die Gesellschaft.

Zu Beginn begegnet man dem technischen Produkt mit Bewunderung, aber auch mit Mißtrauen. Es folgt ein Zeitabschnitt der Gewöhnung, und es ist nur natürlich, daß mit Gewöhnung Respektlosigkeit und Sorglosigkeit verbunden werden. Die eingetretene Abhängigkeit des Menschen und der Gesellschaft von Werkzeug und Produkt wird so lange wenig beachtet, bis ein Ausfall oder eine Störung eintritt. Bei den antiken Erfindungen läßt sich diese Entwicklung kaum mehr nachweisen, aber ob man Eisenbahn oder Auto, Wasserversorgung oder elektrisches Energie-Netz hernimmt: Alle angeführten Aspekte lassen sich aufzeigen.

Man muß es sich immer wieder vor Augen halten: Auch der Computer ist ein Werkzeug. Mein erstes Computerbuch aus dem Jahre 1971 trug den Titel »Computer - Werkzeug der Information« [GOLDSCHEIDER/ZEMANEK 1971, 217].

Der Computer bedarf des einsetzenden und steuernden Menschen nicht weniger als der Hammer - man sieht ihn nur nicht mehr so leicht, denn der Computer ist ein Automat und scheint alles von selbst zu tun. Das gilt aber nur für den engen Blick. Einsetzen und Steuern sind lediglich auf eine andere Ebene gerückt.

Information: Metagalileisch, formal, transzendent

Generell hat die Informationstechnik alle Züge der Technik, aber es kommen weitere Züge hinzu. Erstens ist die Information ein metagalileisches Phänomen: Sie ist von der Messung nicht erfaßbar und vom menschlichen Geist nicht separierbar. Zweitens ist die Digitaltechnik von extremer Formalität, einer Formalität, die nur der menschliche Geist schaffen kann und die dennoch in geheimnisvollem Widerspruch zu den spontanen Hauptleistungen des Geistes steht. Die Logik ist nicht nur, wie Wittgenstein angemerkt hat, eine großartige Tautologie, sondern sie bietet sich außerdem aufs eleganteste der Automatisierung an. Auf ihrer Basis laufen dann auch völlig unlogische Dinge wie beliebig unscharfe Sprache und beliebig schummrige Bilder. Drittens widersteht die Information dem naturwissenschaftlichen Reduktionismus - die Berechenbarkeit erweist sich zwar als universelle Eigenschaft im Sinne der möglichen mechanischen Kalküle wie andererseits durch die unbeschränkt möglichen Einsatzbereiche, was aber nicht heißt, daß die Berechnung alles zu erfassen vermag; gerade die Information macht das Darüberhinausgehende, das Transzendente bemerkbar. Zugleich hat die Mathematik einsehen müssen, daß ihre Gewißheit Grenzen hat, ihre Grundlagen auf tönernen Füßen stehen, was im Computer Folgen nicht weit hinten am Horizont der mathematischen Philosophie, sondern im Tagesgeschehen hat - jeder Compiler grenzt ans Unentscheidbare, viele Berechenbarkeitseigenschaften und -fragen überschreiten die Grenze. Der Computer macht die stellenweise Unzulänglichkeit der automatischen Verarbeitung und ihrer Schablonen immer wieder deutlich, aber Respektlosigkeit und Sorglosigkeit spielen die gewinnbaren Einsichten leichtblütig hinunter.

Der Computer verstärkt unsere logisch-mathematische Fähigkeit auf atemberaubende Weise; mit seinen Prozeßschablonen wird er zur schnellen und billigen Waffe gegen menschliche Belastung durch Routinearbeit, aber dies auf Kosten der Ausnahmen, und davon gibt es mehr, als wir uns träumen lassen. Im Grunde ist ja jeder einzelne Mensch eine personifizierte Ausnahme. Der Kontrast zwischen algorithmischer Regelhaftigkeit und menschlichem Ausnahmebedürfnis macht sich in der gesamten Anwendung bemerkbar und muß ein Wesenszug der sozialen Betrachtungsweise der Informationstechnik sein. Solche Kontraste, Gegensätzlichkeiten, ja Widersprüche gibt es um den Computer herum in großer Zahl, und die vorgestellten möchten zum Nachdenken anregen. Die nun gezeigte Tabelle stellt zusammen, was vordergründig und hintergründig an solchen Kontrasten über den Text verteilt ist.

Gegenüberstellungen

Weiblich	–	Männlich
Yang	–	Ying
Eva	–	Adam
Robot Helena	–	Robot Primus
Robot Primus	–	Robot Adam
Informal	–	Formal
Information	–	Redundanz
Unerwartetes	–	Geplantes
Ungewöhnlich	–	Gewöhnlich
Ausnahme	–	Regel
Intelligent	–	Künstlich
Mensch	–	Roboter, Automat
Gehirn	–	Computer
Natur	–	Technik
Organismus	–	Kybernetisches Modell
Sprache	–	Mathematik
Sprachlogik	–	mathematische Logik, Schaltalgebra
Semantik	–	Syntax
Analog	–	Digital
Bild- und Textverarbeitung	–	Rechnung
Menschliche Grösse	–	Miniaturisierung
Lernfähigkeit	–	Wiederholungsfleiss
Universalist	–	Spezialist
Intuitive Erkenntnis	–	Systematische Problemlösung
Schachmeister	–	Computer-Schachprogramm
Naivität	–	Sorglosigkeit
Stil	–	Nachahmung
Kunstwerk	–	Kopie
Offen	–	Geheim
Freie Wahrheit	–	Patent
Hexenmeister	–	Zauberlehrling
Humanismus	–	Naturwissenschaft und Technik

Die Gegenüberstellung darf nicht zu streng genommen werden; die Paare sind nicht durchgehend von gleicher Kontrast-Art, und viele gehen ineinander über, manche vermögen sogar die Seite zu wechseln. So geht die zeitlich beschränkte Nutzung der Wahrheit eines Patents nach seinem Ablauf in freie Wahrheit über. Diese Tafel dient nur der Gedankenanregung.

Wir verwenden die geballte Logik sagenhafter Chips mit noch größerer Sorglosigkeit als manche Länder Atomenergie und Atomwaffen, und wir machen uns nicht klar genug, daß der Computer mit der gleichen Beflissenheit Fehler und Unintelligenz verstärkt wie korrekte Verarbeitungsgedanken und intelligente Verfahren mit guten Modellen.

Im Menschen läuft das Formale auf der Informalität des Nervennetzwerks, im Computer läuft das Informale auf der Formalität der Schaltkreise, die selbst wieder durch raffinierte technische Tricks der Informalität der physikalischen Bauteile übergestülpt wird. Die Spannung zwischen Informal und Formal tritt in unserem Handwerk auf tausend verschiedene Weisen in Erscheinung. Die Kybernetik zum Beispiel konnte das Gemeinsame zwischen Natur und Technik nur durch formale Modelle natürlicher Zusammenhänge oder Organismen betreiben, was die Biologie enorm gefördert, aber den Blick für die fundamentalen Unterschiede getrübt hat. Dieser Doppeleffekt vererbte sich auf die KI-Forschung. Das alles kann hier nur angeblitzt werden.

Die Mächtigkeit des Computers in Verbindung mit seiner Universalität, Geschwindigkeit, Billigkeit, Kleinheit und Verläßlichkeit muß weitreichende Folgen haben - im Vergleich dazu wagt sich der Zauberlehrling von Goethe an ein Mikroproblem. Sind wir ausgerüstet, die Folgen unserer Computerbenutzung abzuschätzen? Oder sind wir bereits unfähig geworden, das Bild des Zauberlehrlings recht zu schätzen, nämlich als Verhaltensanweisung und nicht als Märchen, als dubioses, überholtes (neudeutsch: obsoletes) Märchen? Haben wir mit den Milliarden von Milliarden Symbolen, die wir durch die Computer treiben, nicht in uns die Einzahl vernichtet: das Verständnis für das Symbol?

> WALLE, WALLE MANCHE STRECKE, DASS ZUM ZWECKE DATEN FLIESSEN
> UND MIT REICHEM VOLLEN SCHWALLE UNSERE ARBEITSRÄUME GIESSEN!

Wie gut wissen wir, was der Computer tut und was er bewirkt?

Sind wir nicht immer noch der Meinung, er sei eine elektronische Form der Tischrechenmaschine, schneller und flexibler, umfangreicher programmierbar? Tatsächlich haben wir die Semantik des Wortes Computer eher auf das Rechnen eingeschränkt, statt sie auf den Wortsinn (com-putare = zusammensetzen) und auf die Realität des Informationsautomaten (Textverarbeitung, Prozeßsteuerung) auszuweiten, wie es angebracht wäre, weil das der Realität entspricht.

Solange der Computer auf numerische Aufgaben aus Mathematik, Physik und Technik beschränkt blieb, hat er schlicht schneller und verläßlicher gerechnet als der Mensch und damit die Rechenkraft des Menschen verstärkt: Es waren ihm Arbeiten zumutbar, die ein Mensch nicht begonnen und noch weniger fertiggestellt hätte, wegen Mühsamkeit, fehlender Attraktivität und Höhe des Arbeitsaufwandes. Insofern als die numerische Berechnung ohne ein Minimum an Intelligenz nicht zum rechten Ende kommt, war der Computer also von Beginn an ein Intelligenzverstärker. Zum ersten Mal verwendet hat diesen Ausdruck W. R. ASHBY - für seinen Homeostaten - in zwei Arbeiten aus den Jahren 1956 und 1961 [ASHBY 1956; 1961], also in einer Zeit, wo nur phantasiereiche Vordenker mehr vom Computer erwarteten als numerische Abarbeitung. Noch war ja die Ausweitung der Verschlüsselung von Zahlen auf Buchstaben sehr jung und die Textverarbeitung kaum in ihren Anfängen.

Die Intelligenzverstärkung wurzelt im besonderen Charakter des Verarbeiteten, in der Information, während die Sorglosigkeit im Automatencharakter des Computers verwurzelt ist: Was soll denn schon passieren, wenn ein erprobter oder wenigstens sorgfältig programmierter Algorithmus abläuft? Beide Wurzeln gehören dem menschlichen Bereich an, und die Gesellschaft, ein Verbund von Menschen, erzeugt eine Atmosphäre des Glaubens an die maschinelle Intelligenz und des Vertrauens zum Automaten auch bei jenen Leuten, die dem Computer kritisch oder ablehnend gegenüberstehen. Man lebt in dieser Atmosphäre, nimmt sie in sich auf, und Glaube und Vertrauen bleiben ja nicht ohne einzelne Bestätigungen. Es macht Mühe, Zutreffendes und Unzutreffendes zu unterscheiden.

Bereichsüberschreiter

Seit der Computer seine Steuerfähigkeit über seine internen Prozesse hinaus auf alle Arten von Effektoren erweitert hat und seit er in seinen 7-Bit- und 8-Bit-Codes Texte prozessiert, hat er sich zum Bereichsüberschreiter par excellence entwickelt. Und ich spreche hier ganz bewußt vom Computer und nicht von den Programmierern. Denn der Computer überschreitet auch den Bereich der Programmierer, er wirkt samt seinem Umfeld und schon indem er existiert.

Das Hauptthema dieses Artikels ist weit enger gefaßt, aber dem Thema des Buches angepaßt: Wie jede andere Werkzeugbenutzung hängt auch die Computeranwendung vom Menschen ab, der ihn benutzt oder der von der Benutzung betroffen wird. Und jedes Werkzeug ist Verstärker bestimmter menschlicher Fähigkeiten, Fertigkeiten und Züge, hauptsächlich jener, die er abbildet, aber wie stets gibt es auch unerwartete Effekte.

Teil II : Verstärkung von Intelligenz

Was ist das eigentlich: *Intelligenz*? Man sollte wissen, daß mit diesem Wort zwei Bedeutungen verbunden sind, und die zweite ist im Anglo-Amerikanischen noch lebendig, während sie bei uns fast ausgestorben ist.

Intelligenz, sagt das alte Lexikon, ist Verständnis, Einsicht und Erkenntnis. Das sind hochmenschliche Qualitäten, die man dem Computer auch in größter Begeisterung nicht zuschreiben kann - und trotzdem gibt es Autoren [HAUGELAND 1985], die von synthetischer Intelligenz reden, weil sie die Computerqualitäten für die gleichen halten, lediglich künstlich hergestellt.

Die nächste Eintragung, nämlich *Intelligenzblatt*, macht die andere Bedeutung sichtbar. Gleich darauf folgt die Eintragung Intelligenzwimpel - so hieß bei der österreichischen Kriegsmarine der Signalbuchwimpel, der die folgenden Zwei- bis Vier-Wimpelkombinationen als Codenachrichten nach dem internationalen Signalbuch kennzeichnet: Intelligenz als Notiz, als Kurznachricht. Intelligenzblätter wurden von Intelligenz-Büros oder -Kontoren herausgegeben, in Paris seit 1633, in Frankfurt seit 1733. Es handelt sich um Annoncen-Agenturen und -Zeitschriften, die Texte waren kurze Ankündigungen aller Art. Heute könnte man von Annoncen-Dateien reden.

Diese zweite Bedeutung paßt viel besser zum Umgang des Computers mit Dateien, und alles wäre in Ordnung, lebte erstens diese Bedeutung noch heute und wäre da nicht zweitens das Eigenschaftswort künstlich, das für diese zweite Bedeutung nicht viel Sinn hat. Der Ausdruck *Künstliche Intelligenz* unterstellt also tatsächlich, daß man dem Computer Verständnis, Einsicht und Erkenntnisfähigkeit zuschreiben könne. Das ist ein Denkfehler.

Intelligente Schablonenverwendung ergibt nicht eine intelligente Schablone. Das intelligent mit Programmen ausgestattete Terminal wird nicht ein intelligentes Terminal. Wer aber wehrt sich gegen diese unsinnige Bezeichnung, die am Ende nur Enttäuschung und damit Ablehnung hervorrufen kann? Im Gegenteil - in menschlicher Verstärkung der Unintelligenz wird neuerdings ein Gebäude, das mit Leitungsbündeln und Mikrocomputern ausgestattet ist, als ›intelligentes‹ Gebäude bezeichnet, vorläufig noch mit Anführungszeichen, aber die sind, man weiß es, bald abgestreift. In eigentlich unverzeihlicher Sorglosigkeit wird derartiger Unfug toleriert und für harmlos gehalten.

Die Kombination von fixer, präziser, rasch beweglicher und rasch systematisch modifizierbarer Schablone mit intelligenter Verwendung ergibt Intelligenzverstärkung, nicht nur bei Programmierern und ihren Professoren, sondern auch bei Schalterbeamten mit einem Bildschirm vor sich, die alle auf diese Weise zu Intelligenzleistungen kommen, zu denen sie allein nicht fähig wären. Ein 'intelligentes Terminal' ist nichts als ein mit Mechanismen gefülltes Terminal, intelligent konzipiert und für intelligente Benützung bestimmt.

Es war JOHN MCCARTHY, der im gleichen Jahr 1956, in welchem er mit Shannon den Band mit der oben erwähnten Arbeit von Ashby über den Intelligenzverstärker herausgegeben hatte, den Ausdruck *Künstliche Intelligenz* auf eine recht hilflose Menschheit losgelassen hat - hilflos, weil sie den inneren Widerspruch dieses Ausdrucks in ihrer enthumanisierten Atmosphäre nicht erkennen wollte. Die Wahrheit im Kern lautet: entweder künstlich oder intelligent, aber nicht beides zugleich. Mit der philosophischen Dimension der Intelligenz wollen wir uns heute aber nicht abgeben; vielmehr wollen wir uns, dem Thema ›Informatik und Gesellschaft‹ entsprechend, mit den Wirkungen des Computers auf die Gesellschaft auseinandersetzen, vorwiegend als Verstärker von Intelligenz und als Verstärker von Sorglosigkeit.

Als man begann, den Computer als Intelligenzverstärker zu sehen, hätte man die Grenzen solcher Funktion viel besser überlegen sollen, und die Umkehrung bedenken: Der Computer ist ebenso willig Unintelligenzverstärker. In diesen Aspekt der Computerverwendung will diese Arbeit ein wenig hineinleuchten, wobei sie unterscheiden muß zwischen der Wunschvorstellung der Entwerfer, der Realität der Marktlage und dem Bild, das der nicht besonders ausgebildete Benützer und das unfreiwillige Opfer der Benützung von einem Gebilde bekommt, dessen Innereien von unvorstellbarer Komplexität sind und ein noch weit unvorstellbareres Angebot an Kombinatorik ins Haus bringen, verborgen hinter einem unscheinbaren, normierten Aussehen. Genau genommen sieht der Computer überhaupt nicht aus, denn die Oberfläche besteht aus Teilen, die nichts aussagen. Was war im Vergleich zu ihm die Dampflokomotive für ein ausdrucksvolles Gebilde!

Der Computer ist ein automatisches Werkzeug, und Automaten tun, wie der Name sagt, doch alles von selbst. Das ist aber eine Täuschung und Selbsttäuschung des Betrachters. Er neigt dazu, den Computer für einen Roboter zu halten, dem nur eine Mutation zum Menschen fehlt. In Wirklichkeit ist der Computer nicht einmal ein Buchhalter, der sich seine Belege beschafft und ordnet, der sie prüft und bei Unsinnigkeiten oder Ausnahmen Alarm schlägt. Dem Computer muß man die Belege eingeben, und man darf keine Fehler durchgehen lassen dabei, oder es kann Unsinn mit der Geschwindigkeit und Gründlichkeit des Computers entstehen. Eine Aufgabe für die Künstliche Intelligenz? Sie ist zu weit vom Schachspiel entfernt.

Wirklich gut ist der Computer bei der automatischen Speicherverwaltung; das ist ein formales Problem, und solche Probleme löst der Computer ideal: klar, rasch und verläßlich - vorausgesetzt, daß das erforderliche Programm so geschrieben ist, daß die guten Eigenschaften zum Tragen kommen. Und der Computer ist ein hervorragender Prüfer von Abhak-Listen - auch das kann er klar, rasch und verläßlich. Beides sind nicht eben Intelligenz-Leistungen, aber sie unterstützen die menschliche Intelligenz, und so kommt echte Intelligenzverstärkung dabei heraus.

Künstliche Intelligenz – Reduktion nicht unbedingt auf das Wesentliche

Wer sich mit all diesen Computer-Eigenschaften beschäftigt hat und an sie gewöhnt ist, der sieht die Welt als Welt der Problemlösungen. Und daher kann er wohl die Intelligenz auch nicht anders sehen denn als systematische Problemlösung, mit dem

Schachspiel als Modell. Dieses hochformale und hochbinäre Spiel läßt eine saubere Programmierung seiner syntaktischen Zugregeln zu - viel Arbeit, aber realisierbar - und gestattet das Ziel, den Gegner matt zu setzen, mit syntaktischen Methoden zu erreichen, mit Bewertungspolynomen für die Züge etwa und mit Tricks, wie man die schier unendliche Durchrechnung auf ein Maß reduzieren kann, das akzeptable Zeiten ergibt.

Daraus erwächst die fatale Neigung zum naiven Schluß: Wenn der Computer schachspielen kann, warum soll er dann nicht den Verkehr regeln können, eine mitarbeiterfreie Fabrik betreiben oder von einer natürlichen Sprache in die andere übersetzen? Warum soll er nicht Experten, Generäle oder Politiker ersetzen? Geht es dabei nicht in allen Fällen um Problemlösungen?

Tatsächlich ist Intelligenz beim Problemlösen von unleugbarem Vorteil, obwohl man nicht vergessen darf, daß nicht nur Intellektuelle gute Ideen haben. Intelligenz erkennt das Wesentliche auf kurzem Weg und kommt bei der Problemlösung entsprechend schnell ans Ziel - das ist für die Arbeitsweise des Computers nicht gerade charakteristisch, wohl aber für jene des guten Programmierers. Meist erweist sich als Stärke des Computers, daß er infolge seiner überlegenen Geschwindigkeit Kleinholzhacken als Arbeitsprinzip verwenden kann, so daß nicht die geringste Kleinigkeit auch in einem abseitsliegenden Baumzweig übersehen wird, während der menschliche Geist mitunter sehr großzügig über Lücken im Gesamtbild und in den Schlußketten hinwegsieht. Es ist die Schnelligkeit des Computers im Absuchen und schnellen Auffinden, ohne dabei etwas auszulassen, die ihn so wirksam macht, die fehlerlose Benutzung von Schablonen, von einem intelligenten Programmierer zielführend organisiert.

Der Computer erscheint aus dieser Sicht als Schablonen-Jongleur. Das ist nicht der Stil des Schachmeisters. Ein Mensch könnte so gar nicht spielen, weder sein Gedächtnis noch seine Methodik paßt dazu, obwohl er natürlich ein Maß an Schablonen-Jonglieren beherrscht. Aber nicht alle Probleme sind von der logischen Art des Schachspiels. Überhaupt erschöpft sich die Intelligenz nicht im Problemlösen. Die menschliche Seite, das weitaus wichtigere Anwendungsfeld der Intelligenz, besteht aus Einfühlung und Verständnis, und nicht aus Schachspiel in allen Lebenslagen. Man könnte sagen, daß dies auch die engagiertesten Problemlöser nicht leugnen. Logik ist wahr, aber nicht ausreichend. Es wird ein Trend erzeugt, eine Schlagseite der Einstellung, welche die Welt nicht behaglicher macht.

Wie der Geist die Reduktion auf das Wesentliche zuwege bringt, wissen wir nicht, weil weder ein anderer noch wir selbst die Arbeitsweise in uns beobachten können. Jede Systematik zur Erfassung oder Simulation dieser Arbeitsweise ist ein Produkt des Geistes, aber nicht synthetische Produktion von Geist.

So wie die körperliche Kraft des Menschen durch das Werkzeug und die Maschine verstärkt werden und durch menschliche oder automatische Steuerung auf das Ziel der Verwirklichung eines Gedankens gerichtet werden kann, so vermag der Computer die intellektuelle Kraft des Menschen zu verstärken; er ist Werk- und Denkzeug. Wegen seiner menschliche Reaktionen weit überschreitenden Geschwindigkeit kann auf die automatische Steuerung nicht verzichtet werden. Läßt sich ein Prozeß als selbständig wirkender Algorithmus formulieren, ist die menschliche Einwirkung auf die Vorbereitung beschränkt, aber deswegen nicht weniger präsent. Selbst die Auslösung von Prozessen kann auf verschiedene Weise automatisiert werden. In keinem Fall aber kann von Selbstorganisation die Rede sein - ohne sorgfältige Vorbereitung gibt es Chaos. Braucht der Prozeß menschliche Entscheidungen und Eingaben, dann wird in der Zusammenarbeit zwischen Mensch und Computer die menschliche Steuerung als übergeordnete Kraft mit Gewinn verwendet - in manchen Fällen ist sie sogar unbedingt notwendig: wenn nämlich kein formales Modell für die unabhängige Automatik existiert.

Intelligenzverstärkung durch den Computer – aber außerhalb von ihm

Der Computer ist aber auch ein Intelligenzverstärker in dem Sinne, als er den Menschen zu Intelligenzleistungen anregt, zu denen es ohne Computer nicht gekommen wäre. Das Wissen darüber, was man mit den Computereinrichtungen alles tun kann, beflügelt das Denken und regt zu neuen Leistungen an. Als Beispiel seien hier die Fraktale genannt - nicht wegen der Vielfalt der herstellbaren Bilder, das ist eine beeindruckende Fertigkeit, derer man sich gerne bedienen wird -, sondern weil der Computer hier zu einer neuen Auffassung der Einfachheit und damit des Grundlegenden geführt hat. Was bisher Zirkel und Lineal waren, ist nun ein rekursives Programm mit wenigen Zeilen (ich bitte diesen Satz nicht wörtlich zu nehmen, sondern den dahinter stehenden Gedanken zu ergreifen!). Zusammen mit dem Unentscheidbarkeitstheorem von GÖDEL hat man hier das Wesen des Umbruchs von Mathematik und Logik am Ende des 20. Jahrhunderts in der Nußschale.

Die Intelligenzverstärkung des Computers wirkt, wie hier deutlich wird, synergetisch; die Informationsverarbeitung gehört zur geistigen Gesamtkraft des 20. Jahrhunderts, und sie hat einen überproportionierten Anteil an sich gerissen. Um so wichtiger ist es, auf die Überschreitungen zu achten, die wir uns zuschulden kommen lassen. Wie die Physik muß auch die Informatik darauf bedacht sein, die Philosophie der Naturwissenschaft zu kultivieren, mit der man unterscheiden kann, was man angehen kann und wo man besser Zurückhaltung übt. Um so besser kann die Informatik die notwendigen Entwicklungsrichtungen erkennen und eingefahrene Geleise verlassen.

Öffentliches und privates Wissen

Hier möchte ich noch einmal ein paar Sätze über die Reduktion auf das Wesentliche einfügen. Das Wesentliche zu erkennen ist weit mehr der Kern der Intelligenz als die Problemlösung. Hat man das Wesentliche eines Zusammenhangs erkannt, wird die Lösung einer Aufgabenstellung meist zum kleinen und fast trivialen Schritt - nicht trivial kann jedoch die Organisation des Lösungsweges sein, insbesondere wenn es darum geht, die gleiche Aufgabe oftmals, für viele verschiedene Angaben zu lösen. Hier muß das Wesentliche nicht der Aufgabe, sondern des Flusses der Lösungen gefunden werden - die Informatik wird zur Organisationswissenschaft, eine Richtung, die noch ungenügend erfaßt ist.

Eine besonders gründliche Reduktion auf das Wesentliche erfolgt, durch das Patentamt erzwungen, im Patent. Und dieses gibt einen guten Zugang zu einer Gabelung der erforderlichen Kenntnisse, die für die Technik charakteristisch ist: die Gabelung zwischen öffentlichem und privatem Wissen. Beide Zweige sollten sich gegenseitig ergänzen. Das geschieht noch ungenügend, weil durch die Informationsverarbeitung eine Art SAN FERNANDO-Graben verläuft - eine Bruchlinie, wo sich die zwei Schollen des öffentlichen und des privaten Wissens aneinander reiben. Sie geht von der Diskrepanz aus zwischen dem allgemein zugänglichen öffentlichen Wissen und dem schutzwürdigen Privatwissen, zwischen dem Wissen, das zur Bildung gehört und allen zugänglich gemacht werden sollte, und dem Wissen, das dem schöpferischen Menschen Lohn für seine Anstrengung bieten muß und das die Wirtschaft betreibt, ohne die keine Gesellschaft auskommt. Diese Diskrepanz gab dem Computer von Beginn an das Doppelgesicht der öffentlichen Einrichtung und des Geschäftsobjektes.

Der Erfinderschutz als Motor der Wirtschaft wird ausreichend beachtet. Ich glaube, daß die Wirkung der Informationsverarbeitung ebenso beachtenswert wäre. Denn die Reduktion der Erfindungsgedanken auf die Ansprüche - nur das wirklich Neue kann Gegenstand eines Patents sein - bietet eine Kompaktform sowohl des Wissens über viele technische Gebiete wie auch der Geschichte dieses Wissens seit der zweiten Hälfte des 19. Jahrhunderts. Eingehüllt in zahlreiche erklärende Texte schlummert diese Kompaktform in den Patentblättern. Es wäre gewiß eine mühsame Arbeit, die Sammlung der Ansprüche in eine überschaubare Form zu bringen, wobei ein kenntnisreicher Bearbeiter allzu pragmatische und für die Hauptlinie unwichtige Ideen ausscheiden müßte. Kapitelweise parallel wäre noch eine ebenso kompakte Form der zugehörigen Lehrgebäude hinzuzusetzen. Diese Möglichkeit scheint mir bisher ungenügend erkannt und genutzt worden zu sein. Der Grund ist wahrscheinlich, daß Erfindungen recht punktuellen Charakter haben und es daher sehr viel Arbeit wäre, aus dem punktuell Neuen eine systematische Fläche zu entwickeln. Hier könnte der Computer zum entscheidenden Werkzeug werden und auf wieder andere Art zum Intelligenzverstärker.

Software, so hieß es zumindest am Beginn der Entwicklung, sei nicht patentfähig. Einzelne Software-Erfindungen (wie zum Beispiel das Kellerprinzip von BAUER und SAMELSON) wurden als Hardware-Erfindungen angemeldet. Damit hat man die Entwicklung der Software von der patenttechnischen Reduktion ausgeschlossen, was ihr sicher nicht gut getan hat. Überlegt man, daß Hard- und Software-Lösungen völlig äquivalent sind, muß man sich fragen, wie groß der Schaden ist, der durch diese Verkennung der Tatsachen hervorgerufen wurde, nicht nur im Sinn des Geldwertes der Ideen, sondern auch hinsichtlich der technischen Entwicklung und durch die Förderung falscher Einstellungen. Der Widerstand gegen die Software-Patentfähigkeit kam aus zwei Quellen: aus der Meinung, daß Software-Herstellung eine Tätigkeit des Mathematikers und nicht des Ingenieurs ist, und aus der Meinung, daß sie der Dichtung näher liegt als der Konstruktion. Man zog als Schutzmechanismus daher das Copyright heran, was unvermeidlich die verkleidete Variantenbildung fördert, statt zu reduzieren, und damit die Unübersichtlichkeit erhöht. Derartige Meinungen sind in der Programmierung immer noch verbreitet - ich komme darauf im Teil III zurück.

Man hat als Lösung also zwei Wege, das Copyright und das Patent, und auf den ersten Blick scheinen die beiden Wege parallel zu laufen. In Wirklichkeit aber gehen sie gegeneinander, denn Copyright ist Informationsreproduktion, und das Patent ist Informationsreduktion. Vom Computer aus gesehen ist Produktion aber stets Produktion von Redundanz, während Reduktion die eigentliche Aufgabe von Computer und Informationsverarbeitung ist. Das Patent gehört daher zum Computer, das Copyright in die Kunst.

Nachahmung – ein Grundelement menschlicher Tätigkeit

Wer nicht nachahmen kann, kann auch nur wenig lernen. Nachahmung ist ein Grundelement menschlicher Tätigkeit und auch des Schöpferischen. Ohne Nachahmung gibt es auch keinen Stil, keinen schlechten und keinen guten. Intelligenz steht auch für guten Stil, und daher liegt die Frage nahe, ob der Computer gezielt als Verstärker guten Stils einsetzt werden sollte, was voraussetzt, daß er selbst mit Stil entworfen ist, daß er eine gute Architektur besitzt und diese den Anwendungen aufprägt.

Wie schwierig das auf unserem Gebiet ist, zeigen die Programmiersprachen, bei denen sich schon deswegen nur schwer ein Stil verbreiten kann, weil kaum ein Programmierer die Programme eines anderen Programmierers liest. GOTO oder kein GOTO ist eine Stilfrage. Und EDSGER DIJKSTRA hat, ohne dies übermäßig zu betonen, durch seine zahlreichen Veröffentlichungen zu einem bestimmten Programmierstil viel beigetragen. Nicht zufällig trägt der Sammelband zu seinem 60. Geburtstag den Titel *Beauty is our Business* [FEIJEN et al. 1990].

Architektur als Prinzip des Systementwurfs ist mit dem IBM System/360 eingeführt worden, und ich habe mich damit sehr beschäftigt [ZEMANEK 1979]. Das Architekturdenken bildet einen Gegensatz zum algorithmischen Denken. Während letzteres die präzise Eindeutigkeit zum Prinzip hat, ist die Architektur mit Kompromissen befaßt. Sie strebt Konsistenz an, Ordnung und Anpassung im allgemeinsten Sinn, aber sie muß dies in einer Welt von Widersprüchen und von Überforderung tun, gegen die kein algorithmisches Kraut gewachsen ist. Auch hier kann der Computer den Menschen nicht ersetzen, aber er wird zum Anlaß für tiefere Überlegung und zum Werkzeug guter Gestaltung. Das gilt für Hardware, Software und besonders auch für die Dokumentation, die ihrerseits Architektur und Stil haben sollte - ein Feld, auf dem Industrie und staatliche Verwaltung noch viel zu tun hätten.

Vor allem aber muß die Informatik als universitäre Disziplin sozusagen ihre Intelligenz verstärken. Nachgeahmt wird auf jeden Fall - es wäre aber besser, möglichst Gutes nachzuahmen, nämlich bewußt gestaltete Architektur und einen Stil, der sich nicht auf Funktionalität, disziplinlose Intuition und Improvisation beschränkt. Indem sie in alle Gebiete menschlicher Tätigkeit eindringt, prägt die Informationsverarbeitung ihren eigenen Stil den Anwendungsfeldern ein. Das bedeutet eine Verantwortung, deren wir uns in der Hektik des Tagesgeschehens nur sehr ungenügend bewußt sind.

Dies ist ein geeigneter Gedanke für die Überleitung zu Teil III, der von der Sorglosigkeit handelt, mit der wir so vieles betreiben und die vom Computer gnadenlos verstärkt wird.

Teil III : Verstärkung von Sorglosigkeit

Automatismen verdienen Vertrauen

Wir selbst würden nicht leben und nicht funktionieren können, besäßen wir nicht automatische Einrichtungen aus 'biologischer Hardware und Software'. In der Technik gehören gut funktionierende Automatismen zum Alltag, und die Informationstechnik hat sie stürmisch weiterentwickelt. Das heißt natürlich nicht, daß aller Ärger über nicht funktionierende Automaten aus der Welt geschafft ist. Aber die angewendeten Routinen haben hohe Zuverlässigkeit, wurden mehrfach geprüft und sind daher sicher. Im heutigen Zusammenhang sind nicht die Störungen das Hauptthema, sondern das falsche Vertrauen in den routinemäßig funktionierenden Automaten; Störungen gehören aber insoweit zum Thema, als sie dem falschen Vertrauen in die Güte des Entwurfs und in die Voraussicht des Entwerfers entspringen.

Wir haben zahllose Vorstellungen von gut laufender Automatik. Ein extremes Hardwarebeispiel ist die automatische Produktion von Schrauben - gleiche Größe, gleiches Gewicht, gleiches Gewinde, gleicher Kopf - das ist alles selbstverständlich. Wenn der Hersteller das richtige Programm und das richtige Rohmaterial einfüllt, kann er sich auf den Automaten so gut verlassen wie der Käufer auf die Schraube.

Die Fertigungsstrecke für Chips hat die gleichen vertrauenserweckenden Eigenschaften. Die Menge der wichtigen Einzelheiten auf kleinstem Raum schafft besondere Probleme und verlangt intensive Prüfung. Insgesamt aber steht der Chip als Produkt sehr gut da, und damit wäre der Computer ein äußerst vertrauensweckendes Gerät. Wenn man sich die Menge der Elementarschaltungen und der Zeitschritte vorstellt, die schon an einem einfachen Programm beteiligt sind, gerät man in hohe Bewunderung. Zugleich aber müßte die ungeheure Kombinatorik schrecken, die hier angeboten wird, die in ihrer zeitlichen Verstrickung nicht mehr transparent, nicht mehr überschaubar ist.

Zur Hardware kommt noch die Software - noch mehr Kombinatorik, noch mehr Unüberschaubarkeit. Würde die Hardware so oft zusammenbrechen, wie die Software abstürzt, müßte die Industrie ernste Schritte unternehmen, das Vertrauen wäre dahin. Bei der Software ist man nachsichtig: Es wird ja nichts zerstört, man startet von neuem und vermeidet die Situation, in welcher das Programm abgestürzt ist. Der Computer kultiviert eine Sorglosigkeit, wäre er ein Mensch, könnte man sagen, auf raffinierte Weise.

Nicht nur die Arbeit des Computers, sondern auch Ein- und Ausgabe erfordern eine professionelle Mischung von Vertrauen und Mißtrauen. Wo diese fehlt, wird Vertrauen zu Sorglosigkeit. Im allgemeinen vertrauen wir alle zu sehr der Verläßlichkeit des Eingegebenen und der Verständlichkeit des Ausgegebenen. Und darüber schwebt die höhere Sorglosigkeit - die akademische, die professionelle Überzeugung, daß die Konzepte, mit denen wir an unsere Aufgaben herangehen, in Ordnung sein müssen, weil es ja der Computer ist, auf dem sie laufen, und der Computer beruht auf verläßlicher Logik.

Der Weg ist das Ziel, sagt die Autofirma. Der Programmierer starrt auf sein Ziel und achtet zu wenig auf seinen Weg. Deshalb stolpert er oft. Das gilt aber viel allgemeiner. Die Güte der Hardware wurzelt in ihrer industriellen Fertigung. Warum wird die Software nicht in Fabriken und auf Fertigungsstrecken produziert, die der Hardwarefertigung so äquivalent sind, wie eine Funktion äquivalent als Programm oder als Schaltung realisiert werden kann?

Software-Fabriken?

Man hat das versucht, in Amerika und noch mehr in Japan [CUSUMANO 1991]; die Versuche sind aber fehlgeschlagen. Die Haupterklärung lautet, daß die Wiederholungseigenschaften der Software zu gering sind. Dies halte ich allerdings für eine falsche Sicht [ZEMANEK 1992]. Es ist das Denken der Programmierer, welches die Wiederholung durch zu viele Einfälle stört. Man betrachte doch einmal die Programmiersprachen: Ihr Kern ist algebraischer Natur. Aber man hat Tausende von Programmiersprachen konzipiert und teils realisiert, die im Grunde alle gleiche Ausdrucksmittel zur Verfügung stellen, ohne das Gleiche auszudrücken. Zumindest gilt dies relativ zu den grundsätzlichen Paradigmen, wie z. B. dem Imperativ.

Wird da nicht der falsche Sport betrieben? Es ist kein Zufall, daß der Computer - sehr im Gegensatz zu Auto und Elektromotor - nicht in der Werkstatt erfunden wurde, sondern an der Universität. (ZUSE ist eine Ausnahme, insofern er seine Modelle in einer Werkstatt begonnen hat - in einer Privatwohnung - aber die Idee stammt auch von der Universität, von der Rechenarbeit beim Bauingenieur-Studium.) Die Software-Industrie kann es sich nicht leisten, das Fundament der Produktion gründlich zu überdenken. Hier könnte eine Rückkehr an die Universität eine Aufgabe für zahlreiche Institute sein. Dies ist nach meiner Meinung wichtiger, als Nebenaufgaben der Industrie zu übernehmen.

Nach der Betrachtung dieses Problems von der normalen Arbeitsebene aus möchte ich ein Beispiel für Höhere Sorglosigkeit geben - den Umgang mit der Semantik, die Unterschätzung der Semiotik überhaupt.

Ein Beispiel für Höhere Sorglosigkeit: Semiotik

Der Computer (in der Vorlesung über Schaltkreistheorie weiß man es noch) ist ein rein syntaktisches Gerät: Zeichen werden - ohne Ansehen ihrer Bedeutung - systematisch in andere Zeichen verwandelt, seien es die Vorgänge bei den Grundrechnungsarten oder bei der Kompilierung. Man muß sich viel intensiver klarmachen, daß es keine Ausnahme gibt, oder man ist bereits in der ersten Höheren Sorglosigkeit befangen.

Der Mensch lernt vom Babyalter an, zwischen syntaktischem Anschein und semantischer Realität zu unterscheiden, ausdrücklich - und noch mehr im Unterbewußtsein. Der Computer ist nicht nur weit von einer Veranlagung für diese hervorragende Eigenschaft entfernt (weder die selbsttätige Ineinanderkoppelung von Sinnesorganen, Verarbeitung und Effektoren steht ihm zur Verfügung noch die Universalienbildung - beim Menschen vollautomatisch, auch bei denen, die man mit Recht als dumm bezeichnen dürfte, diese betreiben nur die falschen Verallgemeinerungen -), sondern es fehlen dem Computer auch Motivation und Ehrgeiz. Gewiß, ein Mensch kann zum Automaten degenerieren, so daß man sagen kann: »auch nicht besser«. Aber das ist immer eine arge Übertreibung.

Die rechte Schlußfolgerung wäre, die Auseinandersetzung mit der Semiotik zu einem zentralen Feld der Informatik-Forschung zu machen - die Grenzen zwischen syntaktischer Geläufigkeit und semantischer Transzendenz herauszuarbeiten und genau zu klären, wo uns das syntaktische Modell bei der Beherrschung der Bedeutung des Verarbeiteten in Stich läßt. Besonders in den neuen Gebieten der Text-, Bild- und Tonverarbeitung verfällt man leicht einer Sorglosigkeit, die sich später als Zeit- und Geldfresser erweisen muß. Entweder stellen sich viele Lösungen als unerreichbar oder unzulänglich heraus, oder es wird den Ergebnissen eine technische Roheit zugestanden, die nur deswegen vorläufig nicht so auffällt, weil sich viele Felder menschlicher Tätigkeit gegenwärtig freiwillig in solche technische Roheit begeben.

Naivität als Schutzmantel: Dschinn und Roboter

Wir haben keineswegs den größeren Teil der Arbeit, die menschliche Tätigkeit auf die Computerunterstützung vorzubereiten und einzurichten, hinter uns, sondern weit mehr noch vor uns. Während uns die bereits laufende Technik beeindruckt, müßte uns die Fülle des nicht Verstandenen und nicht Erfaßten mit Sorge erfüllen. Aber es gibt eine natürliche Abwehrreaktion. Der Mensch wehrt sich gegen die beeindruckende Technik und gegen nicht Verstandenes mit einer sehr hilfreichen Reaktion: mit Naivität. Er betrachtet die Dinge als einfacher als sie sind, und das hat schon in der Antike geholfen.

Ein sehr frühes und einsichtsträchtiges Beispiel stellen der Begriff und Name des Roboters dar. Schon Homer schreibt solche der Erfindungsgabe des Hephaistos zu (er begnügt sich mit der Beschreibung der Hardware, wahrscheinlich hat er - zumindest, geahnt, daß die Software das größere Problem ist), während sich die orientalische Phantasie den Dschinn ausdenkt, der keine Maschine ist und nicht mit Maschinen arbeitet, dafür aber die menschliche Sprache vollendet beherrscht. Der Name *Roboter* ist recht genau so alt wie ich; er ist eine Erfindung der Brüder ČAPEK in Prag im Jahre 1920, und Karel schrieb dann das Kollektivdrama *R.U.R. - Rossums Universal Robots* [ČAPEK 1921], in der deutschen Übersetzung W.U.R ›Werstands Universal Robot‹, eine nach ihrem Besitzer benannte Firma, und der Familienname ist in beiden Sprachen eine leichte Verballhornung von Verstand (rozum). Daß die Roboter genau wie Menschen aussehen, ist schon deshalb notwendig, daß sie leicht auf die Bühne gebracht werden können. Die Naivität besteht in dem Konzept, daß eine Formel in einem Panzerschrank genügt, um Automaten zu produzieren, die nur eine Mutation vom Menschen entfernt sind und die jegliche menschliche Arbeit übernehmen. Allerdings rächt sich die Natur, indem sie den Menschen allmählich die Zeugungskraft nimmt. Die Roboter machen einen Aufstand und bringen alle Menschen um. Aber die Formel geht in den Wirren unter und binnen 30 Jahren wäre die Erde nicht nur menschenleer, sondern auch roboterleer, hätte nicht ein menschlicher Wissenschaftler bei verbotenen Experimenten ein Roboterpaar Helena und Primus geschaffen, bei dem die Mutation zum Menschen eingetreten ist und damit ein neues Paar Adam und Eva ein neues Menschengeschlecht einleitet.

Die Robotik vermag nur langsam die Herkunft von der Bühnenfigur Roboter abzustreifen und zu tatsächlich nützlicher Funktionalität zu finden - von Sonderanwendungsgebieten in der Medizin und etlichen anderen abgesehen. Die naive Vermenschlichung, nicht nur in KI und Robotik, sondern auch im täglichen Umgang mit dem Computer, ist einfach attraktiv. Man muß sie ebensosehr als Schutzmantel verstehen wie als vorläufigen Schritt auf einem Weg - manche Klärungen gehen eben langsam vor sich, und die Klärung des Verhältnisses zwischen Informationsverarbeitungsautomaten und Mensch braucht sicher besonders lang; es steckt zu viel vom Menschen Hergenommenes im Computer.

Die hohe Verläßlichkeit, die wir bei so vielen Routine-Arbeiten des Computers erfahren, macht uns unvermeidlich sorgloser, als wir in anderen verwandten Zusammenhängen wären und dies um so mehr, je weniger Verständnis über ihre Funktionsweise herrscht. Dazu kommt, daß ja im Normalfall beim Computer nicht viel mehr passiert, als daß er abstürzt. Längst aber hat der Computer Aufgaben übernommen, bei denen nicht nur die Information, sondern auch die mit ihr gesteuerte Realwelt bis hin zu Menschenleben betroffen sind. Hier müssen Naivität und Sorglosigkeit aufhören.

Optimismus, aber Selbstkontrolle

In der Pionierzeit waren Optimismus und überzeugte Selbstsicherheit Bedingungen für den Erfolg. Jahrzehnte nach dem Anfang leisten wir uns aber immer noch Sorglosigkeiten, die keineswegs mehr gerechtfertigt sind. Wir sollten nicht auf Kritik von außen warten, sondern selbst danach sehen, keine Zauberlehrlinge zu sein, die vor ihrem eigenen Wasser Angst bekommen werden und des Hexenmeisters bedürfen, um den Bann zu brechen:

> In die Ecke, Besen, Besen! Seid's gewesen! Denn als Geister
> Ruft euch nur zu seinem Zwecke erst hervor der alte Meister!

Es gibt kaum mehr Meister, und die, die es gibt, werden kaum gehört. Alte Meister gehören nach heutiger Auffassung überdies in Frühpension. Man pocht allgemein auf das Recht, Zauberlehrling zu bleiben und, in unserem Fall, Datenfluten hervorzurufen, deren böse Wirkung erst sichtbar wird, wenn der Zauberlehrling befördert wurde oder entfloh (nach Afrik- od Ameriko).

Ich möchte aber nicht mit einem pessimistischen Gedanken schließen. Schon die Tatsache, daß der Computer unsere Intelligenz zu verstärken vermag, ist Grund für Optimismus. Ich sehe aber einen noch stärkeren. Er kommt aus der Einsicht, daß das, was wir verarbeiten, die Information, etwas Transzendentes ist. Jede Zeichengruppe, mit der wir zu tun haben, birgt hinter ihrer momentanen Erscheinungsform, die ständig zu ändern unser Hauptberuf ist, ein abstraktes Wesen, das sich allein unserem Geist offenbart. Und um die Erscheinungsform liegt eine semantische Wolke: die Fülle dessen, was die Zeichengruppe bedeuten kann. Und diese Fülle führt auf den Menschen zurück. Der Mensch macht Information aus der Form, er erhebt sie zu einem Phänomen weit höher als Materie und Energie.

Nun kann sich der Mensch - wie wir täglich in den Zeitungen lesen - beängstigend unmenschlich verhalten. Das geschieht aus Gedankenlosigkeit und aus falschen Gedankengebäuden heraus. Muß unser Umgang mit der Information, intelligenzverstärkt durch den Computer, nicht notwendigerweise die Gedankenlosigkeit reduzieren und zu richtigen Gedankengebäuden führen? Vielleicht nicht zwangsläufig und nicht, wenn die Schule ihre Aufgabe verfehlt. Die Informationsverarbeitung läßt sich für Unmenschlichkeiten einsetzen, und wenn man sich nicht vergewissert, kann man unabsichtlich solche hervorrufen. Aber die Wegweiser sind nicht zu übersehen. Auf lange Sicht besteht genug Grund für Optimismus. Der liebe Gott hat die Welt selbstreparierend konzipiert, sonst wäre sie auch schon längst untergegangen. Wenn man diese Selbstreparatur beschleunigen will, muß man sich selbst und den Maschinisten am Weltuntergang weit fester auf die Finger klopfen.

Die aktuelle Lage der *Technology Assessment*-Forschung zur Informatik: Eine Einführung

Britta Schinzel und Nadja Parpart

Dieses Kapitel bietet aus drei verschiedenen Positionen Einblick in die Technikfolgenabschätzung im Bereich der Informatik: Einmal werden auf einer theoretischen Ebene am Beispiel der Informationstechnik Erwartungen an die Technikfolgenabschätzung, ihre tatsächlichen Fähigkeiten dund ihr Nutzen diskutiert; zum zweiten werden praktische Ergebnisse der *Technology Assessment*-Forschung (TA) zur Informatik sowohl zur Softwareherstellung wie hinsichtlich der Wirkungen auf Anwender und Gesellschaft erörtert; und zum dritten wird exemplarisch eine spezifische Forschungsfrage im Bereich der Softwareerstellung umrissen.

Die Technology Assessment-Forschung hat im Laufe seiner Entwicklung von der Wirkungsforschung über die Technikfolgenabschätzung und Technikgeneseforschung zu einem neuen Selbstverständnis gefunden. Der Anspruch, zukünftige Technikfolgen abzuschätzen zu versuchen, reduzierte sich darauf, den Prozeß des Austausches aller Beteiligten über gegenwärtig erfaßbare Auswirkungen von Technik in Gang zu halten und zu befördern.

Die Notwendigkeit, Erwartungen an die TA zurückzunehmen oder umzudefinieren, zeigt sich seit einiger Zeit. Einerseits haben sich die Produkte wie auch die Verbreitung und Akzeptanz der Informationstechniken in einer von allen unerwarteten Weise entwickelt. Andererseits haben sich die Beurteilungen dieser Technik in Gesellschaft und Wissenschaft geändert. Anstatt von kontinuierlichen, auf stabilen Werten beruhenden Entwicklungen ausgehen zu können, muß die TA zunehmend mit sich verändernden Urteilen rechnen. Auch müssen die Wirkungen von Technik stets im Kontext ihrer Entstehung und ihres Einsatzes situiert gesehen werden, und der

Anspruch, objektive wissenschaftliche Trendanalysen aufstellen zu können, kann nicht durchgehalten werden.

Deshalb focussiert sich die Forschung heute weniger auf die Wirkung als auf die Entstehung und Entwicklung von Technik. Man ging dazu über, bei der Gestalt anzusetzen: Im Zuge einer *partizipativen Technikgestaltung* wird versucht, die Benutzer in die Softwareherstellung miteinzubeziehen.

Grundsätzliche Schwierigkeiten der TA und einer sozialverträglichen Technikgestaltung können dadurch allerdings nicht überwunden werden. Doch wird TA deswegen keineswegs überflüssig. Ihre analytischen und sozialwissenschaftlichen Methoden können auch für die Technikentwicklung fruchtbar gemacht werden, wenn ihre Ergebnisse und Sichtweisen den Entwicklern bei Implementationsentscheidungen zur Verfügung stehen. Technische Systeme müssen deshalb als offene Systeme verstanden werden, deren Flexibilität und Anpassungsfähigkeit an veränderliche Gegebenheiten als Leitkriterium zu gelten hat.

WILFRIED MÜLLER behandelt Möglichkeiten und Grenzen der TA Informatik anhand unerwarteter oder unerwünschter Nebenfolgen der Informationstechnik: Es zeigt sich, daß angesichts der Komplexität und Dynamik der Technikentwicklung Spät- und Nebenfolgen von Technik nicht antizipiert werden können. Daher muß man von der Vorstellung Abschied nehmen, die Technikentwicklung könne vollständig berechenbar gemacht werden und unberechenbare Wirkungen seien von vornherein auszuschließen. Es kann allenfalls versucht werden, den Umgang mit Technik im Diskurs mit allen Beteiligten zu verbessern. Es gilt daher, die TA als einen Prozeß der Verständigung über Technik und der Bewertung zu betrachten, der von den Beteiligten in Gang gehalten wird. Solche TA-Modelle, wie beispielsweise mit der integrierten Technikfolgenforschung von W. Rammert vorgeschlagen, scheinen den heutigen Bedingungen der Technikentwicklung eher angemessen zu sein.

Die Fragestellungen der TA ergeben sich vom Standpunkt der zu lösenden technischen Probleme wie auch in einer Perspektive, die die technischen Systeme in ihren Wirkungen untersucht. Man unterscheidet in diesem Sinne zwischen probleminduzierter und technikinduzierter TA.

Probleminduziert sind Fragen der menschengerechten Gestaltung von Arbeitsplätzen, die sich im Zusammenhang mit der Computerisierung der Arbeitswelt stellen. Ein Ergebnis dieser Art ist, daß informationstechnische Hilfsmittel stärkerer sozialer Voraussetzungen für Wirksamkeit und Akzeptanz bedürfen als klassische Techniken. Solche Voraussetzungen betreffen Mitsprache und Mitgestaltung bei der Auftragsvergabe, gute Schulungen und organisatorische Einführungsstrategien, Handlungsspielräume und das Niveau bei der Arbeit am Computer sowie eine ergonomische Gestaltung des Arbeitsplatzes. Mit der Einführung von Computersystemen wächst der Zwang zu immer detaillierterer Dokumentation von Arbeitshandlungen und Entscheidungen. Dadurch gefährden diese Systeme u.U. Autonomien und Spielräume in nicht-routinisierbaren Arbeitsvorgängen insofern, als der Zwang zur

Dokumentation und zur Erklärung eigenständige Handlungen unwahrscheinlicher macht. Daher werden immer wieder flexible Arbeitssysteme gefordert, um den Umgang mit Kontingenzen zu ermöglichen. Was dies im einzelnen z.B. für die Benutzungsschnittstelle bedeutet, ist ein wichtiger Diskussionsgegenstand und leider nicht eindeutig zu fassen.

Technikinduzierte TA im Bereich der Informationstechnik befaßt sich mit den Wirkungen, Risiken und der Sicherheit von Software, mit den durch Computer eröffneten Möglichkeiten zur Kontrolle, mit den durch sie induzierten Machtverschiebungen in Beziehungen, Einflußzonen, Machtgefällen und mit Veränderungen der Organisation und der Kommunikation. Dabei zeigt sich immer wieder, wie abhängig diese Folgen von der konkreten Softwaregestaltung, den situativen Bedingungen ihrer Implementation und von kulturellen Faktoren sind.

Doch können auch allgemeine Aussagen getroffen werden, so etwa zur Verwendung von Informations- und Arbeitssystemen in Organisationen:

Die Computerisierung schafft einen permanenten Sichtbarkeitszustand, der Einzelereignisse und Entscheidungen durch alle im Computer-Netz Zugangsberechtigte überschaubar macht, damit aber auch die kollektive Wachsamkeit und den Legitimationsdruck für die Individuen erhöht und somit das automatische Funktionieren von Macht sicherstellt. Durch die universelle Transparenz wird auf kontrollierbare Tätigkeiten mehr Sorgfalt verwendet, und es bilden sich Mechanismen der Selbstkontrolle heraus.

Andererseits werden die Individuen in einen Raum der Kommunikation versetzt, in dem sie zwar umfassend kontrolliert werden können, den sie sich aber auch aneignen können. Die Computerisierung schwächt unhinterfragte Geltungsansprüche, sofern die elektronische Informationsübermittlung auf kognitive Gehalte beschränkt bleibt. Das Medium erzwingt das Explizitmachen stillschweigender Praktiken der Entscheidungsfindung, wie sie in der professionellen Sozialisation eingeübt werden. Diese werden durchsichtiger und der Reflexion und Diskussion zugänglich.

Computersysteme wirken stark fixierend, auch in bezug auf den kulturellen Eigensinn von Organisationen. Die Fixierungen schwächen die selbstorganisatorischen Fähigkeiten der Organisation, denn sie gießen Momentaufnahmen der Organisation bei der Aufgabenermittlung in eine feste Form, die dann nur schwer verändert werden kann. Unterschiedliche Kulturen bilden spezifische organisationale Backformen für den Softwareteig, und das entstehende Backwerk schmeckt dann verschieden und jedem anders. So hat sich gezeigt, daß in verschiedenen Ländern, Professionen und Kulturen die Entwicklung und die Aneignung von Informationstechnik eine unterschiedliche Prägung angenommen hat.

Softwaresysteme bilden in Organisationen ein zusätzliches Moment der Vergesellschaftung, das regelnd in die Formen der Kommunikation und deren Inhalte eingreift. Sie wirken fast immer durch Reorganisation der Denkwelten, Klassifikationsschemata und Wahrnehmungsmuster der Akteure, indem sie das lenken, was jene an

Informationen aufnehmen und verarbeiten, was sie gar nicht zur Kenntnis nehmen und was sie anderen zugänglich machen oder unterdrücken. Als Träger kodierter Informationen haben Computersysteme stark handlungsnormierende Auswirkungen, ohne daß diese im einzelnen vorausgesehen werden können. Mit der Einführung wird auch der kulturelle Eigensinn innerhalb der Organisation belebt. Neue Aufgaben, erhöhte Transparenz von Entscheidungen und Kommunikation mit Akteuren lösen professionelle Identitäten und Arbeitsteilungen auf. Damit werden Prozesse der Neuverteilung von Wissen und Macht, Belastungen und Gratifikationen angestoßen, deren Ergebnis nicht vorhersehbar und kontrollierbar ist.

Angesichts der Befunde der TA in der Informationstechnik, die den Primat des Organisatorischen gegenüber dem rein Technischen betonen, stellt sich die Frage nach der Gestaltung des technisch-organisatorischen Gesamtzusammenhangs und der Grenzziehung zwischen ›programmierbaren‹ Realitätsausschnitten und deren nicht automatisierbaren Anteilen in verstärktem Maße. Aus der Technik des Formalen lassen sich die konkreten Grenzen der informatischen Modellbildung nicht verstehen. Grenzen ergeben sich vielmehr erst aus der Verbindung von theoretischer Informatik und einer umfassenderen Theorie der Informatik in der Erfahrung mit ihrem Einsatz in der sozialen Praxis. Erstere beweist die theoretischen Grenzen der Formalisierung mit Ergebnissen zur Axiomatisierung zur Komplexität, eine erweiterte Theorie gibt Hinweise zu den Beschränkungen der formalen Sicht bezüglich der Fundierung der informatischen Begriffe. Die Praxis richtet den Blick auf die konkrete Anwendung, die Erkenntnisgegenstand der Software-Entwickler sein sollte. Gemessen an der universellen Form des Einsatzes informatischer Methoden müßten Informatiker eigentlich den Willen zum (fachübergreifenden) Wissen entwickeln, die Neugier auf das Fremde im Gegenstand. Doch geschieht dies kaum. Die Kompetenz eines Programmierers wird zumeist im Umgang mit der Maschine und den Repräsentationsmechanismen gesehen, nicht aber im Überblick über die realen Wirkungspotentiale des Formalismus, den er verwendet. Das *know-how* dominiert allenthalben über das *know-what*. Die Informatiker aber müssen lernen, *wie* zu verstehen ist und wo die Grenzen der Formalisierung liegen. Ferner, daß sich *Verständnis* in kommunikativem Handeln herausbildet und nie zu etwas Objektivem verfestigt, sondern in der Differenz von formaler Eindeutigkeit und sozialen Konflikten verhandelbar bleibt.

Zu den auffälligsten Ergebnissen der innerhalb der Software-Entwicklung angestellten TA-Untersuchungen gehört die immer wieder von neuem reproduzierte Tatsache, daß die Ursachen für schlechte Software-Qualität in Schwierigkeiten bei der Aufgabenermittlung liegen. Bei der Verhandlung zwischen den Auftraggebern von Software und den Software-Entwicklern über die in einer Spezifikation festzuhaltenden Aufgaben treten immer Verständigungsprobleme auf. Die Kommunikationsprozesse leiden an den unterschiedlichen professionellen und kulturellen Hintergründen der Verhandlungspartner. Die Auftraggeber wissen meist nicht, was ein Programm leisten kann und haben folglich sehr diffuse Vorstellungen von dem, was sie wünschen; die Entwickler kennen oft weder das Anwendungsgebiet noch die speziellen organisatorischen und situativen Bedingungen. So hängt es vom Einfühlungsvermögen und den kommunikativen Fähigkeiten beider Partner ab, ob sie zu einer einigermaßen adäquaten Festlegung der Software-Aufgaben gelangen. Adäquat soll dabei heißen, daß die automatisierten Arbeitsanteile eine sinnvolle Leistung erbringen, daß sie die Gesamtarbeit und Arbeitsorganisation nicht stören und daß die Arbeitsteilung zwischen Mensch und Maschine die Bedürfnisse der Menschen unterstützt.

Bei den beschriebenen hermeneutischen Problemen muß jeder Versuch ansetzen, das Problem inadäquater Spezifikationen durch fehlerhafte Aufgabenermittlung zu überwinden. Sie sind, wie einleitend erwähnt, Hauptursachen für fehlerhafte Software. Die Beseitigung solcher Fehler ist auch am teuersten, da sie erst beim praktischen Einsatz (bestenfalls beim Testen) gefunden werden und weil das Revirement alle Stufen der Software-Entwicklung bis zur Auftragsanalyse zurückgehen muß, um dann erneut die verbesserte Version zu implementieren und zu dokumentieren. Ein solcher Vorgang ist natürlich der Übersichtlichkeit und Güte von Software keineswegs förderlich und führt meist zu Folgefehlern.

Für die Problemspezifikation werden Anforderungen ermittelt, die Arbeits-, Organisations- oder Produktionsabläufe automatisieren sollen. Dabei handelt es sich stets um Teile einer Gesamtorganisation. Um die Anforderungen an ein Software-System zu ermitteln, ist es unumgänglich, sich mit den der Automatisierung zuzuführenden Realitätsausschnitten auseinanderzusetzen und die einer informatischen Behandlung zugänglichen Teile zu selegieren, ihre Struktur zu erfassen und zu bewerten. Im sogenannten Requirement Engineering werden die relevanten organisatorischen, physischen oder abstrakten Einheiten und ihre wechselseitigen Beziehungen mit Blick auf die erwünschte Programmleistung erfaßt. Dieses Vorgehen setzt voraus, daß der Requirement Engineer den Gegenstandsbereich kennt oder im Dialog mit den Sachverständigen kennenlernt und daß er die Bedeutung der relevanten Einheiten in ihrem Kontext zu deuten weiß. Immer wird er jene Zusammenhänge berücksichtigen, die ihm zugänglich und bekannt sind. Man kann aus verschiedenen Gründen nicht davon ausgehen, daß dabei alle für die Softwarefunktion notwendigen Gegenstände und Beziehungen unterschieden und richtig eingeordnet werden können, noch daß die Einbettung der künftigen Software in die Gesamtorganisation diese nicht stört.

Der Beitrag von CH. FUNKEN versucht, diesen Problemkomplex an Hand der Verstehensproblematik auszuloten und einer Verbesserung zuzuführen. Sie analysiert, welche Probleme diesen Entscheidungsprozeß zu einem keineswegs objektivierbaren Verständnis mit nicht-explizierten Selbstverständlichkeiten machen, die Anforderungsermittler nähern sich demselben Gegenstandsbereich mit Blindheit oder Vorurteilen. Die Auseinandersetzung mit dem fremden Gegenstand geschieht auf der Basis von Voreinstellungen und einem spezifischen informatischen Denkstil. Dieser ist geprägt durch ein professionalisiertes Abstrahieren, welches mit dem erfahrungsgeleiteten, impliziten und handlungsorientierten Denkstil der Experten wenig verträglich ist. Der Verhandlungscharakter und die Ergebnisse der Aufgabenanalyse sind situationsabhängig, müssen aber gleichzeitig in ein Verfahren der Formalisierung münden und sind damit bereits operativ festgelegt.

Was bedeutet Verstehen in diesem Zusammenhang? Philosophische und soziologische Verstehensbegriffe werden auf ihre Relevanz hin diskutiert. Die Autorin zeigt, daß jene das Informations- und Machtgefälle zwischen Benutzer und Entwickler zu wenig zu berücksichtigen erlauben. Ihr Ansatz zur Ermittlung der realen Vorgehensweisen, Rekonstruktions- und Interpretationsmuster der Entwickler bei der Aufgabenanalyse, bei der auch Machtbeziehungen und Aushandlungsprozesse eine Rolle spielen, fußt auf der dokumentarischen Methode.

Technology Assessment: Von der Abschätzung ungeahnter Nebenfolgen zur Bewertung bekannter Risiken

WILFRIED MÜLLER

1. Einleitung: Alte Ansprüche und neue Problemlagen

Seit mehr als 20 Jahren wird in technologiepolitischen und wissenschaftlichen Institutionen westlicher Industriestaaten über die Sinnhaftigkeit, die institutionelle Einbindung, die Erkenntnis- und Interventionschancen der Technikfolgenabschätzung (im folgenden kurz: TA) diskutiert. Ausgangspunkt dieser Debatte sind die Ende der 60er Jahre im Zusammenhang mit der geplanten Gründung des ›Office of Technology Assessment‹ (OTA) von Abgeordneten des amerikanischen Kongresses formulierten Ansprüche:[1]

- TA sollte eine Art Frühwarnsystem zur rechtzeitigen Erkennung der sozialen, politischen, gesundheitlichen und ökologischen Wirkungen neuer Techniken sein. Dabei sollten komplexe Wechselwirkungsmechanismen zwischen ökonomischen Bedingungen, politischen Verhältnissen, technisch-wissenschaftlicher Entwicklung und den Wirkungen neuer Technik untersucht werden. Der Anspruch der Technikfolgenabschätzung zielte insbesondere auf die Erfassung von langfristig entstehenden kumulativen Effekten, den sogenannten ›Nebenwirkungen.‹
- TA sollte über die zukunftsorientierte Risikoanalyse hinaus für Parlamente und staatliche Institutionen entscheidungsrelevante technisch-organisatorische Alter-

1 Das deutsche Wort ›Technikfolgenabschätzung‹ ist eine nur annähernde Übersetzung des amerikanischen Begriffs ›Technology Assessment‹, denn die im amerikanischen ›Assessment‹ enthaltene sprachliche Liaison von ›Beschreibung‹ und ›Bewertung‹ ist im deutschsprachigen Alltagsgebrauch nicht enthalten. Unter ›Abschätzung‹ wird hier eher ein deskriptiv-analytisches, weniger ein entscheidungsorientiert-bewertendes Vorgehen verstanden.

nativen aufbereiten, d.h. die Wirkungsanalyse sollte um Vorschläge zur Minderung bzw. Vermeidung der möglicherweise entstehenden negativen Effekte ergänzt werden (GIBBONS, GWIN 1986, SCHEVITZ 1991).

Auch wenn seit Ende der 70er Jahre diese Ansprüche aus forschungsökonomischen und wissenschaftstheoretischen Gründen als unrealistisch bewertet werden (PASCHEN, BECHMANN, WINGERT 1981), so ist doch seit dieser Zeit in unregelmäßigen Abständen der alte TA-Anspruch in modifizierter Form wiederholt worden, z.B. in der Bundesrepublik Deutschland in Ropohls ›Innovativer Technikbewertung‹ (1988) und in DIERKES ›Leitbild-Assessment‹ (1991) (siehe PETERMANN 1992, S. 271 f.). Die besonderen Hoffnungen beruhen dabei auf einer ›Lösung‹ des Antizipationsproblems, d.h. der frühzeitigen Identifizierung von Neben- und Spätwirkungen, kumulativen und synergistischen Wirkungen und der Analyse der Rückwirkungen der gesellschaftlichen auf die technische Entwicklung (PASCHEN, BECHMANN, WINGERT 1981, S. 65 f).

Im folgenden Beitrag möchte ich die theoretischen Probleme der Antizipation der sog. ›Nebenfolgen‹ darlegen, weil ich die wissenschaftliche Behandlung dieser Thematik für das Grundverständnis der Technikfolgenabschätzung von entscheidender Bedeutung halte. In diesem Rahmen konzentriere ich mich auf die computergestützten Informations- und Kommunikationstechniken (im folgenden kurz: I&K-Techniken). Mit diesen Techniken sind gegenüber anderen besondere Möglichkeiten, aber auch Schwierigkeiten der Erkenntnisgewinnung verbunden: Die I&K-Techniken zeichnen sich (a) durch ihre Anwendungsmöglichkeit in allen gesellschaftlichen Bereichen, (b) durch eine sehr große Variationsbreite der einzelnen technischen Komponenten und (c) durch die starke Abhängigkeit ihrer Wirkungen vom organisatorischen Kontext aus (LANGENHEDER 1990, S. 261).

Meine *erste These* lautet: Aufgrund der Tendenz zur Beschleunigung der technischen Entwicklung und des schnellen gesellschaftlichen ›Wertewandels‹ in den hochindustrialisierten kapitalistischen Staaten wird es immer unwahrscheinlicher, daß die Technikfolgenabschätzung gesellschaftliche oder ökologisch relevante Spät- und Nebenwirkungen antizipieren kann (Abschnitte 2-5).

Die *zweite These*: Auch die seit Mitte der 80er Jahre in Teilen der Wissenschaft und des politischen Systems gehegte Hoffnung, über eine partizipative bzw. beteiligungsorientierte Gestaltung der I&K-Techniken den Dilemmata der Technikfolgenabschätzung zu entkommen, ist verfehlt, denn die expliziten Prämissen und impliziten Hintergrundannahmen dieser Technikgestaltungsdebatte sind z.T. vom realen gesellschaftlichen Entwicklungsprozeß des letzten Jahrzehnts obsolet geschrieben worden (Abschnitt 6).

Die *dritte These*: Mit dem gravierenden Mißverhältnis zwischen der Vielfalt möglicher komplexer Wechselwirkungen zwischen ökonomischer Entwicklung, technischem Fortschritt, sozialen und ökologischen Wirkungen einerseits und der begrenzten wissenschaftlichen Fähigkeit, über lange Kausalketten hinweg Nebenwirkungen zu erkennen und evtl. sogar gesellschaftlich einflußreichen Entscheidungsträgern alternative Optionen zu unterbreiten, muß man leben - jedenfalls in Ländern mit kapitalistischer Ökonomie, liberaler politischer Verfassung und ›kultureller Evolution der Lebensformen‹ (Beck). Über eine abgestimmte Kombination von sozialwissenschaftlicher Technikgenese - und Technikfolgenforschung, zukunftsorientierten Technikbewertungsdiskursen und partizipativer Technikgestaltung kann allerdings das wissenschaftliche Vermögen vergrößert werden, sich über die Relevanz bekannter Risiken zu verständigen und begründete Anregungen zur Verminderung negativer sozialer oder ökologischer Effekte neuer Techniken zu geben (Abschnitt 7).

2. Kleine Veränderungen der Technik und große gesellschaftliche Wirkungen

Schon in den 70er Jahren wurde auf prinzipielle theoretische Probleme der Technikfolgenabschätzung bei der Identifizierung ungeahnter Nebenwirkungen hingewiesen. Dabei wurde vor allem die Unvorhersehbarkeit des wissenschaftlichen Fortschritts und der technischen Entwicklung betont (z.B. Steinbuch 1979, S. 47 ff) - eine aufschlußreiche Annahme, denn in den späten 60er Jahren hatten Wissenschaft, industrielle Technologieentwicklung und staatliche Technologiepolitik noch Hoffnung in eine bessere Planbarkeit von Wissenschaft und Technik gesetzt (siehe z.B. ›Die organisierte Forschung‹, Krauch 1970).

Die letzten 20 Jahre haben jedoch gezeigt, daß trotz aller Planungsbemühungen des Managements der wissenschaftliche und technische Fortschritt weiterhin stark von der Kreativität einzelner oder teamartig zusammenarbeitender Natur- und Ingenieurwissenschaftler abhängig geblieben ist. Dementsprechend muß die technisch-wissenschaftliche Entwicklung als überraschungsoffen begriffen werden. Diese These gilt nicht nur für völlig neue technische Entwicklungslinien, sondern schon für die Kombination bereits bekannter Techniken.

Auch in der Entwicklung der Informationstechnik wird diese Aussage bestätigt. Selbstverständlich hat es eindrucksvolle Erfolge einer systematischen Forschungs- und Technologieplanung gegeben: Man denke nur an die Transistorentwicklung oder die gezielte Miniaturisierung der integrierten Schaltungen in den 50er, 60er und 70er Jahren. Für die Technikfolgenabschätzung sind jedoch die überraschenden Ergebnisse theoretisch ausschlaggebend, weil diese bestätigen, daß zu Beginn technischer Projekte eben nicht vorhergesagt werden kann, ob die angestrebten Erfolge sich eines Tages einstellen werden oder nicht.

Hierzu ein Beispiel: Zwar gingen alle mir bekannten Autoren Mitte der 70er Jahre bereits von einer Reduzierung der Preise für Computer aus, jedoch ohne zu ahnen, daß die Firma Apple schon 1977 einen Personalcomputer auf den Markt bringen und diesen in wenigen Jahren millionenfach verkauft haben würde. Die Leistung der Entwickler des ersten Personalcomputers bestand nicht darin, eine bis dahin völlig neue Technik erfunden, sondern ›lediglich‹ vorhandene Elemente neuartig kombiniert zu haben. So fehlt in der damaligen wissenschaftlichen Debatte der Bundesrepublik über die gesellschaftlichen Wirkungen computergestützter Informationssysteme durchgängig der Hinweis auf die technische Möglichkeit eines Personalcomputers. Die Technikfolgenforscher dachten vielmehr über die Wirkungen zentral betreuter Computer in großen Organisationen (Industrieverwaltung, industrielle Fertigung, staatliche Verwaltung) nach; die Vorstellung aber, einen Computer am Arbeitsplatz oder gar zu Hause nutzen zu können, war ihnen fremd. Es mag sich hierbei zwar um ein drastisches Beispiel handeln, aber ein Phänomen dieser Art kann sich jederzeit wiederholen. Wenn aber schon solche großen Probleme in der Abschätzung der technischen Entwicklung als solcher bestehen und kleine technische Veränderungen Produkte mit völlig neuen Gebrauchswerten generieren können, dann ist die Technikfolgenabschätzung mit der sehr viel anspruchsvolleren Forderung, die sozialen und ökologischen Wirkungen dieser Techniken abzuschätzen, überfordert.

3. Statt stabiler Werte flexible Einstellungen

Für die Technikfolgenabschätzung ist die Diffusion neuer technischer Systeme und Produkte von besonderer Bedeutung: Denn einerseits besteht in dieser Phase die Möglichkeit, sich bereits konkrete Vorstellungen über mögliche Wirkungen zu bilden, da ein relevanter Teil der gesellschaftlichen Einsatzbereiche und Nutzungsarten ohne große Phantasie bereits erkennbar ist. TA muß sich nicht mehr, wie es in der Phase der labormäßigen Existenz neuer technischer Konzepte noch notwendig ist, ausschließlich intuitiv Gedanken über das mögliche Spektrum konkreter technischer Artefakte und über bisher unbekannte Nutzungsformen machen. Denn die konkrete Gestalt des Produktes liegt bereits vor, so daß die Abschätzung der Grundfunktionen und der gesellschaftlichen Einsatzbereiche und damit auch die Analyse möglicher Wirkungsketten bereits in gewissem Sinne auf einem stabilen Wissensfundament aufbauen kann.

Zum zweiten aber ist die Diffusionsphase für die Technikfolgenabschätzung deshalb so wichtig, weil zu diesem Zeitpunkt für den Fall des Auftauchens eines nicht erwarteten Risikos immer noch die Möglichkeit bestehen würde, durch Intervention gesellschaftlicher Instanzen dieses Risiko zu mindern, d.h. über staatliche Gesetze und Vorschriften, Konsumentenaufklärung oder Selbstkontrolle der Hersteller könnte der gefürchtete Effekt vermindert oder weitgehend vermieden werden. Der sogenannte ›archimedische Punkt der Technikfolgenabschätzung‹ (früh genug, um Interventionen anzuregen, aber nicht so früh, daß die Konstruktion potentieller Wirkungsketten beliebigen Charakter trägt) liegt bei Massengütern zwischen der Konstruktion des Prototypen und der ›Vollversorgung‹ der Bevölkerung mit diesem Produkt (anders ist die Situation bei der Implementation technischer Infrastruktur zu bewerten).

Bei der Relativierung des ›klassischen‹ TA-Anspruchs in der Debatte der 70er Jahre wurden überraschende Diffusionsverläufe neuer Techniken nur am Rande thematisiert. In den letzten 20 Jahren ist es jedoch (auch und vielleicht sogar gerade) bei den I&K-Techniken sowohl zu überraschend langsamen als auch verblüffend schnellen Diffusionsprozessen gekommen. Das konkrete Verhalten und z.T. auch die grundlegenden Einstellungen der ›Endnutzer‹ gegenüber neuen I&K-Systemen haben sich teilweise völlig anders entwickelt, als in Industrie und Wissenschaft erwartet wurde. Besonders markant ist in diesem Zusammenhang die vor 10 Jahren für undenkbar gehaltene geringe Verbraucherakzeptanz des Bildschirmtextes (Schneider 1989).

Als Gegenbeispiel soll noch einmal auf den Personalcomputer verwiesen werden: Noch zu einem Zeitpunkt, an dem der PC als marktreifes Produkt bereits existierte, wurden seine Verbreiterungschancen in der Bundesrepublik sehr gering eingeschätzt. So hat die bekannte TA-Studie von Reese, Kubicek u.a. (1979) über die neuen I&K-Techniken ›Gefahren der informationstechnologischen Entwicklung‹ sich mit dem Phänomen des PC vermutlich deshalb nicht befaßt, weil sie von der Prämisse ausgegangen ist, daß die damals in großen Teilen der Bevölkerung vorliegende distanzierte, ja ängstliche Haltung gegenüber dem Computer über einen längeren Zeitraum stabil bleiben würde. Dem war jedoch nicht so: Nach den ersten Erfahrungen mit Personalcomputern im professionellen und danach im privaten Bereich wurden sie in Verbindung mit einer ›Kehrtwende‹ der Medien in der Beurteilung des Computers ausgesprochen populär, vor allem unter Gymnasiasten und Studenten. Sozialwissenschaftler konnten diesen Einstellungswandel im ›eigenen Haus‹ beobachten. Von der Verurteilung des Computers als Instrument der Wissensenteignung zum unentbehrlichen Reisebegleiter vergingen bei vielen Kollegen weniger als fünf Jahre.

Die konkreten Ursachen dieses Einstellungswandels sollen hier nicht erläutert werden; entscheidender ist der allgemeine Gehalt dieses Phänomens: Die Schwierigkeiten in der Abschätzung zukünftiger Einstellungen und Werte eines großen Teils der Bevölkerung sind in den letzten Jahrzehnten größer geworden, weil ein seit längerer Zeit wirkender gesellschaftlicher Prozeß, der für die Einstellungen und Werte großer Teile der Bevölkerung von Bedeutung ist, an Dynamik gewonnen hat. Die traditionellen Sozialisationsinstanzen der westlichen Gesellschaften (Familie, Schule, Kirche), aber auch modernere Institutionen (wie Gewerkschaften und Parteien) haben an Einfluß auf Einstellungen von Individuen und Gruppen verloren.

Stattdessen greifen die Massenmedien (wenn auch nicht allein) in den gesellschaftlichen Meinungsbildungsprozeß ein. Einerseits können sie in kurzer Zeit Millionen von Menschen über neue technische Systeme und Produkte und deren Vor- und Nachteile aufklären (siehe die Datenschutzdebatte Mitte der 80er Jahre). Anderseits geben sie den Technikherstellern die Möglichkeit, über gut organisierte Werbekampagnen umfassend, wenn auch nicht solide, neue Produkte vorzustellen (siehe die Werbekampagne für ›Notebooks‹ im Jahr 1993). Die Medien beteiligen sich mit der ihnen eigenen Mischung aus sachlicher Information, abwägender Risikobetrachtung und raffinierter Propaganda an der Meinungsbildung zu öffentlich relevanten Themen und organisieren quasi einen gesellschaftlichen Verständigungsprozeß über die Bewertung von Techniken.

Die Sozialwissenschaften haben eine Fülle von Indizien dafür geliefert, daß nach dem 2. Weltkrieg, insbesondere in den letzten 30 Jahren, sich ein neues Verhaltensmuster in den westlichen Gesellschaften als Folge dieses kulturellen Wandels durchgesetzt hat: Die meisten Menschen sind nicht mehr autoritär und gehorsam, sondern flexibel und angepaßt (siehe hierzu z.B. die Arbeiten des englischen Bildungssoziologen BERNSTEIN 1977).

Dieser gesellschaftliche Prozeß hat für die TA-Forschung insofern gravierende Konsequenzen, als sie nicht mehr von relativer Stabilität oder von kontinuierlichem Wandel grundlegender Urteile in der Bevölkerung ausgehen kann, sondern mit plötzlichen Veränderungen rechnen muß. Als Folge dieses Wandels wird es öfter als in der Vergangenheit zu völlig unerwarteten Verzögerungen oder auch lawinenartiger Verbreitung neuer Techniken kommen. Außerdem ist damit zu rechnen, daß die sozialen und ökologischen Wirkungen neuer Techniken im Laufe der Diffusionsphase gesellschaftlich sehr unterschiedlich bewertet werden - zumal dann, wenn die für die Analyse möglicher Folgen verantwortlichen Wissenschaften sich zu keinem einheitlichen Urteil durchringen können. Die Debatte über die gesundheitlichen Wirkungen des Mobilfunks (D1 und D2) sind m.E. für diesen allgemeinen Sachverhalt typisch.

4. Zur Kontextabhängigkeit der Wirkungen

Mit der Ausbreitung einer neuen Technik ist wenig über die sozialen (oder gar ökologischen) Effekte gesagt. Für die I&K-Techniken gilt dieser Sachverhalt in besonderem Maße, weil der soziale und organisatorische Kontext des Einsatzortes letztlich über die Wirkungen entscheidet. Die wirtschaftliche Lage eines Unternehmens, seine organisatorischen Strukturen, die Qualifikationen und Motivationen der Mitarbeiter beeinflussen stark die sozialen und qualifikatorischen Folgen der jeweiligen I&K-Technik.

In neuerer Zeit haben industriesoziologische Studien darüber hinaus festgestellt, daß vor allem die Handlungskonstellationen vor und während der Implementation, ja sogar die Hersteller-Anwender-Beziehungen die organisatorischen und qualifikatorischen Effekte in gewissem Maße bestimmen. D.h. die Wirkungen verweisen nicht nur auf eine bestimmte Technik, sondern auch und vor allem auf äußere und innere Bedingungen der spezifische I&K-Techniken einsetzenden Betriebe und Institutionen (z.B. SCHULTZ-WILD u.a.1989, S. 233).

Diese These soll an einem Beispiel erläutert werden: In den 70er Jahren wurde unter gewerkschaftlich organisierten Ingenieuren (aber auch Teilen der Ingenieursoziologie) vermutet, daß der Einsatz von CAD-Systemen zur Dequalifizierung von Konstrukteuren und Zeichner/-innen beitragen könnte, weil relevante zur Konstruktion notwendige persönliche Wissensbestände der Konstrukteure und Zeichner ›objektiviert‹ werden würden (z.B. COOLEY 1978). 20 Jahre später zeigte sich jedoch, daß dieser Effekt nur unter ganz bestimmten, relativ selten anzutreffenden Bedingungen auftritt. Je nach Kombination von spezifischem CAD-System, Einsatzbereich (Neu- oder Variantenkonstruktion), betrieblicher Innovationsstrategie, Organisationsgestaltung und Qualifizierungspolitik, nicht zuletzt Betriebspolitik der Nutzer und Betriebsräte treten unterschiedliche Konsequenzen auf, z.B. auch die der systematischen Höherqualifizierung des technischen Personals (MÜLLER, CORDS 1992, WOLF, MICKLER, MANSKE 1992). Auch neuere Studien über die Arbeitsmarkteffekte computergestützter Arbeitssysteme kommen zum Ergebnis, daß sich die längerfristigen Wirkungen aus der Art und Weise der Technikanwendung ergeben (EWERS, BEKKER, FRITSCH 1989, S. 70). ›Der Kontext entscheidet‹, so die Quintessenz dieser Studie.

Auf einen weiteren Aspekt der Kontextabhängigkeit der Wirkungen von I&K-Techniken hat Wiedemann hingewiesen. Seiner Meinung nach unterschätzt die Technikfolgenabschätzung häufig die aktiven Adaptionsfähigkeiten und kreativen Umnutzungsweisen der Nutzer (WIEDEMANN 1991, S. 32). In welchem Maße es zu relevanten Umnutzungen kommt, ist schwer zu beurteilen, daß aber Umnutzungen verblüffende Wirkungen zeigen können, ist offensichtlich. Wer hätte vor zehn Jahren an Universitäten erwartet, daß heute mit computergestützten Textverarbeitungssystemen nicht weniger Zeit für die Herstellung eines Textes benötigt wird, sondern eher mehr, weil Texte wesentlich öfter als zur Zeit der Schreibmaschine überarbeitet werden.

Fassen wir zusammen: Selbst wenn TA-Studien die Diffusionsgeschwindigkeit eines speziellen computergestützten Informationssystems in etwa richtig voraussagen würden, so bliebe die Abschätzung der sozialen und ökologischen Folgen extrem kompliziert, denn hierzu ist fundiertes Wissen über ein breites Spektrum unterschiedlicher institutioneller und betrieblicher Bedingungen und Handlungskonstellationen der Einsatz- und Anwendungsorte erforderlich.

5. Jedes Untersuchungsdesign verfestigt ein Vor-Urteil

Die Initiatoren des OTA forderten von TA-Studien ›Objektivität‹, also keine Verzerrung der Ergebnisse durch interessenbezogene Bewertungen. Mag diese Forderung auf den ersten Blick einleuchtend klingen, beim zweiten Hinschauen erweist sie sich als szientistisches Mißverständnis. Denn TA bewegt sich wie jede Sozialwissenschaft (in einem weiteren Sinne wie jede Wissenschaft, siehe hierzu Kuhn 1967) im Rahmen explizit ausformulierter Orientierungsmuster und stillschweigend vorausgesetzter Hintergrundannahmen. Der kategoriale Rahmen, die verwendeten Untersuchungsmethoden und die inhaltlichen Akzentsetzungen engen das Blickfeld eines Projektes ein. In diesem Sinne zeichnen sich TA-Studien durch spezifische Blickrichtungen, tote Winkel und Ausblendungen aus. Jedes Untersuchungsdesign beinhaltet notwendigerweise die Verfestigung eines Vor-Urteils.

Orientierungsmuster und Hintergrundannahmen sind aber in der Regel nicht persönlichen Vorlieben der Forscher geschuldet, sondern wissenschaftstheoretischen Vorverständnissen, professionellen Traditionen und für selbstverständlich gehaltenen gesellschaftspolitischen und kulturellen Orientierungsmustern. Die Konsequenzen liegen auf der Hand: Bestimmte Risikodimensionen werden als ausgesprochen relevant angesehen, andere als weniger wichtig erachtet, dritte gar nicht bemerkt.

Die wissenschaftstheoretisch triviale Erkenntnis, daß jede Wissenschaft von Vorverständnissen ausgehen muß, um überhaupt Erkenntnisse gewinnen zu können, ist für die TA-Forschung aber besonders bedeutungsvoll, denn sie ist vom Ansatz her stärker als andere wissenschaftliche Kontexte in politische und öffentliche Diskurse eingebunden. Dementsprechend ist sie besonders anfällig dafür, sich in gesellschaftlichen Debatten auf bestimmte Untersuchungsdimensionen (mit durchaus strittigen Annahmen über die konkreten Folgen) einzulassen, dafür aber andere Risikodimensionen gering zu schätzen und dritte völlig zu übersehen. Aus diesem Grunde ist auch - so paradox es klingt - die TA-Forschung immer in Gefahr, ›schwache Signale‹ in bisher unbekannten bzw. öffentlich nicht thematisierten Risikodimensionen zu überhören.

Im Grunde beginnt diese Problematik schon mit der Frage, welche Techniken zum Gegenstand von TA-Untersuchungen gemacht werden. Aufgrund ihres praxis- und z.T. auch politikorientierten Ansatzes ist die TA-Forschung immer der Gefahr ausgesetzt, bestimmten Risiken je nach Zeitpunkt ganz unterschiedliche Aufmerksamkeit zuteil werden zu lassen bzw. sie unterschiedlich zu bewerten und vor allem Themenfelder schnell zu wechseln (subject hopping).

Auch hierfür möchte ich zwei Beispiele vorstellen: Mitte bis Ende der 70er Jahre wurden in der Bundesrepublik die entscheidenden Weichen für die Digitalisierung des Fernsprechnetzes gelegt - alles fast ohne öffentliche Debatte. Zur selben Zeit befaßte sich dagegen ein Teil der politischen Öffentlichkeit und der sozialwisschaftlichen Forschung intensiv mit der gesellschaftlichen Relevanz des Kabelfernsehens und der als Folge davon sich abzeichnenden Öffnung des Fernsehmarktes für Privatanbieter. Auch in der ›Kommission für den Ausbau des technischen Kommunikationssystems‹ (KtK) des Postministeriums wurde dieser Thematik große Bedeutung beigemessen. Die einzigen strittigen Passagen dieses Berichtes bezogen sich auf die verteilte Telekommunikation (KtK 1976). Der für die TA-Forschung zum damaligen Zeitpunkt relevante Unterschied zwischen dem Kabelfernsehen und der Digitalisierung des Telefonnetzes bestand darin, daß in einem Fall ein Risiko vermutet wurde (Machtkonzentration in der Medienlandschaft, inhaltliche Verflachung des Fernsehprogramms etc.), im anderen jedoch nicht. Seeger kommt zu dem Ergebnis, daß die mit Leidenschaft geführte Mediendiskussion die ISDN-Strategie überdeckt habe (Seeger 1990, S.142).

Fünf Jahre später war die Situation völlig anders. Nachdem 1982 erstmalig der Wirkungsforscher Herbert Kubicek auf die datenschutzrechtliche Relevanz der

Digitalisierung hingewiesen hatte, begann hierzu erst vorsichtig, dann intensiver eine wissenschaftliche und öffentliche Diskussion, die sich im Zusammenhang mit der öffentlichen Kontroverse um das Volkszählungsgesetz (1982/83) ausbreitete (KUBICEK 1982, S. 22). Zwar besteht kein direkter Zusammenhang zwischen der Volkszählung und ISDN, aber die wissenschaftliche und politische Öffentlichkeit wurde in einem bisher nicht gekannten Maß durch die Volkszählungsproblematik auf Datenschutzprobleme aufmerksam - ein Synergieeffekt der Technikfolgenabschätzung!

Die Geschichte der ISDN-Implementation soll hier nicht vertieft werden, es kommt vielmehr auf ihre Quintessenz an: Technikrelevante öffentliche Themen ›kommen und gehen‹ schneller als früher; je nach Zeitpunkt werden bestimmte Risiken ernst genommen, andere dagegen nicht, oder sie verschwinden nach kurzer öffentlicher Auseinandersetzung wieder ganz in der Versenkung. Wer interessiert sich eigentlich heute noch für die Arbeitsmarkteffekte moderner Computertechniken? Man vergleiche das mit der umfassenden Debatte vor ca. zehn Jahren zur ›technologischen Arbeitslosigkeit‹. Dabei sprechen inzwischen Indizien dafür, daß die damaligen Produktivitätsversprechungen der I&K-Hersteller jetzt in Erfüllung gehen könnten.

Zweites Beispiel: Die I&K-Techniken sind in den letzten 15 Jahren so umfassend und ausdifferenziert untersucht worden wie keine zweite moderne Technik (Ausnahme: vielleicht die Kernenergie). Bei aller Ausdifferenziertheit ihrer Fragestellungen sind die Studien jedoch auf wenige Problemstellungen fokussiert gewesen: Auf das Verhältnis von Informationstechnik und Arbeit und das von staatlicher Kontrolle und Bürgerfreiheiten. Ich will nicht die Frage thematisieren, welche früheren Befürchtungen sich bis heute bewahrheitet haben; für meine Argumentationsfigur ist ein anderer Sachverhalt relevanter: Die Forschung hat sich aus lauter Faszination über die potentiellen sozialen Folgen (z.B. menschenleere Fabrik etc.) mit der Umweltverträglichkeit der I&K-Techniken nicht näher befaßt. Sie ist vielmehr bis in die späten 80er Jahre von der impliziten Prämisse ausgegangen, daß die I&K-Techniken positive, zumindest keine negativen Effekte für die Umwelt haben würden. So wurde das in den 70er Jahren von Siemens entwickelte Leitbild des ›papierlosen Büros‹ damals von den Kritikern mit dem Vorwurf gekontert, gemeint sei doch wohl das ›menschenleere Büro‹, aber keiner stellte die Frage, ob denn eines Tages tatsächlich weniger Papier verbraucht werden würde. Inzwischen wissen wir es besser; der Papierverbrauch hat als Folge des Einsatzes von Fotokopierern und Computern deutlich zugenommen. Und auch die Problematik des Elektronikschrotts wird inzwischen ernsthaft thematisiert.

Ein anderer Aspekt in diesem ›toten Winkel‹ ist für die Informatiker eigentlich noch interessanter, weil er sich auf die Softwaregestaltung bezieht: So hat eine vom ›Bundesministerium für Forschung und Technologie‹ berufene Sachverständigenkommission die Vermutung geäußert, daß die Realisierung von ›Just-in-Time‹-Konzepten in Verbindung mit der Implementation von CIM-Konzepten dazu beitragen könnte, daß Jahr für Jahr mehr Zwischenprodukte auf mittelgroßen LKWs durch

Deutschland und Europa gefahren werden, d.h. die betriebswirtschaftlich sinnvolle Vernetzung von Betrieben und Unternehmen könnte ungewollt zu einer Vergrößerung des Straßenverkehrsaufkommens und damit zu einer Vermehrung gesundheitsschädlicher Emissionen führen (BMFT 1991, S. 70).

Mit der Fokussierung der öffentlichen und wissenschaftlichen Debatte auf die arbeitsrelevanten Risiken (Dequalifizierung etc.) und auf das Kontrollpotential der I&K-Techniken sind in den 80er Jahren die Umweltfolgen übersehen worden, obwohl parallel zur Diskussion über die sozialen Wirkungen der I&K-Techniken in der Forschung intensiv über die Verschmutzung von Wasser, Luft und Boden gearbeitet worden ist. Erst nach einer Veränderung der Prämissen und Hintergrundannahmen, Resultat eines komplexen Wechselspiels von veränderter politischer Lage und neuen wissenschaftlichen Erkenntnissen, ist es zu einer Neubewertung der Risiken gekommen (siehe die öffentliche Debatte über Elektronikschrott). Interessanterweise werden vor dem Hintergrund der drohenden Gefahren für die Umwelt neuerdings die I&K-Techniken auch offensiv als Beitrag zur Emissionsminderung ins Spiel gebracht. So verweist Telekom in seiner Werbung immer wieder auf den verkehrssubstituierenden Charakter der modernen Telekommunikation (siehe hierzu Köhler u.a. 1992; S. 100 ff). Vielleicht wird Telekom demnächst den Vorwurf der Datenschützer, weiterhin bestehende Datenschutzbestimmungen durch ISDN zu unterlaufen, mit der These beantworten: Dafür reinigt ISDN aber die Luft!

Die Technikfolgenabschätzung kann das Antizipationsproblem aufgrund des schneller gewordenen technischen und gesellschaftlichen Wandels nicht lösen. Sie ist vielmehr in großer Gefahr, insbesondere bei Einbindung in parlamentarische oder staatliche Diskurse, relevante Fragen zu übersehen. Auf der einen Seite lebt die TA-Forschung davon, daß bestimmte Risiken neuer Techniken öffentlich thematisiert und durch eine breite Berichterstattung erst technologiepolitisch ›hoffähig‹ werden. Andererseits ist die Gefahr nicht von der Hand zu weisen, daß lediglich heutige Befürchtungen in die Zukunft verlängert, langfristig sich als relevant herausstellende Themen dagegen nicht erkannt werden (SCHADE 1988, S. 9).

6. Partizipative Technikgestaltung: angemessene Antwort auf die Dilemmata der Technikfolgenabschätzung?

Vor dem Hintergrund dieser Problemlagen bahnte sich Anfang der achtziger Jahre eine paradigmatische Wende in der Technikfolgenabschätzung an, in der stärker der ›konstruktive‹ Charakter der TA betont wurde. Dies gilt vor allem für die auf die I&K-Techniken bezogene Wirkungsforschung: Dabei bezog sich diese Diskussion weniger auf das Antizipationsproblem als auf das ›Kontrolldilemma‹ (NASCHOLD) der Technikfolgenabschätzung, d.h. auf die Erfahrung, daß TA-Studien angesichts der Dynamik der technischen Entwicklung in der Regel zu spät kommen, um Entscheidungsträgern oder Betroffenen noch die Chance zur Intervention zu geben -

ein Aspekt, der um so relevanter ist, je schneller die technische Entwicklung verläuft und je langsamer die TA-Forschung voranschreitet.

»Gemessen am Tempo der informationstechnologischen Entwicklung schreitet die analytische Wirkungsforschung....zu langsam voran, als daß ihre Ergebnisse im Sinne einer frühzeitigen Einbeziehung in die Forschungsförderung ergänzend dort ansetzen, wo Anwendungen der Informationstechnik derzeit entwickelt werden. Dort hat sie die Aufgabe, die Kommunikation zwischen den Entwicklern der Technologie (Ingenieuren, Informatikern, Mathematikern und den betroffenen Industriefirmen) einerseits und den von den Anwendungen der Technik Betroffenen andererseits herzustellen. Diese Aufgabe gehört in den Bereich der pragmatischen Wirkungsforschung, die sich auf die Entwicklung humanerer Technikanwendungen zu konzentrieren hat,....« (REESE, KUBICEK u.a. 1979, S.98/99).

Diese gestaltungsorientierte Konzeption versteht sich weniger als wissenschaftliches Frühwarnsystem vor negativen Wirkungen, sondern als bewußtes Element der technischen Entwicklung selbst, d.h. nicht als umfassende Antizipation möglicher Folgen, sondern als methodisch abgesichertes Verfahren zur Abstimmung von Wertpräferenzen und zur Gestaltung der Technik.

Als Folge dieser paradigmatischen Wende wurden in Projekten einer ›partizipativen‹ oder ›arbeitsorientierten‹ Softwaregestaltung systematische Versuche unternommen, die vom EDV-Einsatz betroffenen Nutzer an der Bewertung und Gestaltung von Software zu beteiligten (MAMBREY UND OPPERMANN 1983).

Ich möchte an dieser Stelle nicht auf Einzelheiten dieser Diskussion eingehen, sondern die These erläutern, daß auch die gestaltungsorientierten Ansätze dem Antizipationsproblem der Technikfolgenabschätzung nicht entfliehen können. Die partizipative Softwaregestaltung reagiert m.E. durchaus angemessen auf das Kontrolldilemma der Technikfolgenabschätzung; eine Antwort auf das Antizipationsproblem stellt sie jedoch nicht dar - sie übergeht es lediglich. Warum sollten gerade diese Entwickler und Erstnutzer bei der Bestimmung des Nutzungspotentials klüger sein als eine in dieser Phase ansetzende Folgenforschung? HELLIGEs Argument gegenüber der Technikgeneseforschung gilt auch für die ›sozialverträgliche Gestaltung‹ der I&K-Techniken: Die geringe Antizipierbarkeit von Wirkungsvorschlägen gilt ...auch für die vorgebrachten Alternativvorschläge, denn auch bewußte Gestaltungen und Vorkehrungen gegen schädliche Folgen sind, ... nicht frei von ungewollten Effekten (HELLIGE 1993, S.192).

Eine bewußte arbeitsorientierte bzw. sozialverträgliche Entwicklung von I&K-Techniken kann das Antizipationsproblem aber auch deshalb nicht angemessen beantworten, weil Technikgestaltung immer unter explizit formulierten Annahmen, insbesondere aber unter für selbstverständlich gehaltenen impliziten Bezugssystemen und Wertschätzungen erfolgt. Diese können sich aber im Laufe der gesellschaftlichen Entwicklung als problematisch oder unzureichend herausstellen. So verweisen WINOGRAD und FLORES darauf, daß nur durch Aufdecken der eigenen Denktraditionen und durch explizites Bewußtmachen die Informatik sich für neue Gestaltungsmöglichkeiten öffnen kann (WINOGRAD, FLORES 1989, S. 21).

So bildete der ›Taylorismus‹ explizit den negativen Bezugspunkt für die meisten Projekte einer beteiligungsorientierten Softwaregestaltung. Diese sollte einen Beitrag zur Qualifizierung der betroffenen Arbeitnehmer, zur Vergrößerung ihrer Entscheidungsfreiheiten und zur Minderung klassischer Kontrollformen leisten (FLOYD, KEIL 1983). Der Taylorismus im engeren Sinne des Wortes hat jedoch im letzten Jahrzehnt deutlich an betrieblichem Boden verloren. Unter den Bedingungen kürzer gewordener Innovationszyklen und ständig sich veränderender Außenanforderungen ist er weitgehend disfunktional geworden - zumal gut ausgebildete Arbeitskräfte sich einer tayloristischen Rationalisierungskonzeption widersetzen würden.

Stattdessen dominiert im Zusammenhang mit dem Einsatz computergestützter Informationssysteme ein anderer Rationalisierungstypus, der wesentlich besser die schnelle Reaktionsfähigkeit auf veränderte Marktanforderungen zu sichern scheint: Intensivierung der anspruchsvollen Tätigkeiten. Und die qualitative neuartige Gefahr dieser Rationalisierungsstrategie besteht in der permanenten psychischen Überforderung der Beschäftigten - auch und gerade in mittleren und höheren Funktionen (für den Einsatz von CAD-Systemen siehe MÜLLER, CORDS 1992, WOLF u.a. 1992).

Die Gestaltungsdebatte in der Informatik hat diesem Rationalisierungstypus jedoch bisher fast keine Aufmerksamkeit gewidmet. Sie hat sich -sozusagen - von einem veralteten ›Feindbild‹ leiten lassen, oder, wie Winograd und Flores es in einem anderen Zusammenhang formuliert haben: ›Jedes Öffnen neuer Möglichkeiten verschließt gleichzeitig andere, und das gilt insbesondere für die Einführung neuer Technologien‹ (1989, S.273).

Darüber hinaus ist ein anderer Aspekt bei der beteiligungsorientierten Gestaltung von computergestützten Informationssystemen erst in jüngster Zeit berücksichtigt worden: Mit großer Wahrscheinlichkeit verändern sich mit zunehmender Arbeitserfahrung die Einstellungen der Nutzer gegenüber ihrem neuen computergestützten Arbeitsmittel. Parallel dazu werden häufig die Aufgabenstellungen und sogar die Arbeitsorganisation verändert. Die bei der Entwicklung und Gestaltung der Software möglicherweise zugrunde gelegten Anforderungen und Zielsetzungen der Nutzer werden sich daher im Laufe der Zeit auch verändern - ganz abgesehen davon, daß ja auch neue Arbeitskräfte eingestellt werden, die nicht an der Systementwicklung beteiligt waren. Mit diesem Argument möchte ich mich nicht gegen den partizipativen Gestaltungsansatz aussprechen, sondern lediglich hervorheben, daß er dem ›Prognosedilemma‹ (Naschold) der Technikfolgenabschätzung nicht entgehen kann: Dieses kommt durch die Hintertür des betrieblichen Wandels wieder hinein.

7. Umrisse eines realistischen TA-Verständnisses

Was bleibt eigentlich von der Idee der Technikfolgenabschätzung, wenn das Antizipationsproblem nicht zu lösen ist? Kann es überhaupt zwischen einer mehr oder weniger bewußten Gestaltung von neuen technischen Systemen einerseits und der Erforschung der Folgen ›alter‹ Techniken eine systematische Vermittlung geben? Vor einer grundsätzlichen Verneinung dieser Frage sollte man sich noch einmal vergegenwärtigen, daß die Problematik der ungeahnten Nebenfolgen bei beschleunigtem technischen Wandel gesellschaftlich eher brisanter wird. Es handelt sich keineswegs um die intellektuelle Erfindung eines praktisch eigentlich unbedeutenden Problems. Eine verantwortungsbewußte Technikgestaltung verlangt einen reflektierten Umgang mit der Antizipationsproblematik. Hierzu möchte ich drei Vorschläge machen:

I. Technikfolgenforschung bleibt erforderlich!

In der Geschichte der TA ist die Kritik an der Technikfolgenforschung, also nicht der Abschätzung zukünftiger Wirkungen, sondern der Beschreibung und Erklärung der zu einem bestimmten Zeitpunkt an bestimmten Orten erkannten Wirkungen technischer Systeme, ausgesprochen populär. Viele Entwürfe eines scheinbar erweiterten TA-Verständnisses beginnen mit einer Kritik an der Technikfolgenforschung: Sie sei nicht zukunftsbezogen genug, komme immer zu spät, trage nichts zur Entscheidungsfindung bei. Diese Argumente sind alle weitgehend richtig. Doch welches sind die Alternativen?

Ohne ein fundiertes Wissen über die Zusammenhänge von Bedingungskonstellationen und realen Wirkungen fehlen der Technikfolgenabschätzung Relevanzkriterien für die Analyse und Bewertung möglicher zukünftiger Folgen. Sowohl die Gestaltung neuer Techniken als auch die Technikfolgenabschätzung sollten von empirisch gehaltvollen Annahmen über die Realität ausgehen. Denn die Treffsicherheit von Abschätzungen hängt weniger von den eingesetzten Methoden als von der Qualität der Ausgangsdaten und Grundannahmen über die zukünftige Entwicklung ab (KOCHER 1992, S.17). Vor diesem Hintergrund ist es sinnvoller, sich an Ergebnissen der Folgenforschung zu orientieren, als von empirisch nicht überprüften Annahmen über mögliche Wirkungszusammenhänge auszugehen.

In diesem Rahmen sollten die gesellschaftlichen und betrieblichen Handlungskonstellationen im Prozeß der Entwicklung und Einführung neuer Techniken untersucht werden, um die Vermittlungsmechanismen zwischen den Entstehungs- und Durchsetzungsbedingungen und den Wirkungen neuer Techniken genauer beschreiben und erklären zu können (zur Technikgeneseforschung siehe HELLIGE 1993). Mögen die Ergebnisse der Technikfolgenforschung auch spät kommen (ob zu spät, läßt sich nur im Einzelfall klären), sie liefern immerhin einen Orientierungsrahmen für die Interpretation des Verhältnisses von gesellschaftlichen Bedingungen, betrieblichen Konstellationen und im Zusammenhang mit der Einführung neuer Techniken entstandenen Folgen. Allerdings sollten Wissenschaftler verschiedener Disziplinen und Bewertungsmuster an der Technikfolgenforschung beteiligt sein, weil damit die Chance, relevante Risiken zu erkennen, größer wird. So haben Verkehrswissenschaftler und Stadtsoziologen zeitlich vor Informatikern und Industriesoziologen auf die umweltbelastenden Wirkungen vernetzter I&K-Techniken hingewiesen.

II. Verständigung in interdisziplinären Technikdiskursen

Im Gegensatz zum Anspruch des OTA wird TA heute häufig nicht mehr als prognostisches Instrument zur Erfassung langfristiger Wirkungen und Nebenwirkungen verstanden, sondern als ein methodisch angeleitetes Technikbewertungsverfahren. Die wesentlichen Wirkungen der Technikfolgenabschätzung - so NASCHOLD (1987) - bestehen in ›Clarification, Communikation and Consenses‹ zwischen den am Bewertungs- und Gestaltungsprozeß beteiligten Personen und Gruppen.

Im Rahmen dieser Diskurse z.B. sind die Teilnehmer gehalten, ihre Prioritäten, Wertmaßstäbe und Ziele in bezug auf die Lösung bestimmter, mit einer neuen Technik verbundenen Probleme ›auf den Tisch‹ zu legen, empirisch gehaltvolle Thesen zu den erwarteten Folgen zu artikulieren und im Zuge eines Konsensbildungsprozesses Vorschläge zur Lösung der gravierenden Risiken zu unterbreiten (siehe hierzu die Arbeit der Informationstechnischen Gesellschaft zum Datenschutzproblem bei ISDN, ITG 1990). Die wissenschaftliche Bedeutung dieser Diskurse besteht nicht darin, bis dahin unbekannte Wirkungen zu entdecken, sondern eine interdisziplinäre und interessengruppenüberschreitende Verständigung über die Relevanz von Risiken herbeizuführen oder aber den Dissens pointiert zu markieren und dessen Ursache zu benennen.

Unter Berücksichtigung von Ergebnissen der Folgenforschung sollten Technikbewertungszirkel durchaus den Versuch unternehmen, zukünftige Wirkungen abzuschätzen (z.B. über Szenario-Techniken), ohne dabei allerdings der Illusion zu erliegen, Kontingenzen ausschalten zu können. Im Gegenteil, Szenario-Techniken haben, wie Wiedemann es formuliert hat, die Aufgabe, Ungewißheiten bewußt zu machen, ja dazu beizutragen, daß sie besser verstanden werden (WIEDEMANN 1991, S.28 FF).

III. Plädoyer für ›Offene Systeme‹

Technikgestaltungsprojekte sollten sich weniger an den unmittelbaren Bedürfnissen und Anforderungen bestimmter Benutzergruppen orientieren, sondern sich stärker von der Zielsetzung leiten lassen, I&K-Systeme soweit wie möglich für unterschiedliche Benutzerwünsche ›offen‹ zu halten. Sowohl auf der Ebene der Betriebssysteme als auch der Anwendungssoftware ist es wünschenswert, informationstechnisch zu sichern, daß noch in der Anwendungsphase der Software umfassende Erweiterungen oder Veränderungen möglich sind. Eine hohe Anpaßbarkeit der Software an unterschiedliche Benutzerwünsche und organisatorische Konstellationen würde betriebspolitisch den Anwendern und Nutzern ein Stück Autonomie zurückgeben. Entscheidend für die Software wären die Aushandlungsprozesse vor Ort im konkreten Einsatzbereich (zur Anpassung von CAD-Systemen, siehe hierzu CORDS 1993). Zweifellos setzt dies leicht zu nutzende Sprachen und Werkzeuge voraus, damit nicht nur die Experten, z.B. Systembetreuer, die Anpassung vornehmen können.

Unter den Bedingungen der ökonomisch auf permanente technische Innovationen angewiesenen Industriegesellschaften existiert vermutlich keine andere realistische gesellschaftliche Möglichkeit, als neue technische Systeme anzuwenden und zu nutzen, anschließend im Prozeß der Diffusion durch eine breite Technikfolgenforschung die Folgen sorgfältig zu beobachten und in dem Moment, in dem ein sozial oder ökologisch relevantes Risiko sichtbar wird, sich über dieses Risiko fachübergreifend zu verständigen, gegebenenfalls neue Studien in Auftrag zu geben und schließlich dem politischen System Anregungen für technische, organisatorische oder soziale Korrekturen zu unterbreiten.

Die Grenzen dieses Ansatzes liegen auf der Hand. Selbst wenn es gelingen sollte, in einer interdisziplinär aufgebauten Technikfolgenforschung zu einer inhaltlichen Verständigung zu kommen, sind in der Regel die politischen und gerichtlichen Entscheidungsprozesse, die zur gesellschaftlichen Intenvention führen könnten, sehr langwierig: Das in neue Techniken investierte Kapitel muß ökonomisch verwertet werden, und die Beschäftigten der Herstellerbetriebe wollen ihre Arbeitsplätze nicht gefährdet sehen. Durchgängig breiten sich wissenschaftlich erkannte Risiken zunächst einmal aus. Man stelle sich beispielsweise vor, in der gegenwärtigen wissenschaftlich strittigen Debatte um die gesundheitlichen Wirkungen des Mobilfunks (ITG 1992) würden die Gerichte den Bau von Mobilfunktürmen solange untersagen, bis die heute noch offenen Fragen wissenschaftlich geklärt sind. Unvorstellbar !? Und auch dieses ist eine wichtige Erkenntnis aus der Geschichte der Technikfolgenabschätzung: Sie kann durchaus politische und öffentliche Debatten inhaltlich anreichern; aber sie wird das vorhandene Geflecht der politischen Institutionen nur im Ausnahmefall dazu bringen, gravierende Korrekturen vorzunehmen. Die Dilemmata der TA sind eben nicht nur der Unfähigkeit der Wissenschaften geschuldet, sondern in erster Linie den gesellschaftlichen Verhältnissen, politischen Entscheidungsstrukturen und öffentlichen Bewertungskontroversen.

Technikfolgen- und Technikgeneseforschung für die Informatik

Britta Schinzel

I. Warum Technikfolgenabschätzung Informatik?

1. Kontext: Zur Relevanz des Technology Assessment der Informatik

Technikfolgenabschätzung und Technikgeneseforschung in der Informatik bilden Forschungsunternehmen, die sich seit ihren Anfängen durch eine Reihe von Fragen herausgefordert und in ihrer Existenzberechtigung in Frage gestellt sehen. Jene beginnen mit der Frage nach der Notwendigkeit und enden mit Fragen nach ihrer Wirksamkeit.

Benötigt die Informationstechnik überhaupt eine Form der wissenschaftlichen Beobachtung und Kontrolle, wie sie das *technology-assessment* (TA) für sich beansprucht? Eröffnet denn auch sie so abenteuerliche und beängstigende Perpektiven wie einige andere Technologien, deren Gefahren durch immer apokalyptischere Szenarien in den Massenmedien beschworen werden? Welche Umweltbelastungen gehen von der Informationstechnologie aus? Sind ihre Folgen etwa vergleichbar mit den Auswirkungen der Gentechnik, die die Erzeugung von Menschen *in vitro* ermöglicht und damit die Planbarkeit der Gattung in Aussicht stellt?

Trägt die Informationstechnologie nicht vielmehr dazu bei, Kommunikationsbarrieren zu überwinden, durch Verkürzung von Wegen und Zeit Ressourcen einzusparen? Kann sie nicht als ein beständig präzisiertes und weiterentwickeltes Hilfsmittel zur Planung und Gestaltung einer humanen Zukunft dienen?

Gegen diese Einreden lassen sich jedoch leicht andere Fragen setzen, von denen ich hier nur einige nennen möchte:

Läuft nicht ein kultureller Wandel, der über die metaphorische Vertauschung der Rollen von Computer und menschlichem Gehirn Vorstellungen von Künstlicher Intelligenz bis hin zur Triebbefriedigung durch Cyber-›sex with Marilyn‹ weckt, letztlich nicht auf eine planbare Menschheit hinaus? Und trägt die Informationstechnik nicht zu einer folgenreichen Transformation menschlicher Identitätsstrukturen bei, weil der Körper, über den jede Identitätsbildung vermittelt ist, durch neue Medien, Simulation, virtuelle Erlebniswelten etc. auf ganz neue Weise in einen künstlichen Bereich gezogen und manipuliert werden kann?

Und weiter: Kaum ein Bereich ist so nachhaltig durch Informationstechnik verändert worden wie die menschliche Arbeit. Hat die Umstrukturierung von Berufsfeldern und Arbeitsplätzen, gerade weil hier geistige Arbeit betroffen ist, nicht ebenfalls gravierende Konsequenzen für die menschliche Identität?

So gesehen fügt sich die Informationstechnologie in ein kulturelles Gesamtszenario ein, in dem sich die zukünftigen Chancen und Gefahren ganz unterschiedlicher Technologien vielleicht zu einigen Grundproblemen verdichten, die insgesamt als eine *Transformation des Humanen* und seiner Bedeutung ins Auge gefaßt werden könnten.

Bei einer solchen Problemlage ist einsichtig, daß gerade für die ambivalenten Wirkungen der Informationstechnik Orientierungshilfen - wie sie durch TA unterstützt werden können - dringend erforderlich sind. Ähnlich wie in der Bio- und Gentechnologie ist es auch in der Informationstechnologie notwendig, Risiken zu erkennen, Chancen zu identifizieren, Gestaltungsansätze und Alternativen zu entwickeln und der Frage der Verantwortung von Informatikerinnen und Informatikern entsprechend Raum zu geben.

2. Aspekte der gesellschaftlichen Bedeutung der Informationstechnologien und des Technology Assessment

Die Informationstechnik hat sich schneller als jede Technik zuvor ausgebreitet und in zahlreichen Bereichen der Gesellschaft etabliert. Alle gesellschaftlichen Kräfte sind heute auf die Produkte der Informationstechnik angewiesen: Industrie, Verwaltungen, Organisationen, Politik und Wissenschaft. Ihre Wirkung zeigt sich am deutlichsten in der zunehmenden Beschleunigung unserer Lebenswelt, ermöglicht durch die Rationalisierung und Kompression von Abläufen.

Software gewinnt für die Infrastruktur von Institutionen und Organisationen zur Unterstützung von Arbeitsprozessen zunehmend an Bedeutung. Auf die Software-Industrie entfallen in Europa heute schon 5% des Brutto-Inlandproduktes, in Japan sind es bereits 5,5% und in den USA 6,2% [Bullinger 93].

Dabei ist zu beachten, daß diese Software nicht nur von Informatikern und ausgebildeten EDV-Spezialisten hergestellt wird, sondern vorwiegend von den Anwendern selbst. Daraus ergeben sich neue Anforderungen an informationstechnische Produkte. Erforderlich werden die Entwicklung und der Einsatz von Werkzeugen zur Software-Herstellung sowie von Standard-Software[1].

Je mehr Menschen mit Software umgehen (müssen), desto dringlicher wird die Forderung nach besserer Qualität der Entwicklungswerkzeuge und der Softwareprodukte: Nach Sicherheit und Zuverlässigkeit, Flexibilität, Anpaßbarkeit, Wiederverwendbarkeit, nach benutzergerechter Software-Gestaltung und Ergonomie etc..

Von hier aus läßt sich die Bedeutung der TA erschließen, die mit der Verbreitung der Informationstechnik immer größer wird. Es wird zwischen probleminduzierter TA und technikinduzierter TA unterschieden, die die gesellschaftlichen Auswirkungen der Informationstechnik auf jeweils spezifische Weise in den Blick zu nehmen versuchen: Für die Informationstechniken befaßt sich die probleminduzierte TA vor allem mit Systemen zur Arbeitsorganisation und zur Gestaltung von Arbeitsplätzen, während sich die technikinduzierte TA mit den Konsequenzen der Informationstechnik auf gesellschaftlicher Ebene auseinandersetzt, wie zum Beispiel mit Problemen der Sicherheit, der Risiken, der Kontrolle, der Machtverschiebungen, der Rationalisierung und der Kommunikation [BRACZYK 1994].

Relevante Themenstellungen der TA Informatik sind heute die Veränderung der Arbeitswelt und der Organisationen durch die Informationstechnik, d.h. durch computergestützte Arbeitsplätze, Computer im Büro, *Hypertext*, CIM, CAD, CAM, CAP, CAQ, PPS (und was zur computer-integrierten Produktion alles dazugehört), computergestützte kooperative Arbeit, *Cyberspace*, *Virtual Reality* und Künstliche Intelligenz.

Besonders dringend sind TA-gestützte Orientierungen zur globalen Vernetzung, zu Datenschutz und Datensicherung, der Veränderung (z.B. Entsinnlichung) der Kommunikation, der Globalisierung und Relegation sozialer und kultureller Nischen (globales Dorf [WRIGHT 1990]), der Multimedia, und umfassender: der Informatisierung nicht nur der Arbeit, sondern unserer gesamten Kultur und Freizeitwelt.

Konkreter sind als wichtige Problembereiche zu nennen: Computerkriminalität; Vergrößerung der Qualifikationsschere, Requalifikation, Umschichtung der Berufe, Rationalisierungseffekte; ethisch bedenkliche Überwachungsfunktionen (die durch informationstechnische Systeme in Büros und Betrieben oft erst ermöglicht werden; Zugriff auf und Schutz von Daten, vor allem in hochvernetzten Organisationen; Probleme der inneren Sicherheit, die die Frage aufwerfen, wieviel Daten-Transparenz eine demokratische Gesellschaft erfordert und wieviel Daten-Latenz sie benötigt, Paradoxien der Sicherheit bei riskanten technologischen Abläufen; Änderungen des Verhaltens der mit der Informations- und Kommunikations-Technik arbeitenden

1 Standard-Software kommt bis auf wenige Ausnahmen aus den USA, womit dort herrschende Arbeitsabläufe und deren Softwareversionen sowie die damit verbundenen Umstrukturierungsprozesse auch auf Produktionsprozesse in Europa übertragen werden. Dies wird sich auf die europäischen Arbeitsplätze und die Beschäftigten auswirken, da bis zum Jahr 2000 in Deutschland voraussichtlich 2/3 aller Beschäftigten informationstechnische Arbeitsmittel nutzen werden.

und von ihr betroffenen Menschen, wie z.B. Einschränkung des Wahrnehmungsspektrums, Eintönigkeit[2] sowie weitere Reduktion der (in Industriegesellschaften ohnehin begrenzten) körperlichen Aktivität.

II. Definitionen der Technikfolgenabschätzung und Technikgeneseforschung

1. Technikbegriff

Um den oben genannten Themen gerecht werden zu können, muß die TA den ihr zugrundeliegenden *Begriff der Technik* reflektieren.

Seit etwa 20 Jahren ist das zuvor fast unangefochten gültige deterministische Technikverständnis durch eine Reihe von Kontingenzansätzen des technischen Wandels zunehmend in Frage gestellt worden. Die technischen Artefakte und Systeme werden nun auch (wenn auch nicht ausschließlich) als Resultate von gesellschaftlich-politischen Entscheidungsprozessen und Akteurs- bzw. Interessenkonstellationen begriffen. An die Stelle der Annahme einer logischen Notwendigkeit technischer Entwicklung (einer ›technischen Evolution‹) rückt ein Bewußtsein davon,

- daß die Prägung technischer Systeme durch Entstehungskontexte mitbestimmt ist,
- daß durch die historischen und situativen Bedingungen charakteristische Verengungen des technisch-wissenschaftlichen Problemlösungshorizontes auftreten und Fehleinschätzungen möglich sind,
- daß latente Leitbilder in die Konstruktion technischer Bilder und Systeme eingehen,
- daß alternative Entwicklungspfade aufgezeigt werden können.

So konnte die Technikgeschichtsschreibung für jeweilige Technikentwicklungen einen charakteristischen Wandel typischer Leitbilder und Analogiemuster des Konstruierens und Gestaltens nachweisen [HELLIGE 1991].

Doch hat umgekehrt auch die zu einseitige Betonung von Technik als sozialem Prozeß Fehleinschätzungen hervorgebracht, die die Eigenlogik der Technik, auch der universalistischen nichtmateriellen Software, unterschätzte.

2. Technikfolgenabschätzung

Im Rahmen dieses veränderten (aus der Technikgeschichtsschreibung in die Techniksoziologie eingewanderten) Technikkonzepts versteht man unter Technikfolgenabschätzung (*technology assessment*) (nach [DIERKES 1989] und [PASCHEN/GRESSER/CONRAD 1978]) ein Verfahren, mit dem die Folgen potentieller technologischer Entwicklungen systematisch ermittelt und bewertet werden sollen.

Der Begriff *Wirkungsforschung* hatte sich für die Massenkommunikation eingebürgert und wurde gegen Ende der 70er Jahre auch auf die übrigen Bereiche der

2 Doch hat die Automatisierung und damit Entlastung von Routinetätigkeiten auch gegenteilige Effekte: Die Verlagerung auf Ausnahmesituationen für den Menschen erhöht die Anforderungen und damit die Streßgefahr.

Informationstechnik angewandt. Hier steht der analytische Aspekt im Vordergrund, aber auch der partizipative Aspekt der *pragmatischen Wirkungsforschung*. Schon früh wurde erkannt, daß zum Verständnis der Zusammenhänge von Informationsprozessen auch die Organisationsprozesse zu untersuchen sind. In diesem Ansatz wird unter Einbeziehung der Organisationstheorie nach den Funktionen gefragt, die Information und Informationstechnik in den einzelnen Bereichen erfüllen.

Die TA in der Informatik erschöpft sich jedoch nicht in der Erforschung von Technik*folgen*. Weil das Zusammenspiel von Mensch und Technik, von Mensch und Arbeit, von Arbeit und Organisation, von Organisation und Gesellschaft und deren Rückwirkung auf die Technik das Umfeld ist, in dem Software entwickelt wird und wirkt, erscheint es notwendig, die Bedingungen, unter denen Technik entsteht und angenommen wird, zu untersuchen, d.h. die Technik*genese* neben den Technik*folgen* in das Zentrum der Betrachtung zu rücken.

In der Technikentwicklung lassen sich (nach ROPOHL 1988) vier Phasen unterscheiden:

- die wissenschaftliche Forschung (*Kognition*),
- die technische Konzeptionierung (*Invention*),
- die technisch-wirtschaftliche Realisierung (*Innovation*),
- die Aneignung und Verbreitung der Technik (*Diffusion*).

3. Technikgeneseforschung

Während die klassischen Studien zur Technikfolgenabschätzung zumeist erst bei den Prozessen der Innovation und Diffusion ansetzen, fängt die Technikgeneseforschung schon bei der Kognition an, um das gesamte Wirkungsspektrum technischer Artefakte zu erfassen. Noch weiter vorgreifend untersucht sie die gesellschaftlichen Bedingungen, die Kognition und Diffusion ermöglichen, und setzt sich mit ihrem erweiterten Anspruch, die Gestaltung der Systeme mitzubeeinflussen, deutlich von der Technikfolgenabschätzung ab, ja sieht sich im Verhältnis zu jener als komplementär an [SCHLESE 1995].

Die Annahme, daß der technische Fortschritt keine immanente Eigenlogik und damit keinen Sachzwangscharakter besitzt, sondern wesentlich *gesellschaftlich* produziert ist, führte sehr bald zu Bestrebungen, Technisierungsprozesse durch die Beteiligung von Akteuren, Nutzern und sonstigen Betroffenen gezielt zu steuern bzw. zu beeinflussen. Schließlich wurde das bis dahin überwiegend als Trendextrapolation, als Frühwarnsystem oder ursprünglich als nachträgliche Folgenabschätzung verstandene Technology Assessment durch (z.B. sozial- und arbeitswissenschaftliche) Begleit- bzw. Aktionsforschungsansätze ergänzt und mit der Technikgeschichte zur Technikgeneseforschung erweitert. In der Technikgeneseforschung wird den regulativen Elementen der Übersetzung und Aushandlung eine Schlüsselrolle zugeteilt. Praktische Ansätze sieht beispielsweise Schlese [SCHLESE 1995] in der leitbildförmigen Steuerung und der diskursiven Einflußnahme.

Doch hat sich die Hoffnung, man könne auf diese Weise sozialwissenschaftliche Ergebnisse und Begleitung umstandslos zu sozialverträglicher Technik führen, nicht erfüllt. Zu groß ist meist die professionelle und sprachliche Distanz zwischen Sozialwissenschaflern und Software-Entwicklern. Außerdem hat sich gezeigt, daß neben den sozialen Prozessen immer auch technikimmanente Eigenschaften von Software die Gestaltungsmöglichkeiten der Systeme[3] bestimmen.

Die Anwendung der Leitbildforschung [DIERKES/HOFFMAN/MARZ 1992] in der Software-Entwicklung hat gezeigt, daß die bewußte Steuerung durch Metaphern und Leitbilder nur geringen Einfluß auf die konkrete technische Entwicklung hat.

Die Synthese der analytischen Aspekte der Technikfolgenabschätzung und der konstruktiven Aspekte der Beteiligung der Begleitforscher an der Gestaltung interdisziplinärer Zusammenarbeit ist auch aus prinzipiellen Gründen ambivalent. Ermöglicht sie einerseits durch die Zusammenführung der analytischen und konstruktiven Kompetenzen eine verantwortungsbewußtere Technikgestaltung, so löst sie andererseits auch die notwendige Trennung zwischen Beobachtung und Entwicklung auf.

Als Antwort auf die Rückschläge nehmen die Entwickler die TA häufig selbst in die Hand, indem sie den neueren Gestaltungsparadigmen zu folgen versuchen, VDI-Richtlinien und DIN-Normen in Form von Checklisten oder Tools anwenden und in Förderprojekten zur Validierung ihrer eigenen Systeme angehalten werden. Dies ist gut, genügt aber nicht. Dabei fehlt immer die kritische Distanz und eine umfassende Technikbewertungsperspektive. Die notwendige analytische Trennung von TA und Gestaltung ist wieder nicht gegeben.

Die kritische Informatik kann und muß sich die TA-Forderungen einer sozialverträglichen Technikgestaltung zu eigen machen, ohne zu glauben, sie könne damit die TA als eine Art Supervisor überflüssig machen.

Unter dem Titel *integrierte Technikfolgenabschätzung* (integriert werden Technikfolgenabschätzung und Technikgeneseforschung, beide in die Technikentwicklung) hat W. RAMMERT ein Konzept vorgeschlagen, das diesen Anforderungen am ehesten entspricht: Durch lockere Verkopplung von Technikfolgen*forschung* und Technik*entwicklung* in Verbundprojekten können TA-Reflexionen (z.B. von Sozial- oder Arbeitswissenschaftlern) direkt in die Entwicklung einfließen und damit zur Selbststeuerung der jeweiligen Technikdisziplin beitragen. Damit wird der gemeinsame Gegenstandsbereich kongruent, während die disziplinären Zugangsweisen different bleiben, nämlich zum einen in der empirisch-analytischen Vorgehensweise, zum anderen im konstruktiven Verfahren. Man erhofft sich, daß dadurch die Fehler, die durch Konstruktionsblindheit (der Gestalter) einerseits und durch Blindheit (der TA-ler) gegenüber den technischen Möglichkeiten und Differenziertheiten andererseits verursacht werden, vermieden werden können. So können die beteiligten Entwickler

3 Dies gilt vor allem für die Systemsoftware, weniger für die Anwendungssoftware und die Benutzungsschnittstellen.

zunehmend sensibilisiert werden für die Gründe, warum Systeme, obwohl sie rein technisch funktionieren, in der Praxis oft nicht einsetzbar sind. Diese berühren nämlich nicht zuletzt auch die Verteilung von Kompetenzen und Macht in Organisationen und müssen daher, sollen sie funktionieren, in die faktisch ablaufenden Handlungs- und Entscheidungsprozesse eingebunden werden.

Der Anspruch der Technikgeneseforschung aber, nicht primär Folgen, sondern Entstehungsbedingungen zu beobachten und ggf. zu modifizieren, wird auch hier nur zum Teil erfüllt.

III. Laufende und erfolgte Projekte zur Technikfolgenforschung

1. Allgemeine Ergebnisse

In zahlreichen TA-Projekten sind Analysen, Validierung und Bewertung konkreter Software-Systeme nach folgenden Variablen vorgenommen worden: Güte von Software[4], Benutzerfreundlichkeit[5], Erfüllung arbeitswissenschaftlicher und ergonomischer Prinzipien[6], Zeit und Kosten des Software-Entwicklungsprozesses und Produktivität der hergestellten Software.

Was die Produktivität der Software betrifft, so ist dem Prozeß der Umstrukturierung und Umverteilung der Arbeit durch Informationstechnik als Gesamtwirkung noch keine gravierende Produktivitätssteigerung gefolgt.[7] Diese stellt sich - so zeigen amerikanische Untersuchungen - erst neuerdings mit der Berücksichtigung des Organisationsaspekts bei Spezifikation, Programmentwurf usw. ein.

Sicher ist, daß bei der Einführung neuer Technologien die Folgekosten regelmäßig unterschätzt werden. Dies sowohl hinsichtlich des Pflegeaufwands, der Notwendigkeiten zur Qualifizierung und Kompatibilisierung als auch des zuweilen recht hohen Aufwands der Selbstbeschäftigung mit dem Gerät. Darüber hinaus wird die Symbolfunktion dieser neuen Technik und die damit einhergehende Nachahmungs- und Verbreitungsdynamik weitgehend unterschätzt, ebenso die Konsensabhängigkeit der neuen Technologien und die mit dem nutzerspezifischen Bedarf an fachlicher Kompetenz einhergehende Verlagerung von Machtbereichen und Veränderung von betrieblichen Einflußzonen.

Hinsichtlich der Verschiebung von Machtbeziehungen durch die Einführung von Informationstechnik haben Untersuchungen sehr unterschiedliche Ergebnisse gezeitigt. Auf der einen Seite können I&K-Techniken rigidere und zentralistischere Kommunikationsprozesse erzwingen, auf der anderen Seite findet man auch partizipative

4 Gemäß Güte, Zeit und Kosten der Entwicklung: CURTIS-Studie, DE MARCO, LISTER-Studie; FEHLER: ROSSNAGEL et al., CURTIS-Studien.

5 Benutzerfreundlichkeit: BMFT-Projekt ›Entwicklung und empirische Untersuchung von Kriterien, Methoden und Modellen zur benutzerorientierten Software-Entwicklung und Dialoggestaltung‹ (Rauterberg et al); BMFT-Projekt ›Verlag 2000‹ der DATA TRAIN GmbH; PROVET-Studie (Darmstadt) ›Anwendergerechtheit in der Rechtspflege‹ (CH. KUMBRUCK).

Ansätze, die den Bedürfnissen von Nutzern und Beschäftigten entgegenkommen wollen. In jedem Fall kann es mit zunehmender Technisierung der Kommunikation zu Machtverschiebungen kommen (INA WAGNERS Untersuchungen zu Krankenhaus-informationssystemen‹).

Auch werden durch die Einführung von Informationstechnik bestehende Machtbeziehungen teilweise von Machtformen unterhöhlt, die auf speziellem Know-How im Umgang mit Software und Informationstechniken oder auf der Kontrolle über Ungewißheitszonen im Nutzungskontext dieser Techniken beruhen.

Ambivalente Wirkungen der Informationstechnik lassen sich an den Oppositionen ›Erhöhung der Sicherheit‹ und ›Möglichkeit von Mißbrauch durch Kontrolle und Sabotage› verdeutlichen. So wurden insbesondere Personalinformationssysteme als problematisch für eine mögliche systemische Kontrolle von Mitarbeitern gesehen. Paradoxien der Erhöhung von Sicherheit und gleichzeitiger Erhöhung von Risiken wurden bereits 1984 von PERROW untersucht. Hier wurde gezeigt, daß Kontrollsysteme, die die Sicherheit komplizierter Steuerungssysteme für Kernkraftwerke erhöhen sollten, selbst wieder Fehlerursachen in das Gesamtsystem implantierten, die riskante Situationen hervorrufen konnten.

In Betrieben verhindert die EDV in ihrer heutigen Form die Flexibilisierung (wie am deutlichsten die sog. CIM-Havarien zeigen); sie verfestigt organisatorische Abläufe, nicht nur die programmierten, sondern auch jene, die nebenbei durch den Computereinsatz kanalisiert werden: ›Softwarezement‹ nennt GERHARD WOHLAND diese Wirkung, denn die technisierten Dienstleistungen erlauben als festgebackenes Bindemittel der einzelnen Prozeßelemente eines Handlungszusammenhangs kaum noch individuelle, flexible und spontane Lösungen.[8]

Wirkungen der Informationstechnik sind offenbar abhängig von institutionellen und kulturellen Bedingungen wie dem Rechtssystem, den industriellen Beziehungen und dem Bildungssystem, aber auch den Strukturen des einzelnen Betriebs und seiner Einführungsmodi.

So kommt die TA-Forschung je nach diesen Bedingungen zu jeweils unterschiedlichen Ergebnissen. Die Provet-Studie zur Einführung von Informationstechnologien im Bereich des Rechts zeigen dies sehr deutlich. So hängt es von der Offenheit der einzelnen Büros ab, ob - wie z.B. in einer von CHRISTEL KUMBRUCK [KUMBRUCK 1993] untersuchten Rechtsanwaltskanzlei - die technischen Kommunikationsmittel zur Betonierung der hierarchischen Beziehungen und zum Festkleben der Sekre-

6 Arbeitswissenschaftliche und software-ergonomische Anforderungen: MABA-MABA-Listen (LENS 1975); VOLPERT (z.B. im Projekt KABA Gestaltungskriterien nach Humankriterien für Pflichtenheft), ULICH (menschenzentrierte Systeme sollen einförmige Routinearbeiten an den Rechner delegieren, veränderliche, interessante, wachhaltende beim Menschen belassen), HACKER (Reorganisation vor Automatisierung); Analyse der Software-Ergonomie-Forschung (NACHREINER, MESENHOLL).

7 Bis Ende der 80-er Jahre sank die Produktivität der EDV-Spezialisten (MORGAN STANLEY, Marktbeobachter GARTNER GROUP Inc.) gegenüber den Kapitalinvestitionen im EDV-Bereich.

tariatsangestellten und Assistenten an ihren Sessel genutzt werden, oder ob sie dadurch eine Erweiterung ihres Kompetenzbereichs und ihrer Arbeitsmöglichkeiten erfahren. Auch hinsichtlich der Güte der Software (also letztlich der Benutzerfreundlichkeit/Adäquatheit usw.) gibt es jeweils von der konkreten Software abhängige Befunde, die sich nur schwer verallgemeinern lassen. Wieder spielt die konkrete Einbettung des Software-Werkzeugs in den Arbeits- und Organisationszusammenhang eine kaum zu überschätzende Rolle für die Benutzerfreundlichkeit. Denn einerseits kann auch beste Software so eingebunden sein, daß sie den Arbeitsablauf stört, und andererseits läßt sich (so z.B. der Arbeitspsychologe Hacker in einer eigenen Untersuchung [Hacker 1993]) selbst arbeitsergonomisch ungünstige Software in eine Arbeitsorganisation so günstig implantieren, daß sie zu positiven Resultaten führt.[9]

Mit solchen und anderen Untersuchungsergebnissen setzt sich mehr und mehr die Erkenntnis durch, daß die Effizienz der Produktion nicht allein von der Entwicklung der Technik als Werkzeug abhängt, sondern vielmehr vor allem auch von der Art und Weise des Einsatzes dieser Technik, d.h. von der Art der Einführung, der Schulung und Handhabung der Gesamtorganisation.

BRACZYK [BRACZYK 1994] weist weiter darauf hin, daß die Formen und Wirkungen der Einführung von Informationstechnik mit zwei Beobachtungen erklärt werden können:

1. daß technisierte Kommunikation störanfällig ist und daher auf präventive bzw. störungsbeseitigende Handlungen der Teilnehmer und Nutzer angewiesen bleibt und
2. daß Effizienz und Effektivität dieser technisierten Kommunikation in beträchtlichem Umfang von der Ausgestaltung durch die Teilnehmer abhängig bleiben.

Er geht davon aus, daß geistige immaterielle Arbeit kommunikationsintensiver ist als materielle Arbeit. Demnach muß die Kommunikationsintensität der Arbeit in dem Maße gesteigert werden, wie der Umfang der materiellen Arbeit abnimmt und der der immateriellen zunimmt. Damit ist aber die eigentliche Domäne der auf die Organisation und Rationalisierung der Arbeit gerichteten Informationstechnologien bezeichnet. Die Anwendung von Informationstechnik erhöht somit die Abhängigkeit von organisierter und sinnhafter Kommunikation [TACKE/BORCHERS 1991].

Eine solche Kommunikation bedarf eines Komplexes von Fähigkeiten, die sowohl die Deutung der technisch vermittelten Informationen wie auch die Vorbereitung bzw. Ausführung der sich daran anschließenden Handlungen umfaßt (die sogenannte Organisationskompetenz). Sie zielt auf kognitive und assoziative Fähigkei-

8 Eine solche Wirkung der EDV ist allerdings nicht notwendig im Medium Software angelegt, sondern Folge eines falschen Anspruchs an Softwaresysteme. G. WOHLAND diskutiert in diesem Band, wo für flexiblere Informationstechnik-Lösungen angesetzt werden muß/kann.

9 Dieser Befund darf freilich nicht als Plädoyer für die Implementierung schlechter Programme verstanden werden.

ten, deren Bedeutung darin liegt, in formalen Organisationen für andere Akteure Anschlußhandlungen zu ermöglichen. Eine ausreichende Operationalisierung dieser Kompetenzen, die notwendig sind, mit technisierter Kommunikation umzugehen, scheint noch nicht gelungen.

Die Luhmannsche Beschreibung von Kommunikation (als Zusammenspiel von Information, Mitteilung und Verstehen) aufgreifend stellt BRACZYK bei der Technisierung von Kommunikationen eine Dekontextualisierung auf den Ebenen Information und Mitteilung fest, so daß alle Funktionsanforderungen erfolgreicher Kommunikation der Ebene des Verstehens angelastet werden. Eine zeitliche Verengung solcher Kommunikationen und Anschlußantworten kann dadurch kommunikative Fehlfunktionen erzeugen. Die Gefahr kommunikativer Fehlfunktionen ist um so größer, je enger die an Mitteilungen sich anschließenden Handlungen gekoppelt und je komplexer die organisationsbezogenen Kommunikationen strukturiert sind. Dann nämlich steigt der Bedarf an organisierter instutionalisierter Redundanz im Kommunikationsprozeß, welche als funktionale Rahmenbedingung zur Entfaltung von Organisationskompetenz anzusehen wäre. Das Problem verschärft sich, wenn die Kommunikation in relevanten Hinsichten auf Scheinwirklichkeiten gegründet ist (also etwa auf die Deutung von Signalen und Indikatoren angewiesen ist), in das eigentliche Geschehen kein Einblick genommen werden kann und die an der Kommunikation beteiligten Akteure räumlich getrennt sind.

Der gesteigerte Deutungsbedarf ist die Kehrseite technischer Rationalisierung von Kommunikationsprozessen, also der Preis dafür, daß die dekomponierten Elemente der Kommunikation, i.e. Information, Mitteilung und Verstehen, jeweils eigenen Wirklichkeitsbereichen zugeordnet und einer koordinierten kognitiven und sozialen Kontrolle durch die an der Kommunikation Beteiligten entzogen werden.

2. Eine Auswahl konkreter Ergebnisse

Im folgenden soll die Bedeutung der TA anhand konkreter Untersuchungen zum Erfolg bzw. Mißerfolg von Software-Projekten beleuchtet werden.

TOM DE MARCOs Analyse von 500 Software-Projekten kommt zu einem niederschmetternden Ergebnis: Jedes 6. DV-Projekt wurde ohne Ergebnis abgebrochen, alle Projekte überzogen den Zeit- und Kostenrahmen um 100-200%, und auf 100 ausgelieferte Programmzeilen entfallen im Durchschnitt drei Fehler. Solche Ergebnisse werden laufend neu reproduziert. So schreibt z.B. W. GIBBS in seinem Artikel »Software's chronic Crisis« [GIBBS 1994] über die anhaltende Softwarekrise: Auf je 6 große Softwaresysteme, die eingesetzt werden, kommen zwei andere, die gestrichen werden müssen. Die durchschnittlichen Entwicklungskosten übersteigen die Kalkulation um die Hälfte, bei großen Projekten ist die Relation noch weitaus schlechter.

Die Fehlerhaftigkeit scheint zur Software dazuzugehören: Es gibt keine korrekte Software nennenswerter Größe und Funktionalität. Korrekt heißt hier nur, daß das Programm sich konsistent mit seiner Spezifikation verhält, verläßlich aber ist es, wenn es über eine gewisse Zeit mit gegebener Wahrscheinlichkeit auf einer definierten Datenmenge richtige und beabsichtigte Ergebnisse liefert. Akzeptable Performanz soll heißen, daß das Programm auf verfügbaren Maschinen läuft und Antwortzeiten hat, die konsistent sind mit den zu bearbeitenden Aufgaben. Fehler und Unverläßlichkeiten, schlechte Performanz und unkontrollierbare Interaktionen mit einbettender Soft- und Hardware-Umgebung sind alltägliche Probleme beim Umgang mit Software. Deshalb beanspruchen die Wartung, die Pflege alter Programme und nicht zuletzt die schadensfreie Entsorgung überholter bzw. entbehrlich gewordener Software einen wachsenden Anteil der Informatikressourcen.

Laut verschiedener empirischer Befunde sind für das Scheitern von Softwareprojekten zu 60-70% Fehler in der Problemanalyse, der Spezifikation und der Modellierung verantwortlich, und ein großer Teil der verbleibenden Fehlermenge läßt sich auf den Zusammenbruch der Kommunikation zwischen Software-Hersteller und -Anwender zurückführen. Fehler oder Unzulänglichkeiten in Modellierung und Formalisierung, in den Algorithmen und im Programm werden zumeist während der Entwicklung festgestellt und korrigiert oder gar nicht bemerkt (z.B. daß ein besserer Algorithmus zu schnelleren Ausführungszeiten geführt hätte), Fehler in der Spezifikation dagegen erst im nachhinein.

Es handelt sich hier um Fehlerhaftigkeiten oder Unvollständigkeiten des Wirklichkeitsmodells. Dieses Grundproblem der Spezifikation, bedingt durch die notwendige Komplexitätslücke zwischen unüberschaubarer Realität und rationaler Rekonstruktion im formalen Modell, ist wohl prinzipiell unlösbar, und es sind nur relative Verbesserungen möglich. Denn interne Wissensbestände, Kenntnisse und Ansprüche der Anwender wie des Anwendungskontextes müssen begrifflich so eng geführt werden, daß sie in einer eindeutigen Sprache formulierbar sind. Es müßte alles für die Problembearbeitung Relevante explizit ohne Verzerrungen oder Auslassungen so erfaßt werden, daß es weiter im Programm formal symbolisiert einer effizienten Behandlung zugänglich wird - ein für komplexe Anwendungsprobleme aussichtsloses Unterfangen. Zudem ändert die Software-Implementation selbst den Anforderungskontext, wodurch die Spezifikation gleich nach der Implementation veraltet ist.

Die Effekte von Software-Entwicklungsmethoden und Tools für die Verbesserung der Zuverlässigkeit von Software dürfen nicht überschätzt werden. Eine Reihe aufsehenerregender Studien, die in Softwarehäusern in den USA und neuerdings auch in Deutschland durchgeführt wurden, arbeiten die Wirkungen heraus, die die Kooperationsweisen der am Herstellungsprozeß beteiligten Personen auf die Software-Produktivität ausüben. Verglichen mit diesen Faktoren wurden die Effekte von Tools und Methoden als relativ gering veranschlagt.

So fanden z.B. CARD, MCGARRY und PAGE [CARD, MCGARRY & PAGE 1987] heraus, daß die Anwendung einer großen Anzahl von Software-Engineering-Technologien auf aktuelle Projekte nur eine 30%ige Verbesserung der Verläßlichkeit auf Software-Systeme und keine Steigerung der Produktivität ergab. Eine Reihe von

Software-Engineering-Methoden, die den Anforderungen an Flexibilität und Reliabilität des Entwicklungsprozesses gerecht werden wollen und Ansätze zur Benutzerbeteiligung bieten (z.B. Partizipationsmodelle, Prototyping, zyklische evolutionäre Verfahren), wurden vorgeschlagen.

In den Vorhaben BOSS und SAGA als auch PROSOT und WEDA von HACKER und JELKE wurden Verfahren zur Operationalisierung der Benutzerbeteiligung entwickelt. Sie zeigten zum einen die Probleme und Widersprüche, die während des Beteiligungsprozesses auftreten. Im WEDA-Projekt wurde nachgewiesen, daß Gruppeninterviews effizienter sind als die üblich vorgezogenen Einzelinterviews mit Nutzern. Überdies können die Ergebnisse der Interviews wesentlich verbessert werden, wenn eine mehrtägige Selbstbeobachtung der Tätigkeit vorangestellt wird. Überdies stellt Skarpelis fest, daß die TA-Diskussion zu dieser Thematik den Nebeneffekt hatte, die Rolle des Fachexperten adäquat aufzuwerten, d.h. auch den Benutzer als Fachexperten bei der Entwicklung technischer Systeme zu sehen. Die Folgen einer solchen Integration der Benutzer zeigt sich z.B. in einer besseren Wartbarkeit der entwickelten Werkzeuge, d.h. daß die Trennung zwischen Hersteller und Benutzer übernommen werden kann.

Analysen der Softwareentwicklungszeiten beim Prototyping zeigen, daß vor allem in den Anfangsphasen der Prototypenerstellung ein erheblich größerer Aufwand entsteht, der in Modellversuchen wohl zu adäquateren Lösungen führt, in der Praxis jedoch oft mit dem Zusammenbruch der Kommunikation zwischen Entwicklern und Benutzern oder mit dem Scheitern des Projekts endet. Ein weiteres Problem der Verwendung von Prototypen ist die Tatsache, daß jeweils der erste Prototyp bei Benutzern die Vorstellungskraft leitet und die Entwickler zu Verbesserungen am ersten Prototyp verleitet, auch wenn bessere Lösungen ›from the scratch‹ möglich wären. Offen bleibt ferner, wie weit diese Ansätze auf Standard-Software und Standard-Werkzeuge, deren Einsatz rapide zunimmt, übertragen werden können.

Software-Tools beziehen sich auf individuelle Aktivitäten und sind keine Hilfsmittel für große Projekte.[10] Sie unterstützen auch nicht die Team- und Organisationsfaktoren, die den Spezifikations- und Design-Prozeß beeinflussen.

Diese Ergebnisse zeigen an, daß die Entwicklung großer Software-Systeme (jedenfalls teilweise) als Lern-, Kommunikations- und Verhandlungsprozeß behandelt wer-

10 Gute Tools hingegen werden z.B. im BMFT-Projekt ›lernförderliche XPS‹ (PUPPE et al), im BMFT-Projekt ›Entwicklung ganzheitlicher Planungsinstrumente‹ und im BMFT-Verbundprojekt WEDA (IAO, HUB, TUD, FAW) ›Wissensbasierte Systeme zur Unterstützung von Arbeits- und Lernprozessen‹ behandelt.

Tools für anpassungsfähige Benutzungsschnittstellen werden z.B. im UIMS-System SUSI (F. STRAUSS, IIG Freiburg) vorgeschlagen, weitere im BMFT-Projekt zu UIMS-System beim FAO, in einem BMFT-Projekt zu CASE-Werkzeugen für graphische Benutzungsschnittstellen beim IAT Stuttgart, zu CASE-Werkzeugen mit dem ISA-Dialogmanager, und mit der Client-Server-Architektur in MAESTROII der SOFTLAB GmbH München entwickelt.

den muß. Auch O. BITTNER und W. HESSE von der Universität Marburg, die im Projekt IPAS Software-Entwickler, Projektleiter und Benutzervertreter aus 23 Projekten über die Arbeitssituation in der Software-Entwicklung (speziell über die Unterstützung durch Werkzeuge) befragten, stellten fest, daß die Entwickler Methoden und Werkzeuge relativ unabhängig davon einsetzen, ob sie eine gute oder schlechte Unterstützung gewährleisten. Die Methodenunterstützung wird vor allem im Bereich der ER-Modellierung genutzt und der Werkzeugeinsatz vor allem bei Editoren, Programmiersprachen, Low-Level-Editoren, Debuggern und natürlich speziellen Tools. Gewünscht wurden mehr Werkzeuge im Bereich des Projekt-Managements, der Grafik und der Generatoren- und Case-Tools. Dabei wird größerer Wert auf die einfache Bedienung und die schnelle Erlernbarkeit eines Werkzeugs gelegt als auf persönliche Anpaßbarkeit, gute Hilfestellung, Funktionsumfang, Performanz und Fehlerfreiheit. Auch genießen Wünsche, die sich auf die Eingabeseite und die Benutzbarkeit beziehen, den Vorzug gegenüber Wünschen, die die Verarbeitung und den Output betreffen. Übereinstimmend gaben die Software-Entwickler im Projekt IPAS an, daß sie sich verbesserte Möglichkeiten zur Erweiterung ihres Wissens wünschten.

Als eines der Hauptprobleme wurde der Zeitdruck genannt, unter dem Software angepaßt, entwickelt, Fehler und Zusammenbrüche beseitigt werden müssen.

Wie lassen sich Defizite der Software erklären? In einer Feldstudie von CURTIS et al. [CURTIS, KRASNER & ISCOE 1988], die 17 große Software-Projekte (mithilfe von Interviews der Designer) untersuchte und begleitete, stellte sich heraus, daß vor allem

- zu geringe Kenntnisse über das Anwendungsgebiet,
- sich verändernde und widersprüchliche Anforderungen an das Software-Design sowie
- Kommunikations- und Kooperations-Engpässe bzw. -Zusammenbrüche

die Software-Produktivität und -Qualität negativ beeinflussen[11], und zwar hinsichtlich kognitiver, sozialer und organisatorischer Prozesse. Anders als bei herkömmlicher Technik, bei der zwischen Anforderungsermittlung, Planung, Entwicklung, Konstruktion, Arbeitsvorbereitung, Fertigungssteuerung, Qualitätssicherung, der Fertigung als solcher und der Abnahme unterschieden wird, behandelt man den gesamten Software-Entwicklungsprozeß als einen Arbeitsgang.

Es werden zwar grob einzelne Phasen unterschieden, in denen diskrete Tätigkeiten anfallen (vom Spezifizieren und Entwerfen über das Modellieren, Testen und Debuggen hin zu Reviews und anderen Qualitätsmaßnahmen); diese werden aber in der Regel von Personen durchgeführt, deren Spezialkenntnisse sich lediglich auf einzelne Gebieten beziehen.

Folgerichtig wurden Defizite in der Qualifikation der Software-Entwickler festgestellt. Sie betrafen nicht nur software-ergonomisches und psychologisches Wissen und spezielle Informatikkenntnisse, sondern vor allem anwendungsspezifisches

11 Zu ähnlichen Ergebnissen kommen F. BRODBECK und S. SONNENTAG von der Universität Gießen.

Fachwissen, allgemeine wirtschafts- und organisationswissenschaftliche Kenntnisse und Fähigkeiten zur Kommunikation und Kooperation. Sowohl die Ausbildung in der Informatik als auch die Aufmerksamkeit der Software-Entwickler richten sich vor allem auf die technisch-funktionale Seite der Probleme. Die erforderlichen sozialen Kompetenzen der Entwickler zur Bewältigung ihrer extrem ausgeprägten kommunikativen Tätigkeiten werden weder im Studium, bei der Grundausbildung, noch bei den Weiterbildungsmaßnahmen vermittelt. Dabei ist aber der zeitliche Anteil von Tätigkeiten, wie Austausch von Informationen, Erhebungen, Diskussionen mit Benutzern etc. viermal so groß wie die eigentliche Programmierarbeit.[12]

Diese Defizite führen zusammen mit den meist ungünstigen Rahmenbedingungen des Entwicklungsprozesses (vor allem den begrenzten Entwicklungszeiten) dazu, daß die Kommunikation mit den Auftraggebern und Benutzern (insbesondere im Partizipationsansatz) sehr oft als Streßfaktor erlebt wird.

3. Wirkungen funktionierender Software

In Anbetracht derartiger Diagnosen und Einsichten der TA darf aber nicht vergessen werden, daß nicht nur fehlerhafte oder ungeeignete, sondern auch funktionierende Software vielfältige Probleme aufwirft.

Diese zeigen sich zum Beispiel im Zusammenhang mit der faktischen Beherrschung riskanter, durch Computerprogramme gesteuerter Prozesse[13], mit den Möglichkeiten des Mißbrauchs der neuen Techniken, mit Dequalifikationsprozessen (daß etwa die wachsende Entkoppelung zwischen Bediener und Prozeß, die aus der Mediatisierung resultiert, zum schleichenden Verlust von Handlungskompetenzen führt, der sich besonders in kritischen Situationen verheerend auswirken kann) und mit der möglichen Dehumanisierung durch computervermittelte Kommunikation.

Fallstudien zur Planungspraxis von Organisationen beim Einsatz von Informationstechnik entdeckten beispielsweise einen beharrlichen organisatorischen Konservatismus [SCHILD, GANTER & KIESER 1987], der unter Gesichtspunkten der Gestaltung von Arbeit nur nicht-optimale Lösungen zuläßt. Meist werden auch die mit den neuen Technologien verbundenen Gestaltungsoptionen gar nicht systematisch ausgeleuchtet und in Planungsalternativen miteinander verglichen. Stattdessen werden jene Gestaltungsvarianten realisiert, die dem common sense der Planer und Entscheider am nächsten kommen. Der Einsatz von Software in Organisationen gestaltet sich im Vergleich zur Produktionstechnisierung als aufwendiger, in Details weniger determinierbar, reichhaltiger an Rückschlägen und unbeabsichtigten Folgen, und die Organisationen binden gewollt oder ungewollt mehr Akteure ein, die interessenbezogen auf Planung, Implementation und Verwendung Einfluß nehmen. Der amorphe

12 Auch dies ist eines der mit amerikanischen Befunden übereinstimmenden Ergebnisse des IPAS-Projekts *Interdisziplinäres Projekt zur Arbeitssituation in der Software-Entwicklung*.

13 Man denke nur an den computerinduzierten Börsencrash am ›schwarzen Montag‹.

Arbeitsgegenstand immaterieller Arbeit, die mit ihm verknüpfte Deutungsbedürftigkeit von Informationen, die durch den Einsatz von Software noch gesteigert wird, spricht dafür, daß es sich hierbei um ein substantielles Problem aufgrund des säkularen Strukturwandels der Arbeit handelt und keineswegs nur um Übergangsphänomene.

Die Designanregungen für Organisations-Software sollten die vorgestellten Analysen berücksichtigen, so könnte etwa ein auf der Fähigkeitsdimension erkennbarer Bedarf an Organisationskompetenz nach mehreren Richtungen hin abgesichert werden, etwa durch Qualifizierung, durch Konfiguration in der Software, die den Einsatz dieser Qualifikationen erlauben und schließlich durch Schaffung von Organisationsstrukturen, die Kommunikationssequenzen mit eingebauten Redundanzen enthalten als Zugeständnis an die Deutungsbedürfigkeit vermittelter Informationen [RAMMERT & WEHRSIG 1988].

IV. Konsequenzen für die Gestaltung des Software-Entwicklungsprozesses und der Software

Hier ist es nur möglich, einen kleinen Ausschnitt von Gestaltungshinweisen zu geben, die aus den genannten TA-Ergebnissen erwachsen. Ich will nur vier auf verschiedenen Ebenen angesiedelte Vorschläge oder Anforderungen angeben.

1. Zum Beispiel ergeben sich Wünsche an die Gestaltung des Entwicklungsprozesses selbst. Die Vielzahl der Anforderungen und die prozessuale Komplexität des Entwicklungsprozesses, die vor allem durch ein Spannungsverhältnis zwischen der Notwendigkeit verbindlicher Zielsetzungen und Vorgaben und dem ständigen Bedarf nach Korrekturen bestimmt ist, widerspricht ausschließlich ingenieursmäßig orientierten Projektplanungsstrategien. Entwicklungsverläufe sollten offen gehalten und daher nicht streng vorausgeplant werden, um die notwendigen ständigen Anpassungen zu ermöglichen. Dabei müssen in jeder Phase Kontrakte, Dokumente und Zwischenprodukte geändert werden.

Dies macht Durchführbarkeitsstudien und Validierungsschritte von Anfang an notwendig, wie sie mit dem heutigen *Total Quality Management* auch geleistet werden. Oft wird jedoch die Notwendigkeit einer strengen Kosten- und Terminplanung als dazu in Widerspruch stehend gesehen.

Auch in den beobachteten Projekten mit derartiger Planung konnte die "Vorkalkulation der Kosten" nicht eingehalten werden. DE MARCO und LISTER [DE MARCO & LISTER 1987] stellten fest, daß die Qualität (und sogar die Gesamtbearbeitungsdauer) der bei offener Terminplanung hergestellten Software wesentlich besser ist als der unter stark einengenden Bedingungen entwickelten. G. WOHLAND berichtet, daß in Japan Software-Entwickler ein Vetorecht gegen die Abgabe ihrer Produkte haben, wenn sie der Meinung sind, daß sie noch nicht ausgereift sind.

2. Für die zu entwickelnden Software-Systeme sind Maximen, wie beispielsweise G. WOHLAND sie in diesem Band entwickelt, zu beachten. Umfassende Technisie-

rung, die in Konzepten wie der ›menschenleeren Fabrik‹ mit Hilfe von CIM-Systemen, in hochintegrierten PPS-Systemen oder in hochintegrierten Informationssytemen vorgeschlagen wurde, ist zu vermeiden.

Gebraucht werden flexible Arbeitssysteme, die die Selbstorganisation von Systemen, Betrieben, Arbeitsabläufen nicht behindern, sondern unterstützen. Solche Systeme müssen einen begrenzten Aufgabenkreis haben, damit sie leicht austauschbar und entfernbar sind; ihre Schnittstellen müssen überschaubar und gut dokumentiert sein, um Kombinationsmöglichkeiten zu gewährleisten. Sie sollten aber nicht allzu komplexe Interaktionen zwischen den Komponenten erlauben, da diese zu unüberschaubaren und somit unkontrollierbaren Abläufen, Fehlern und Abstürzen führen können.

3. Die Schnittstellen zum Menschen müssen arbeitsergonomische Bedingungen erfüllen, welche die anthropologisch tiefsitzenden Wahrnehmungsstrukturen, Aufmerksamkeitspotentiale und Reaktionsfähigkeiten der Benutzer berücksichtigen. Einfache Bedienung und schnelle Erlernbarkeit sind daher Anforderungen an die Benutzerschnittstellen, ebenso wie Aufgabenangemessenheit und die Vermeidung von Streß und Langeweile Anforderungen an die Funktionalität darstellen. Für eine (arbeitspsychologisch) optimale Gestaltung des Arbeitssystems ist es vor allem wichtig, bei der Arbeitsteilung zwischen Mensch und Maschine[14] der Maschine Funktionen, die Menschen ermüden und die sie besser bewältigen kann (mathematisch-arithmetische Berechnungsaufgaben, häufige exakte Wiederholung bestimmter Prozesse, langfristige Wachsamkeit ohne Ermüdungserscheinungen, kurzzeitige Speicherung von Informationen, Detektion von Signalen, einfache ja/nein-Entscheidungen mit großer Geschwindigkeit usw.), zu überlassen, die kreativen, abwechslungreichen Tätigkeiten aber dem Menschen. Dabei ist gleichzeitig zu beachten, daß dem Menschen auch ausreichend Routinetätigkeiten gestattet bleiben: Das Arbeiten nur an Ausnahmefällen bedingt ständige Konzentration und führt daher wieder zu Streßbelastung.

Im Projekt KABA (Kontrastive Aufgabenanalyse) der TU Berlin hat W. VOLPERT Verfahren entwickelt, Humankriterien zu operationalisieren, die in ein Pflichtenheft übernommen werden können.

Die Gestaltungskriterien, die die Stärken des Menschen schützen und fördern, lassen sich in folgende Prinzipien unterteilen:

Eigene Entwicklungswege, leibliches ›In-der-Welt-Sein‹ und soziale Eingebundenheit. Zu diesen Prinzipien lassen sich jeweils Humankriterien aufstellen: Handlungs- und Entscheidungsspielräume großhalten; ausreichende körperliche Aktivität ermöglichen, Variationsmöglichkeiten anbieten; soziale Kooperation und unmittelbare zwischenmenschliche Kontakte ermöglichen und fördern.

14 Differentiell-dynamisches Gestaltungsprinzip nach ULICH [ULICH 1991].

4. BRACZYK [BRACZYK 1994] stellt die Frage, ob der Einsatz von Softwaretechnik in Organisationen nicht eigenständige Technisierungsstrategien erfordert. So kann es beispielsweise disfunktional sein, wenn die Technisierung von Kommunikation in Organisationen in Analogie zum Technikeinsatz in der materiellen Produktion primär auf die Substitution von Arbeitskraft gerichtet wird. Die hohe Selektivität der Kommunikation, die prinzipielle Offenheit für viele Organisationsmitglieder, die Kontextgebundenheit von Mitteilen und Verstehen scheinen einer zu weit gehenden Technisierung von Kommunikation prinzipielle Grenzen zu ziehen.

Die technisierte Kommunikation dürfte funktional auf soziale Kommunikation angewiesen bleiben. Je stärker die Operationen einer Organisation von erfolgreicher Kommunikation abhängig werden, um so wichtiger wird die Fähigkeit zur Interpretation von ausgewählten und mitgeteilten Informationen. Den abstrakten Informationen muß ein Deutungshof neu zugewiesen werden, und die Nutzungsformen der Software und wahrscheinlich auch schon ihre Entwicklung in technischen Anwendungen müßten dann nicht primär auf die Substitution von Arbeitskraft, sondern auf die Unterstützung sozial kommunikativer Kompetenzen ausgelegt werden.

Zum Begriff des „Verstehens“ in der Informatik

Christiane Funken

> Softwareentwickler/innen[1] stehen vor veränderten Herausforderungen:
>
> »Der Wandel in der Softwareentwicklung erfordert von Mitarbeitern andere Qualifikationen als bisher. Diese konzentrieren sich weniger auf das technische Know-how als auf die Sozialkompetenz«[2]
>
> *Computerwoche*, Nr.27 vom 8.Juli 1994, S.42

1. Problemaufriß

Um Ausschnitte der Realität im Rahmen der Aufgabenanalyse[3] zu modellieren, ist es unumgänglich, ihre Elemente und Beziehungen zu benennen, zu klassifizieren und die dabei entstehenden Klassen selbst wiederum zu benennen. Dieses Vorgehen setzt ein Entscheidungsverfahren voraus, das auf der Kenntnis des Gegenstandsbereiches beruht und die Bedeutung sowie Verkettung der Elemente in ihrem Kontext zu erfas-

1 Um der besseren Lesbarkeit willen verwende ich im folgenden die männliche Sprachform.

2 »Allein in bundesdeutschen Betrieben entsteht durch den Einsatz von PCs jährlich ein Verlust von 50-80 Milliarden Mark. Persönliche Fehlersuche und -behebung der Anwender, Datensicherung und Ausprobieren neuer Software oder unbekannter Funktionen verursachen Zeitverluste, die in keiner Bilanz erfaßt werden« [Tech-Writers 1992, 24].

3 Für die Problemspezifikation werden hier Anforderungen ermittelt, die unter Rekurs auf den spezifischen ›Realitätsausschnitt‹ identifiziert werden müssen.

sen vermag. Es handelt sich also um ein Verfahren, das den gesamten Vorgang der Identifizierung und Re-Identifizierung umgreift.

Richtiges Entscheiden (im Rahmen der Aufgabenanalyse) wird hierbei implizit als zweckrationales Vorgehen konzipiert, d.h. es wird als eine optimale Mittelwahl für gegebene, eindeutige Ziele aufgefaßt.

Tatsächlich aber handelt es sich um einen Entscheidungsprozeß, bei dem zwei fremde, subjektiv vollzogene Interpretationsleistungen aufeinandertreffen:

- einerseits die subjektive Beschreibung und Interpretation des betreffenden Aufgaben- und Problemlösungskomplexes durch die Experten/Benutzer und
- andererseits die subjektive, gleichermaßen aber vom (fachlichen) Vorverständnis geleitete Selektion dieser Interpretation durch die Entwickler.

Das Zusammenspiel verschiedener Denkstile, unterschiedlicher Typen der Ideenentwicklung[4] und die wechselseitige Auseinandersetzung mit fremden Wirklichkeiten gelten dementsprechend als grundsätzliche Bedingungen der Aufgabenanalyse, d.h. die Entwickler-Benutzer-Begegnung erweist sich als ein prekäres Unterfangen.

Dennoch handelt es sich hierbei um Routinehandeln im Rahmen der Softwareentwicklung, welches gewissermaßen die Schnittstelle zwischen Benutzer und Entwickler fokussiert. Ein Routinehandeln, das überdies insofern erschwert wird, als es sich um einen Entscheidungsprozeß handelt, der einen verfahrensmäßig - im Sinne der Formalisierbarkeit bzw. des Programmierparadigmas - eingeschränkten und gleichzeitig situativ auszuhandelnden Charakter besitzt.

Einerseits nämlich *kann* nur Digitalisierbares erfaßt werden, andererseits *sollte* aber der Kern bzw. das Wesentliche der jeweiligen Domäne spezifiziert sein, um es einer Algorithmisierung zuzuführen. Computerprogramme sind immer Programme *über etwas*, d.h. technisierte Objektivierungen von Realität sowie die Bearbeitung dieser objektivierten Weltausschnitte. Entsprechend hängt die Leistung eines Programms sowohl von der adäquaten Modellierung als auch von der effizienten algorithmischen Problemlösung ab.

Im Rahmen der Systementwicklung wird jedoch die deutende Beschreibung bzw. *verstehende* Analyse lediglich als notwendiges Mittel aufgefaßt, um Systeme konstruieren zu können. Daher verwundert es nicht, wenn ein zentraler Vorwurf der ›kritischen‹ Informatik zur Softwarekrise lautet: Informatiker *entwickeln* Produkte, die sie selber nicht *verstehen*‹.[5]

Mit der hier verwendeten Begrifflichkeit scheinen zwei Welten aufeinander zu stossen, die sich qua Definition wechselseitig ausschließen, denn *Entwickeln* meint Spezifizieren und Modellieren mittels rationaler Logik und Algorithmisierung, und *Ver-*

4 Z. B. ein hohes Abstraktionsniveau auf seiten der Entwickler und nicht explizierte Selbstverständlichkeiten auf seiten der Experten/Benutzer.

5 WOLFGANG COY auf dem Symposion: Die Softwarekrise in der Informatik. Freiburg, Februar 1994.

stehen bedeutet einerseits situatives, andererseits ganzheitliches Begreifen von Sinnstrukturen.

Im Rahmen des Softwareentwicklungsprozesses werden beide - sich scheinbar widersprechende - Prinzipien zur Methode erhoben, wobei lediglich die Rationalitätsprinzipien innerhalb der (klassischen) Informatik zur Begriffsbildung gehören. Aspekte des Verstehens oder Nachvollziehens werden einerseits als unfachlich ignoriert oder als selbstverständlich vorausgesetzt, andererseits in der neueren Gestaltungsdebatte gar als Allheilmittel stilisiert.

Dieses Dilemma spiegelt sich auch im Bildungsideal der Informatiker wider. So dient das Informatikstudium dazu »... die Heranbildung der Fähigkeit, Modelle zur Beschreibung komplexer Systeme zu entwickeln, die wesentlichen Einflußgrößen richtig zu erkennen, für Detailprobleme algorithmische Lösungen zu finden und praktisch einsatzfähige Anwendungssysteme herzustellen. ... *Außerdem benötigt der Informatiker einen guten Einblick in die Probleme und Anforderungen des Anwendungsgebietes«.*[6]

Diesen Einblick können Informatiker allerdings nicht durch Anhäufung von sogenanntem Fachwissen erlangen, denn gelernt wird nur Formales. Dennoch unterstellen Informatiker - so kritisiert [HELLING 1993] -, daß das Wissen irgendwann ›... eine kritische Masse (erreicht), die es ihm (dem Informatiker) künftig erlaubt, Probleme ganzheitlich zu betrachten, so daß er ... Abläufe umfassend aufnehmen und bewerten kann‹ [HELLING 1993].[7] Mit diesem Anforderungsprofil wird eine Entscheidungshybris exemplarisch, die gewissermaßen den Universalismusanspruch[8] der Disziplin (alles ist formalisierbar) und den Verstehensanspruch zu verknüpfen sucht[9], ohne diesen Anspruch tatsächlich im Ausbildungskanon zu erfüllen.

Um diesem Anspruch jedoch gerecht werden zu können, ist es zunächst notwendig, mehr über den Prozeß der Aufgabenanalyse zu wissen. Hierbei spielt der Einfluß des Entwicklers eine wesentliche Rolle, d.h. es ist danach zu fragen, *wie* Entwickler das permanente, häufig unbewußte Entscheidungsdilemma zwischen den Auswahlkriterien bezüglich der ›Formalisierbarkeit‹ und dem ›Fachspezifischen‹ der Anwendung lösen.

6 BUND-LÄNDER-KOMMISSION FÜR BILDUNGSPLANUNG UND FORSCHUNGSFÖRDERUNG und BUNDESANSTALT FÜR ARBEIT (Hrsg.): Studien- und Berufswahl 1992/93. Bad Honnef 1992.

7 Vgl. [HELLING 1993, 222ff.].

8 Vgl. hierzu u.a. [COY 1992].

9 Die informatische Praxis zeigt leider immer wieder, daß zahlreiche Aspekte zur Erfassung von Realitätsausschnitten zugunsten (informatisch sinnvoller) Programmierbarkeit bzw. Modellbildung vernachlässigt werden (müssen). Dies führt dann allerdings häufig zu den vielzitierten unzufriedenen Nutzern bzw. in den Papierkorb.

Da die *Softwareentwickler* (trotz Benutzerpartizipation) diejenigen sind, die der Spezifikation bzw. den Programmen maßgeblich ihr Gesicht geben und über ihre Gestalt und ihren Einsatz verhandeln, sind Kenntnisse über die entwicklerspezifische Vorgehensweise bei der Entscheidungsfindung, ihre handlungsleitenden fachlichen und ›naiven‹ Theorien bzw. ihre sogenannten Hintergrundordnungen etc. von enormer Wichtigkeit.

Hinter dem Computer bzw. hinter Softwaresystemen nämlich lassen sich *unterschiedliche* Vorstellungen erkennen, menschliche Intelligenz bzw. menschliche Arbeitsprozesse oder Ausschnitte der Realität zu modellieren. Modellbildung ist immer ein interpretativer[10] Akt, bei dem die Bedeutungszuschreibung einer subjektiven Normierung unterliegt. Weil diese auf selektiven Verstehensprozessen beruht, ist *Verstehen* als ein wesentlicher Parameter im Rahmen der Aufgabenanalyse bzw. Softwareentwicklung zu betrachten.

Deshalb soll im folgenden der - neuerdings in der Informatik vieldiskutierte - Begriff des *Verstehens* beschrieben, kritisiert und explizit für die Aufgabenanalyse nutzbar gemacht werden.

2. Die Aufgabenanalyse

Im Rahmen der Diskussion um menschengerechte Technikgestaltung scheint es unbestritten, daß die technische Systementwicklung zunächst in den Hintergrund treten muß zugunsten einer intensiven Aufgabenanalyse. Nach wie vor ist allerdings das Umgekehrte die Regel, d.h. die Entwicklung der Software war und ist an der technischen Machbarkeit orientiert.[11] Bei der Anforderungsanalyse und der Pflichtenheftherstellung wird häufig auf bestehende Software und somit auf technische Problemlösungen (z.B. Datenbanksysteme), Organisationslösungen und Arbeitsstrukturen zurückgegriffen. Dies impliziert ein technikzentriertes Verständnis, das sich im gängigen Verständnis des Begriffes ›Aufgabenanalyse‹ und ›Kommunikation‹[12] widerspiegelt:

Ziel der *Aufgabenanalyse* ist üblicherweise die vollständige Erfassung aller geforderten Einzeloperationen, um bei möglichst vielen der so analysierten Aufgaben die Ausführung völlig dem Rechner zu übertragen oder sie zumindest rechnergestützt formalisieren zu können.

Ergebnis der Aufgabenanalyse ist die Anforderungsdefinition (plus Pflichtenheft) als ein für Auftraggeber und Produzent verbindliches Dokument (Vertragsgrundlage), sie muß daher für beide Parteien verständlich (kommunizierbar) sein. Die hierauf folgenden Phasen der Softwareentwicklung sind Entwurf, Implementierung, Test und Installation.

10 Bei der Interpretation kann es sich entweder um ein Verfahren ohne Kontextgebundenheit handeln oder aber um ein hermeneutisches Vorgehen, das kontextorientiert ist und Widerstände aufdekken will.

Die schon früh in der Praxis der Softwareentwicklung auftauchenden Probleme - wie unklare Anforderungsprofile, diffuse Zielstruktur oder veränderliche Ausgangsbedingungen - konnten mit dem ›klassischen‹ linearen Phasen- oder Wasserfallmodell[13] nicht genügend aufgefangen werden: Die Grundvoraussetzung des Phasenmodells (weitgehend fehlerfreies Arbeiten von Phase zu Phase) funktioniert nur in Fällen mit einfacher oder bereits bekannter Problemstruktur, mithin bei klar spezifizierbaren Projekten, nicht aber bei komplexen oder gar innovativen Systemen. So gestaltet sich gerade die Behebung von Fehlern, die in der Phase der Aufgabenanalyse entstehen, umso kostenintensiver, je später sie erkannt werden.[14] Die frühen Projektphasen aber sind notwendigerweise gekennzeichnet durch noch große Vagheit: Problemanalyse und Pflichtenheft sind u. U. noch nicht in allen Parametern quantifizierbar und bedürften einer weitergehenden Verständigung zwischen den Gesprächspartnern. Dennoch geht die klassische Konzeption des Phasenmodells weiterhin davon aus, daß allein die Aufgabenanalyse die vollständige Erfassung der Kommunikation zwischen Entwicklern und späteren Nutzern leisten kann.[15]

Die konstruktive Kritik am Phasen- bzw. Wasserfallmodell, die seit Beginn der achtziger Jahre die Diskussion um Softwareentwicklungsmethoden vorantreibt, machte geltend, daß zur Vermeidung der vorprogrammierten Mißverständnisse die auf die Aufgabenanalyse beschränkte und somit verkürzte Kommunikation ausgedehnt und als integraler Bestandteil des gesamten Prozesses begriffen werden müsse.

Das Modell des ›Prototyping‹, ein Instrument zur Intensivierung der Benutzerpartizipation, verschiebt gewissermaßen die Entwickler-Benutzer-Kommunikation von der Aufgabenanalyse auf den gesamten Softwareentwicklungsprozeß. Auch die nachfolgenden evolutionären oder softwareergonomischen sowie prozeßorientierten Ansätze betonen die durchgängige Benutzerpartizipation und verstehen die Aufgabenanalyse als interaktiven Prozeß zwischen Benutzer und Entwickler. Sie stellen die Möglichkeit von Anforderungsrevisionen, die Erprobung von Einzelfunktionen des Systems mittels Prototyping (›inkrementelle Spezifikation‹) oder den schrittweisen Ausbau von Prototyp-Folgeversionen bis hin zum fertigen System heraus. Diese Modelle basieren auf einer kontinuierlichen Kommunikation zwischen Entwickler und Benutzer.

An diesem Punkt setzt u.a. aber auch die Kritik an evolutionären Konzepten an: die intensive Zusammenarbeit von Entwicklern und Anwendern kann zu Schwierig-

11 So sind auch die Methoden der Softwareevaluation i.d.R. immer noch naturwissenschaftlich ausgerichtet, z.B. durch quantitative Fehler- oder Zeitmessung etc.. Aber selbst wenn die Evaluation in Qualitätssicherung integriert ist, bleibt sie problematisch. Qualitätssicherung orientiert sich an Kriterien wie Aufwand, Dauer und Zieldefinition.

Wer aber definiert diese, sind Ziele z.B. änderbar? Die Benutzung eines jeden Werkzeugs kann - z.B. mit zunehmender Perfektionierung - den Benutzer und die Ziele ändern. Selbst wenn das Produkt exakt nach den gewünschten Zielen entwickelt wurde, ist es nicht immer erfolgreich, da die Ziele nicht konstant bleiben.

keiten bei der Projektabgrenzung und Aufwandsschätzung führen. Unkontrollierte Ausuferung des Projekts oder ständig wechselnde Anforderungen ›auf Zuruf‹ müssen vermieden werden.

Es zeigt sich hier, daß gerade der Aufgabenanalyse höchste Beachtung zuteil wurde und wird, da in ihr (besonders in ihrer ursprünglichen Version des Wasserfallmodells) grundlegende Probleme der Softwareentwicklung und damit der Softwarekrise erkennbar sind. Die (scheinbare) Lösung heißt *Partizipation* und impliziert die Annahme, daß bei hinreichender Berücksichtigung der Benutzerinteressen eine wesentliche Ursache für Fehlentwicklungen behoben ist.

Wir müssen aber davon ausgehen, daß die Entwickler nur selten (von Beginn an) mit ausformulierten bzw. konkreten ›Nutzungsvisionen‹[16] konfrontiert werden, sondern daß das endgültige Spezifikationsergebnis ihrer Wissensakquisition auch - vielleicht sogar vor allem - Produkt eines spezifischen Kommunikationsprozesses ist.

»Da jeder Experte nach Feigenbaum immer schon ein Repertoire von Regeln im Kopf hat, muß der Systementwickler sie ihm nur noch entlocken und sie dem Computer einprogrammieren«[17] - so scheint es. Anstatt dem anderen aber die eigene Heuristik zu enthüllen, vermittelt der Experte zumeist nur Beispiele aus der Praxis bzw. seine subjektive Auswahl des Arbeitsprozesses und eventuell der Arbeitsumgebung. Selten nur ist er in der Lage, Prinzipien, nach denen er handelt, in Worte zu fassen.[18] Der Entwickler muß ihm also helfen, die impliziten Regeln seines Tuns zu erkennen bzw. das zu strukturieren, was er weiß.

Die Idee der Partizipation, die an den Anspruch der Sozialverträglichkeit gekoppelt ist, kann auf diese Weise allerdings leicht zur Akzeptanzforschung mutieren, da der Entwickler i.d.R. davon ausgeht, daß sein (technokratisches) Verständnis bzw. sein Modell richtig (sprich: objektiv) ist und vom Experten akzeptiert wird. Diese unhinterfragte Voraussetzung der eigenen Modellbildung aber führt die Partizipation ad absurdum und verkehrt sie u. U. in ihr Gegenteil. Deshalb ist es für den Entwickler notwendig, die impliziten Vorannahmen und Regeln seines eigenen Tuns - hier der Interpretation und Spezifikation - gleichermaßen zu erkennen und zu verstehen.

Gerade wenn Entwickler sich dem naturwissenschaftlich-restringierten Erfahrungsbegriff verpflichtet fühlen und allein objektive Daten erheben wollen, setzen sie *unkontrolliert* ihr eigenes interpretatives Schema voraus und wählen so auf der Grundlage vorverstandener sozialer Bedeutsamkeit bestimmte ›objektive‹ Variablen als analyserelevant aus. Außerdem setzen sie voraus, daß ihr interpretatives Schema mit dem des Experten in den für den Entwicklungsprozeß entscheidenden Punkten identisch bzw. äquivalent ist!

12 Unter Kommunikation wird in der Informatik gemeinhin jeder Austausch von Information bzw. Daten verstanden, wobei ›Sender‹ und ›Empfänger‹ jeweils Menschen und Maschinen sein können. Angesichts dieser Abstraktion von den Unterschieden zwischen Mensch und Maschine verwundert es nicht, daß viele Systementwickler die spezifisch menschlichen Aspekte von Kommunikationsprozessen vernachlässigen. Vgl. u.a. [CYRANEK 1987, 139-154; KÖTTER 1991, 11].

Tatsächlich aber findet ein Kommunikationsprozeß zwischen ›wechselseitigen Fremdheiten‹[19] statt, in dessen Verlauf die Vielgestaltigkeit von Organisationsrealität, Differenzen und Ambiguitäten in Wahrnehmung, Betroffenheit, Interessen und sozialen Praktiken zutage treten kann. Solche Fremdheitserfahrungen sind immer bezogen auf persönliche oder fachspezifische Annahmen, theoretische Konstrukte, Untersuchungsinteressen etc.. Folglich ist die Fremdheit, wie sie Benutzer und Entwickler wechselseitig erleben, eine von ihnen selbst hergestellte und die Zuschreibungen und Erwartungen, die während der Aufgabenanalyse auf den Interaktionspartner gerichtet werden und das Verständigungsergebnis maßgeblich mitbeeinflussen, sind geprägt durch Vorurteilsstrukturen, Erfahrungswerte und Motivationen. D.h., daß kognitive Strukturen und Schemata jeweils immer auch im Sinne von Hintergrundschemata zu generalisierten Orientierungsreaktionen und -handlungen führen, ohne daß sich Benutzer oder Entwickler dessen bewußt sein müssen.

Die Aufgabenanalyse als ›Forschungsinteraktion‹ schafft eine eigene Wirklichkeit, deren Resultate durch doppelte Filterung (fach- *und* lebensweltspezifische) produziert werden und abhängen vom Grad des Verstehens der ›Gegenwelt‹. Der Begriff des Verstehens ist insofern keine willkürliche Metapher, sondern bezeichnet gleichsam ein methodisches Prinzip im Rahmen der Datensammlung.

Im nächsten Schritt soll deshalb überprüft werden, ob gängige Konzepte des Verstehens, die neuerdings auch in der Informatik diskutiert werden, geeignet sind, den diffizilen Entscheidungsprozeß der Entwickler im Rahmen der Aufgabenanalyse zu beschreiben.

3. Zur Diskussion des Verstehens

Im Zuge der neueren Debatte um die Softwarekrise, bei der Softewareentwicklung als ›Gestaltungs‹prozeß gilt, wird der Begriff des Verstehens zum Fach-Terminus erhoben (vgl. Coy, Rolf, Zemanek, Siefkes etc.) und als Gestaltungsprinzip nutzbar gemacht.

Ausgehend von Winograd/Flores, die wohl als erste den Begriff der Gestaltung für die Informatik (neu) formulierten, soll nun eine Gestaltungsforschung »die in der Informatik verbreiteten Vorstellungen, Phänomene und verwendeten Begriffe *verstehen,* um so eine Fundierung der Informatik an von anderen Disziplinen erarbeiteten

13 In jeder Phase wird eine spezifische Teilaufgabe vollständig ausgeführt, am Phasenende findet eine Überprüfung statt, entweder als Validierung (*Einsatzziel*) oder als Verifikation (*Spezifikation*). Es handelt sich um eine streng sequentiell-lineare Vorgehensweise. Daraus resultiert, daß die Ergebnisse jeder Phase fehlerfrei in die nächste Phase transformiert werden müssen, um die Qualität des Software-Produkts zu gewährleisten. Vgl. u.a. [Boehm 1986, 37-40].

14 Empirische Studien lassen vermuten, daß mehr als die Hälfte aller Fehler in der Aufgabenanalyse entstehen und die Korrektur dieser Fehler mehr als 80% der Gesamtkosten beträgt. Programmierfehler liegen nur noch bei 7% und kosten lediglich 1% des Gesamtaufwandes. Vgl. [Heydenreich 1992].

Standards zu erreichen« [ROLF 1992, 37f.]. Gestaltung meint nunmehr *Verstehen* und *Herstellen* und fordert die »Symbiose des technisch Möglichen und des sozial Wünschbaren« [ROLF 1992, 36]. Eine solche Sichtweise richtet den Blick auf die Folgen ihres Tuns und fordert die Informatiker auf, Verantwortung zu übernehmen.

Dort, wo sich die traditionelle Ingenieursperspektive der Informatik in bezug auf die Vorgehensweise der Software-Gestaltung ändern soll, konzentriert sie sich auf den Benutzer und seine Arbeitsumgebung. Partizipation ist das Schlagwort, das *Verstehen* möglich machen soll.

Der Begriff des *Verstehens* wird somit gebraucht, um die weitreichenden Folgen der Softwareentwicklung in den Griff zu bekommen und auf diese Weise der Softwarekrise Einhalt zu gebieten. *Verstehen* öffnet sich einem ethischen Appell, der die Informatik mit der Forderung konfrontiert, etwas ›Auf-menschliche-Weise-zu-machen‹ (unter Rekurs auf SIEFKES: [ROLF 1992, 37]).

Einerseits wird hierbei die Pluralität von Welt- und Wissenschaftsbildern konstatiert und der Forschungs- und Gestaltungsprozeß in den Vordergrund gerückt, andererseits ist ein Sichtwechsel für die Informatik gefordert, der die von ihr ausgehenden Umgestaltungen in den Arbeits-, Produktions-, Lebens- oder Qualifikationsprozessen explizit machen und *verstehen* soll.

Ein solches Konzept des Verstehens aber führt zu einer Reihe von Schwierigkeiten:

Einerseits wird von den Informatikern zwar ein neues Bewußtsein gefordert, das die Reflexion auf die Folgen ihres Tuns und ein hinreichendes Verständnis für die Benutzer einschließen soll, andererseits wird aber nicht berücksichtigt, daß gerade auch dieses Verständnis latenten sozialen Einflüssen unterliegt, die den Entwicklungsprozeß prägen.

Ohne daß sich die Gestaltungstheoretiker darüber im klaren sind, basiert das leitende Prinzip ihrer so nachdrücklich erhobenen Forderungen weiterhin auf dem uneingeschränkten Vertrauen in die Tradition, d.h. in das umfassende professionelle und persönliche Vorverständnis der Entwickler. Ihnen wird gewissermaßen qua Profession ein handlungsleitendes Urteilsvermögen unterstellt, das unabdingbar zu richtigen und vergleichbaren (Entwicklungs-)Ergebnissen führt.

Dieser Bezug auf den fach- und lebensweltlichen Hintergrund der Entwickler unterschlägt vor allem aber die Einbettung sozialer Situationen in ungleiche Ressour-

15 Schon an diesem Punkt der historischen Entwicklung dürfte eines deutlich werden: Die Phase der Aufgabenanalyse ist nicht zufällig der heikelste Punkt, sofern man Softwareentwicklung in einem linearen Ablaufschema betreiben will. Dahinter steht z.B. die Annahme, ein betrieblich-organisatorisches Problem lasse sich ›einfach so‹ korrekt erfassen, beschreiben und abgrenzen, daß der Rest eine Frage geschickten Programmierens sei. Tatsächlich aber liegt ein viel komplexerer Vorgang vor, nämlich das Aufeinanderprallen einer sozialen und einer technischen Realität: Schließlich wird mit der Einrichtung jedes EDV-Systems massiv in die sozialen Zusammenhänge einer Organisation eingegriffen, werden Karten neu verteilt und verschiedenste, u.U. unvereinbare Interessenlagen berührt.

16 Siehe hierzu auch [KROHN 1993, 11].

cenverteilungen und damit konkrete Machtverhältnisse. Es ist jedoch davon auszugehen, daß der Benutzer im Rahmen der Softwareentwicklung als Laie lediglich (wenn überhaupt) Informationen liefert, aber wenig bis keinen gezielten Einfluß auf die Modellierung besitzt. Die für die Programmgestaltung relevanten Entscheidungen trifft letztendlich der Entwickler, ist er doch derjenige, der die Erfahrungen bzw. Wissensgenerierung aus der Akquisition in die Systemgestaltung intergrieren muß.

Um die Problematik des Verstehens-Konzeptes in der Informatik[20] zu verdeutlichen, ist es erforderlich, seine theoretischen Grundlagen kurz darzulegen.

Fragen zum Verstehen wurden in der älteren Literatur zumeist mit einem pauschalen Hinweis auf die persönliche Kompetenz des Forschers bzw. Entwicklers beantwortet und nicht als ein notwendiger Bestandteil des informatischen Qualifikationspotentials berücksichtigt. Damit stützte man sich naiv auf soziale Voraussetzungen und Ressourcen, deren Struktur undurchschaut blieb. Die neuere Theorie der Informatik erkennt dieses Defizit und versucht es durch Rekurs auf philosophische und soziologische Theorien des Verstehens auszugleichen. Unter den herangezogenen Angeboten ragen die hermeneutische (GADAMER und HEIDEGGER) und die systemtheoretische (LUHMANN) Analyse zum Begriff des Verstehens hervor.

In ihrer Auseinandersetzung mit der Künstlichen Intelligenz und dem, was Computern zuzutrauen ist, beschäftigen sich WINOGRAD/FLORES oder DREYFUS/ DREYFUS mit dem Begriff des Verstehens. Mit HEIDEGGER und GADAMER betonen sie den intuitiven und lebensweltlich eingebetteten wechselseitigen Beeinflussungsprozeß von Subjekt und Objekt/Text/Begriff/Anderem, auf dem Verstehen beruht.

Dieses normative Paradigma - hermeneutisch begründet durch die Gefangenheit in der eigenen Tradition - unterstellt somit folgenden Ablauf: Der Handelnde ist in seinem Tun geleitet von Erwartungen (an spezifische Rollen) und Dispositionen (seiner Tradition), die Ereignisse zu Beispielfällen von Situationen und konkrete Verhaltensweisen zu Beispielfällen von Handeln werden lassen. Solche Beispielfälle bzw. nunmehr Regeln setzen voraus, daß die Situationen und Handlungen in gleicher Weise definiert werden, d.h., daß auf ein gemeinsames Bedeutungssystem der Gruppe bzw. Interaktionspartner zurückgegriffen werden kann.[21] Dieser (intuitive) Vorgang ist laut Gadamer keine Methode, sondern ein unselbständiges und notwendiges Moment im hermeneutischen, also interpretativen Vollzug und somit auch nie durch die Maschine zu leisten.

17 Vgl. [DREYFUS/DREYFUS 1987, 146].

18 So notiert auch DREYFUS: »Im allgemeinen verfügen wir über ein unausgesprochenes Verständnis der menschlichen Situation, die den Kontext liefert, indem wir uns speziellen Fakten gegenübersehen und sie aussprechen. Wir haben keinen Grund zu der Annahme, daß alle Fakten über eine Situation, die wir aussprechen können, schon unbewußt in einer ›Modellstruktur‹ enthalten sind ...« [DREYFUS 1989, 158].

19 Vgl. [WAGNER 1991a, 184].

In Anlehnung an die Unvermeidlichkeit des ›hermeneutischen Zirkels‹[22] begreifen WINOGRAD/FLORES oder DREYFUS/DREYFUS Vorurteile bzw. die sogenannten Vorverständnisse als Möglichkeitsbedingung des Verstehens. Diese Vorurteile drücken die Zugehörigkeit des Interpreten zu seiner ›Tradition‹ aus. Insofern ist das Prinzip des Verstehens die intuitive, sozusagen verselbständigte Anwendung überlieferter Wahrheit.

Verstehen ist demnach durch einen geschichtlichen Horizont bedingt, in dem die vermeintlich selbständigen Perspektiven von Interpret und Interpretandum zu einer Einheit verschmelzen (Horizontverschmelzung). Eine solche Synthese gelingt durch die wechselseitige interpretative Annäherung von Teil und Ganzem (z.B. eines Textes oder auch einer Handlung in sozialem Kontext), indem der Teil (Handlung) nur in bezug auf das Ganze (sozialer Kontext) und das Ganze nur aus der Bedeutung seiner Teile heraus verstanden werden kann.

Im Gegensatz zum hermeneutischen Ansatz steht der systemtheoretische Verstehensbegriff LUHMANNs, dessen Rezeption im Rahmen der informatischen Gestaltungs- bzw. Verstehensdebatte allerdings erst begonnen hat. Verstehen ist für LUHMANN eine von drei Selektionen, deren Synthese für Kommunikation charakteristisch ist. Die beiden anderen Selektionen bilden Information und Mitteilung. Während die Information sich auf einen ausgewählten Sachverhalt (das *Was* der Kommunikation) bezieht, gilt die Mitteilung der Wahl einer bestimmten Verhaltensweise (also dem *Wie* der Kommunikation).

Im Akt des Verstehens wird nun zwischen diesen beiden Kommunikationsaspekten unterschieden und die für relevant erachtete Seite der Differenz gewählt. Damit ist die Kommunikation in eine anschlußfähige Form gebracht, die Annahme oder Ablehnung der Kommunikation (als eine vierte Selektion) ermöglicht. Verstehen konditioniert also nicht den Verlauf der Kommunikation, sondern ist nur die notwendige Bedingung für eine erfolgende ja/nein-Stellungnahme. (Das Verstehen eines Befehls bedeutet z. B. nicht zwangsläufig seine Befolgung). Kommunikation spielt sich in nuce zwischen einem ego und einem alter-ego ab, die wechselseitig keinen unmittelbaren Zugang zu den Bewußtseinszuständen des jeweils anderen haben. Beide können als Systeme, die je eigene Umwelten besitzen und dementsprechend

20 Bisher wurde der Verstehensbegriff in der Informatik in zweifacher Hinsicht verwendet:
(I) in der Auseinandersetzung darum, was Computern zuzumuten ist: DREYFUS/DREYFUS und WINOGRAD/ FLORES begründeten anhand des hermeneutischen Zirkels die Unmöglichkeit, Handeln bzw. Wissen zu simulieren bzw. vollständig zu antizipieren. Simulierbar sei nur jener Wissensbereich, der durch klare Regeln definiert ist. Wo immer aber z.B. common sense-knowledge eine Rolle spielt, versagt die Formalisierung.
(II) in der Auseinandersetzung um die Softwarekrise bzw. die Einsatzfolgen von Informationstechniken: Vertreter des neuen Gestaltungsparadigmas begründen die Notwendigkeit einer kritisch verantwortungsvollen Softwareentwicklung unter Berücksichtigung ihrer sozialen Folgen. Dies könne nur geschehen, wenn die Informatiker die Einsatzfelder für ihre Softwareentwicklung kennen, d.h. *verstehen* und soziale oder ökologische bzw. ökonomische Wirkungen antizipieren.

unterschiedliche Umweltbezüge aufbauen, betrachtet werden. LUHMANNs These ist nun, daß Verstehen zwischen *ego* und *alter-ego* nur gelingt, wenn ego, dem etwas mitgeteilt wird, den Selbstbezug alters und damit auch dessen besondere Form des Umweltbezugs miterfassen kann. Denn nur so läßt sich entscheiden, wo alter die Information, die er mitteilt, ›lokalisiert‹: Im System oder in der Umwelt, ob mithin alter etwas über sich oder etwas über die Welt zu verstehen gibt. Beide Systeme/Personen müssen beobachten, ›wie das beobachtete System‹ - die je andere Person - ›für sich selbst die Differenz von System und Umwelt handhabt‹ [LUHMANN 1986, 80].

Ersichtlich nimmt Kommunikation, die nach diesem Muster abläuft, ›Verstehen laufend in Anspruch‹, um Anschlüsse herzustellen. Aber dies geschieht nur ›in stark vereinfachter Form‹. Der Selbstbezug des Mitteilenden wird allein insoweit relevant, als er nötig ist, die Unterscheidung zwischen Information und Mitteilung zu treffen. Man kann also eine Kommunikation verstehen, ohne den Mitteilenden zu verstehen. ›Die Bemühung um das Verstehen der laufenden Kommunikation macht es sogar unwahrscheinlich, daß man zugleich ... den Partner versteht‹. Ein derartiges ›gesteigertes Verständnis‹, um nicht zu sagen: emphatisches Verständnis ›für andere‹ und ihre Art und Weise, ›mit sich selbst umzugehen‹ [LUHMANN 1986, 96], erfordert für LUHMANN jedoch ›Beobachtungen anderer Art‹, die über das hinausgehen, ›was kommunizierbar ist‹ [LUHMANN 1986, 97]. Gerade diese aus systemtheoretischer Sicht nicht kommunizierbare Seite eines anspruchsvollen Verstehens ist für Hermeneutiker im Kommunikationsprozeß immer schon einbezogen und im Begriff der Horizontverschmelzung angesprochen.

Für LUHMANN spielt der Horizont bzw. der hermeneutische Zirkel im Verstehensprozeß keine Rolle, sondern lediglich die Berücksichtigung beobachtungsrelevanter Unterscheidungen, d.h. die Orientierung an der System/Umwelt-Differenz eines anderen Systems. Der Fortgang von Kommunikation wird hier nicht (wie bei den Hermeneutikern) durch eine immer schon kulturell gewährleistete und tradierte Bedeutungsidentität der Zeichen verbürgt, sondern durch Anschlußselektionen. Sprache als Kommunikationsmedium ist also in diesem Fall nicht durch die eigene Geschichte gleichsam vorgegeben, sondern sichert sich ihren Platz allein durch Verwendung im Sinne von beobachteten (sprachlich-symbolischen) Generalisierungen anderer Systeme bzw. Sprecher/Hörer. Diese Auffassung widerspricht der Theorie der Intersubjektivisten und Hermeneutiker, die eine sprachlich erschlossene Welt als Bedingung für Kommunikation voraussetzen.

Es handelt sich hier folglich um zwei kontroverse Verstehensbegriffe:

21 Vgl. [WILSON 1981].

22 Nach GADAMER bewegt sich (Text)Interpretation stets im hermeneutischen Zirkel, da Vorverständnis und Text sich gegenseitig beeinflussen, bzw. von der Wechselwirkung zwischen dem ›Horizont‹ des Textes und dem ›Horizont‹ des Interpreten auszugehen ist. Dieser hermeneutische Zirkel ist begründet in dem Verhältnis des Individuums zur Tradition.

- einerseits um die Unterstellung einer individuellen Weltdeutung der Interaktionspartner, die kategorisch traditionell gebunden ist und somit quasi-fatalistischen Charakter besitzt; daher zeichnen sich auch (nach Garfinkel) derartige hermeneutisch-normativistische Ansätze dadurch aus, ›daß sie den Handelnden hinsichtlich seines Urteilsvermögens als einen ›Deppen‹ (*judgemental dope*) schildern, dessen Handlungsweisen als Entsprechungen der von der Gesellschaft gehegten Verhaltenserwartungen beschrieben werden‹ [WOLFF u.a. 1977, 274];[23]
- andererseits um das Modell einer gemeinsamen Teilhabe der Interaktionspartner an Kommunikation (als Einheit von Information, Mitteilung und Verstehen), deren Verlauf weder vorhersagbar oder steuerbar, noch durch gegenseitige Transparenz kalkulierbar ist, sondern, solange die Anschlußfähigkeit der Kommunikation garantiert ist, nahezu beliebige Formen annimmt.

Beide Ansätze unterstellen, daß das Substrat bzw. die Wahrheit des Kommunizierten sich gleichsam von selbst im Zuge der Kommunikationen ergibt, nicht aber auch ein Definitions- bzw. Verhandlungsergebnis aufgrund von Machtverhältnissen ist. Die Beschreibung des Fatalen aber macht für unsere Zwecke wenig Sinn, wenn damit nicht Strukturen bzw. Gesetzmäßigkeiten (der Aufgabenanalyse) ermittelt werden können, die das Spezifische dieses Vorgangs sowie Merkmale des potentiellen Scheiterns des Beabsichtigten beschreiben helfen.

Wie eingangs betont, gehen wir von einer ungleichen Position von Experten/Benutzern und Entwicklern im Rahmen der Aufgabenanalyse aus, die je nach Überlegenheit den Diskussions- und letztendlich Spezifikationsverlauf vorzeichnen.

Wir müssen einen Verstehens- und damit auch Entscheidungsprozeß unterstellen, bei dem unterschiedlich professionalisierte Interaktionspartner ihre jeweiligen, u.U. sich ausschließenden (Berufs-/Fach-) Interessen verteidigen. Die Problempunkte eines solchen Vorgangs können aber von den diskutierten, zu abstrakten Theorien nicht gesehen werden. Die Konzeption des lebensweltlichen Hintergrundes im Rahmen der hermeneutischen Rezeption greift in gewissem Sinne zu tief und die Figur einer Parität doppelter Kontingenz, der ego und alter nach dem systemtheoretischen Modell gleichermaßen unterliegen[24], überspielt gerade die Asymmetrie, die den Vorgang zwischen Laie und Profi charakterisiert. Insofern ist ein Präzisierungsschritt notwendig, der von vornherein den Prozeß der Aufgabenermittlung als asymmetrisches Verhältnis auffaßt und das Interesse ihrer Analyse u.a. auf die Bestimmungen der ›common culture‹ richtet. Es ist anzunehmen, daß die Berufskultur die Wahrnehmung und Interpretation der Entwickler wesentlich strukturiert, allerdings nicht

23 FRANK [1990, 56] räumt zwar mit Bezug auf SCHLEIERMACHER ein, daß jeder individuelle Verstehensakt dem Verstandenen - sozusagen unfreiwillig - einen überschießenden Sinn beifügt. Dieser ›novatorische Beisatz‹ wird aber nicht als gezielte Interpretationsleistung aufgefaßt, sondern als unvermeidliche Folge individueller Interpretation.

24 Vgl. hierzu die Analyse bei [ELLRICH 1992].

(nur) im Sinne objektiver und/oder bewußter Regeln und eine auf die Formalisierung gerichteten Sprache und Kommunikation, sondern vor allem auch durch unbewußte Filter.

Es soll in diesem Zusammenhang nicht in Frage gestellt werden, daß Interpretationen holistisch sind, daß sie Einbettungs- und Integrationscharakter haben, daß sie dem hermeneutischen Zirkel unterliegen mögen und daß man in gewisser Weise schon etwas verstanden haben muß oder aber eine Art Vorentwurf haben muß, um überhaupt in der Lage zu sein, Verständnis zu leisten.

Die Absicht unserer Herangehensweise begründet sich ebenfalls aus der Annahme, daß das Verstehen als Nachvollziehen und Interpretieren immer ein Vorgang der eigenen inneren Wahrnehmung ist. Die Betonung für unser Vorgehen liegt allerdings auf der Bedeutung einer ›Sphäre der Gemeinsamkeit‹ (DILTHEY) oder Berufskultur, die von den Entwicklern einerseits und den Experten/Benutzern andererseits mittels allgemeiner, vereinbarter Formen, z.B. Fachtermini, spezifische Argumentationsketten, rationale Logik etc. hergestellt bzw. übernommen wird. In bezug auf die Interpretationsleistung bei der Aufgabenanalyse treten diese (fachintern) vereinbarten bzw. gewachsenen Formen aus je unterschiedlicher Perspektive besonders drastisch hervor, sind sie doch die Mittel, die den Verlauf der Aushandlung bestimmen und qua Position - Profi ›kontra‹ Laie - das Verfahren ungleich gewichten.

Gerade wenn man den hermeneutischen Zirkel als verfänglich auffaßt, d.h. die traditionelle Eingebundenheit auch für die Disziplin der Informatik bzw. die Informatiker konstatiert, gilt es, die Rolle der Software-Produzenten als zentralen Einflußfaktor im Rahmen der Softwareentwicklung aufzufassen. Dies geschieht bisher nicht und kann mit den bestehenden Modellen auch nicht geleistet werden.

An dieser Stelle soll deshalb vorgeschlagen werden, das Problem des Verstehens bzw. die Grundbedingungen der Aufgabenanalyse von einer anderen Seite her anzugehen. Hierbei kann es sich nicht nur um die abstrakte Beschreibung von Verstehensprozessen in unterschiedlichen Sinnzusammenhängen handeln, sondern um einen konkreten methodischen Zugriff auf das Verfahren der Aufgabenanalyse.

4. Die Analyse des Aushandlungsprozesses

Anhand der dokumentarischen Methode[25] nach GARFINKEL wird das oben skizzierte normative Paradigma - hermeneutisch begründet durch die Gefangenheit in der eigenen Tradition - ersetzt durch das sogenannte interpretative Paradigma. Dies meint zunächst, daß die Handelnden ihre Handlungen aufeinander beziehen und abstim-

25 Die dokumentarische Interpretation/Methode nach Garfinkel besteht darin, daß ein Muster identifiziert wird, das den Handlungs-Erscheinungen zugrundeliegt; dabei wird jede einzelne Erscheinung als auf dieses zugrundeliegende Muster bezogen angesehen, als ein Ausdruck bzw. Dokument des zugrundeliegenden Musters. Dieses wiederum wird identifiziert durch seine konkreten individuellen Erscheinungen [ARBEITSGRUPPE BIELEFELDER SOZIOLOGEN, 1981, 60], um die *systematischen* Bedingungen deutlich zu machen.

men: Interaktionen sind im Kern interpretative Prozesse, in denen sich erst im Ablauf des Geschehens Bedeutungen herausbilden und wandeln. Nach dem interpretativen Paradigma können daher - im Unterschied zum normativen Paradigma - Situationsdefinitionen und Handlungen nicht als ein für allemal festgelegt angesehen werden, sondern gelten als von den Beteiligten vereinbarte Interpretationen, die je nach Handlungsablauf neu verhandelt werden können oder müssen. Erst im Vollzug dieser Vereinbarungen spielen die unterschiedlich ausgeprägten Zuschreibungs- bzw. Erwartungshaltungen eine Rolle, die je nach Position Durchsetzungskraft besitzen.

Der Versuch, in einer gegebenen Situation - wie hier der Aufgabenanalyse - ablaufende Interaktionen zu erklären, beginnt nach diesem Modell damit, daß die vorliegenden Strukturen von Rollenerwartungen und die eingebrachten Dispositionen ermittelt werden. Hierbei liegt die Annahme zugrunde, daß das Wechselspiel aus Erwartungen und Dispositionen stets neu verhandelt werden kann und den Handlungsablauf prägt. Für eine Analyse der Aufgabenermittlung bedeutet dies, zunächst die stillschweigenden Interpretations- und Ausdrucksschemata der Entwickler bzw. Interaktionspartner, wie unterstellte Berufs- und Lebensgeschichten oder z.B. stereotypisierte Ansichten über Arbeitsabläufe, zu erfassen. Zumindest teilweise werden nämlich weitere Interpretationen als Erwartungen künftiger Entwicklungen auf der Grundlage dieser (scheinbar) identifizierten basalen Muster vorgenommen.

Die Aufgabenanalyse (und in der Folge die Einführung und Aneignung von Informationstechniken in einer Organisation) kann entsprechend als Restrukturierungsprozeß verstanden werden, in dessen Verlauf die Akteure nicht nur Arbeitsaufgaben, Arbeitsteilungen und Kooperationsbeziehungen, sondern auch professionelle Identitäten und Spielräume sowie Fragen einer angemessenen Codierung sozialer Realität neu aushandeln.[26]

Der Aushandlungsprozeß in einer Organisation wird nach ANSELM STRAUSS [STRAUSS 1978] immer dann unvermeidlich, wenn Routine und vorherige Erfahrungen nicht ausreichen, um das notwendige Maß an Übereinstimmung zu schaffen. Es sind Verständigungsprozesse erforderlich, in deren Verlauf divergierende Wahrnehmungen und Deutungsmuster, Zuschreibungen und Unterstellungen thematisiert und einander angenähert sowie Arbeitsteilungen und Kooperationsbeziehungen überdacht und verändert werden müssen. Die sozialen (Arbeits-) Strukturen werden dabei nicht als bloß objektive (organisatorische) Tatbestände, quasi als vorgelagerte Schicht, aufgefaßt, sondern erscheinen gleichermaßen als konzeptuelle Anordnungen, die erst in Interaktionen hervorgebracht und nur über sie und in ihnen aktiviert oder auch wirksam werden [FUNKEN 1989, 64].

Gerade aus dieser Sicht ist die Beachtung von laienhaftem und professionellem Status wesentlich, da dieser mit unterschiedlicher Prägnanz die Deutungsmuster und Zuschreibungen durchzusetzen vermag:

26 Vgl. [WAGNER 1991, 277].

Bei dem Verhältnis zwischen subjektiven Welten (der Benutzer) auf der einen Seite und externen Beobachtern bzw. potentiellen Helfern oder Interventionisten (als Entwickler) auf der anderen Seite geht es - wie oben schon beschrieben - immer auch um eine Auseinandersetzung in der Dimension von Macht oder Herrschaft, d.h. einerseits um *Definitionsmacht:* z.B. welche Werte und Relevanzen der subjektiven Welt von Externen anerkannt werden, d.h. welche Darstellungen der Experten ›ernst genommen‹ werden; andererseits um *Interventionsmacht*: z.B. ob man als Externer in der Lage ist, in diese subjektiven Welten einzugreifen, d.h. welche Modellbildung erfolgt.[27] Die Kontrolle über die Situation, über die ausgewählten Themen, über die Art und das Ausmaß, in dem diese angesprochen werden, kann paritätisch oder disparitätisch verteilt und von gleichwertigen oder ungleichwertigen Normalitätsmaßstäben legitimiert sein.

Es ist anzunehmen, daß die Stellung des theoretischen Betrachters (des Entwicklers) einem praktisch involvierten Standpunkt (der Experten) überlegen ist, insbesondere, da der theoretische Rahmen der rationalen Logik im Sinne eines methodischen Gerüstes handlungsleitend ist und der Entwickler gewissermaßen als eigentlicher Profi im Verfahren gilt.

Auch aus der Literatur zur Attributionstheorie wissen wir, daß ›der persönliche Eindruck‹ einen Einfluß auf die soziale Interaktion ausübt und umgekehrt, daß das Interaktionsmuster, in dem die Stimulusperson beschrieben wird, einen Einfluß auf die Attribution impliziter Persönlichkeitstheorien ausübt[28], d.h. die Interaktionssituation - Profi ›kontra‹ Laie - trägt entscheidend zur Wahrnehmung bzw. Zuschreibung des ›Gegenüber‹ bei und verortet ungleiche Aushandlungspositionen.

Dies macht eine Selbstreflexion bzw. Offenlegung der in der beruflichen Entwicklersozialisation erworbenen ›Standorte‹, Vorstellungen effizienter Formalisierung und vorgeprägter Wissensgenerierungen zwingend notwendig.

Erst eine Rekonstruktion der impliziten Logik bzw. Regelhaftigkeit der Entwicklerperspektive und ihre Durchsetzungskraft im Entscheidungsverfahren verweist auf die grundsätzliche ›Hergestelltheit‹ der Softwareentwicklungen und eröffnet einen Zugang zu der kognitiven, vor allem aber auch affektiven Erfahrung des Entwicklers. So ist z.B. davon auszugehen, daß die Wahl der Programmiersprache und -umgebung die Gedanken der Entwickler kanalisiert und diese wiederum bestimmte Methoden, Entwicklungs- und Programmierstile behindern oder unterstützen. Der Entwickler kann zwar (im Prinzip) die Programmiersprache frei wählen, damit aber ist er auf das festgelegt, was die Sprache anbietet. Er stellt sich auf die gegebenen Bauelemente ein und lernt ›automatisch‹, mit ihnen seine Probleme zu lösen. Dieser Prozeß führt schon bald dazu, daß er die Probleme ausschließlich aus der Sicht ›seiner‹ sprachabhängigen Lösungskonzepte sieht. Die verwendeten Sprachen reflektie-

27 Vgl. hierzu auch [WAHL 1982, 39].

28 Vgl. die Ausführungen zur Personenwahrnehmung und Attribution [BIERHOFF 1986, 28].

ren die Methoden bzw. legen ein bestimmtes Vorgehen, Programmierstile und Denkstrukturen nahe. Diese arbeiten sozusagen im Verborgenen und schlagen sich nicht zuletzt auf die Alltagssprache und die Kommunikation mit den Benutzern nieder. Analoges gilt für die Wahl der Programmierumgebung, Programmbibliotheken, Datenbanksysteme etc.

Es sei daran erinnert, daß Softwareentwickler - gezwungenermaßen - ausgeklügelte Fragen an Experten/Benutzer stellen, die auch von diesen beantwortet werden, ohne allerdings immer wirklich verstanden worden zu sein. Diese gewinnen oft den Eindruck, daß die Fragen sich ähneln oder sogar redundant sind, weil sie die Absichten und spezifischen Informationsbedürfnisse der Entwickler nicht durchschauen. Dies ist ein großes Problem auch bei der Interpretation von Evaluationsverfahren und produziert systematisch Mißverständnisse.

Außerdem ist immer wieder von Informatikern zu hören, daß Auftraggeber und Benutzer gar nicht genau wüßten, was sie bräuchten, Informatiker müßten es ihnen erst sagen. Folglich wird der Prozeß der Aufgabenanalyse maßgeblich durch die definitorische Arbeit von Entwicklern geprägt. Fatal ist in diesem Zusammenhang jedoch, daß vielen Entwicklern erst nach Beendigung der Softwareentwicklung völlig klar wird, um was es eigentlich ging.[29]

Eine kritische Betrachtung der Aufgabenanalyse muß daher genauer nach den Möglichkeitsbedingungen des *Verstehens* von Andersartigkeit fragen. Im Rahmen der Aufgabenanalyse ist zu erfassen, auf welchen Hintergrundannahmen bzw. theoretischen oder naiven Modellen der Verstehensprozeß bei Entwicklern beruht und *wie* die Idealisierungen, Generalisierungen und Typisierungen in den (sprachlichen[30]) Äußerungen subjektiv gemeinten Sinns beständig rekonstruiert werden.

Diese Äußerungen nämlich sorgen für sogenannte Interaktionsdilemmata, d.h. Miß*verständnisse*, die u.a. durch die Spannung zwischen Fachterminologie und Alltagssprache hervorgerufen werden.

Erschwerend kommt hinzu, daß in der informatischen Fachsprache ein terminologischer ›Wildwuchs‹ herrscht, da Begriffe meist nur implizit bestimmt werden und gleiche Bezeichnungen für unterschiedliche Begriffe oder unterschiedliche Bezeichnungen für annähernd gleiche Begriffe verwendet werden (*Homonyme* bzw. *Synonyme*). Ein plakatives Beispiel hierfür ist der Fokus unseres Interesses, nämlich Aufgabenanalyse bzw. Problemstellung bzw. Pflichtenheft bzw. Aufgabendokumentation bzw. Wissensakquisition etc. So gilt für die Softwareentwicklung, daß die hieraus resultierenden Verständigungsschwierigkeiten regelmäßig zu Fehlinterpretationen, langwierigen Diskussionen, erheblichem Mehraufwand und damit unkalkulierbaren Kosten führen.[31]

29 Vgl. [PFLÜGER 1994, 7].

30 Siehe hierzu u.a. [WHORF 1984, 19ff.].

31 Vgl. [HESSE 1994, S. 41].

Eine kritische Analyse der Kommunikation im Rahmen der Aufgabenanalyse legt also den Eindruck nahe, daß dieser *Fach*diskurs zwar *Alltags*diskurs im Sinne praktischer Denk-, Sprech- und Handlungsabläufe ist, jedoch durch berufsspezifische Fachjargons und Denkstrukturen gestört wird. Denn stets ist die Wissens'aufnahme' begleitet von existierenden begrifflich-theoretischen Beharrungstendenzen. Selbst bei größtmöglicher Bereitschaft, sich neuen Wissensgebieten zu öffnen bzw. vorurteilsfrei eine neue Realitätsbeschreibung zu verarbeiten[32], ist damit zu rechnen, daß an einmal Gedachtem oder Gefundenem festgehalten und eine Problemlösung bzw. eine Alternative bestenfalls in der Nähe der vorher betrachteten Alternativen gesucht wird.[33] Dies gilt besonders unter entwicklungsökonomischem Druck, der in der Regel immer dann besteht, wenn z.B. Fristen ablaufen, bestimmte Programmiersprachen zu verwenden sind, Firmentraditionen gewahrt werden müssen etc. Dies bedeutet, daß die Interpretationsleistung der Entwickler grundsätzlich geprägt ist durch organisatorische und ökonomische Bedingungen.

Mit dem ›Symbolischen Interaktionismus‹ fassen wir den Verstehensprozeß als ein Geschehen auf, bei dem (auf der Folie von Konventionen, d.h. von gemeinsam vereinbarten Symbolen), Verständigungsresultate interaktiv stets neu gewonnen bzw. ausgehandelt werden. Interaktionspartner verfügen allerdings gewöhnlich über ungleiche Ressourcen, die die Machtverteilung im Aushandlungsprozeß entsprechend beeinflussen.

Deshalb ist im Rahmen einer Analyse der Entwickler-Benutzer-Beziehung zunächst die Verteilung der professionellen Ressourcen für den Softwareentwicklungsprozeß zu definieren (z.B. Insiderwissen des Experten vs. rationale Logik plus Wissenstradition des Informatikers).

Diese (Ressourcen) lassen sich durch die Begriffsopposition *Vagheit vs. Bestimmtheit* charakterisieren: Die Wissensvermittlung der *Experten* ist determiniert durch eher subjektive, persönlich geprägte Beschreibungen des Arbeitsprozesses und Arbeitsumfeldes. Zumeist wissen sie grob, was sie wollen, nicht aber, was möglich ist (s. o.). Insofern ist die konkrete Erwartungshaltung bzw. Anforderung eher vage bzw. diffus.

Die Wisseninterpretation durch die *Entwickler* wird dagegen einerseits geleitet durch die rationale Methode, von der sie abhängig sind und die ihre Interpretation zwangsläufig bestimmt, andererseits aber durch persönliche Intuition.[34]
Hier liegt ein Theorieverzicht in zweifacher Hinsicht vor:

32 Siehe hierzu auch die Ausführungen von [HAMMERICH 1978, S. 115] zur Eigentümlichkeit von Rezeptionen.

33 Vgl. [WAHL 1982, S. 71].

34 So beschreibt u.a. SCHACHTNER das Dilemma von KI-Forschern zwischen Autonomie und Verbundenheit im Verhältnis zur Maschine und im Verhältnis zur (bearbeiteten) Wirklichkeit. Vgl. hierzu [SCHACHTNER 1993, 132ff.].

1. wird die Situation und Situationsdefinition, d.h. die Wahl des zu spezifizierenden Realtitätsausschnittes, von (subjektiv) Betroffenen zum Ausgangspunkt der Modellbildung gemacht: Die mehr oder weniger persönliche Einschätzung in bezug auf spezifische Arbeitszusammenhänge und -umgebungen gilt als Ausgangspunkt der Modellbildung.
2. wird diese Situationsdefinition wiederum durch die persönliche Beurteilung der Entwickler bestimmt, d.h. durch Intuition und Erfahrung. Gewöhnlich ist die zu spezifizierende Domäne für die Entwickler fremdes Terrain, und sie verstehen zunächst nahezu gar nichts. Erst allmählich finden sie durch eine individuelle Heuristik, bei der sich persönliche Affinität zum Gebiet und fachliche Systematik überlappen, Zugang zum fremden Fachgebiet. Somit arbeiten Entwickler ohne (bewußte) Kategorien, Variablen- oder Hypothesensysteme, die das Gesuchte auffangen bzw. systematisieren könnten.

Dieser Umstand überrascht nicht, denn die Aufgabenanalyse ist geprägt durch stets neue Sachinhalte und Kommunikationsstrukturen, so daß sich Entwickler einerseits flexibel und offen der neuen Aufgabe stellen, andererseits aber stets das Nadelör der Formalisierbarkeit passieren müssen.

Um so mehr ist die Offenlegung des eigenen Zugriffsapparats gefordert. Nur wenn der Entwickler sich selbst als Instrumentarium begreift und dieses Instrumentarium kennt und beherrscht, wird dem Vorgang die (formalistische) Willkür genommen.

Insofern ist die erste Phase des Entwicklungsprozesses nur unter Reflexion auf die Entwicklerrolle und die Analyse der spezifischen (wissensakquisitorischen) Interaktion möglich. Allein unter dieser Bedingung kann eine erfolgreiche theoretische Rekonstruktion und Modellbildung der Wirklichkeitskonzepte der Experten - und ein annäherndes Verstehen ihrer Berufswelt - gelingen, denn die Interpretationen aus der entwicklerspezifischen Berufs- und Lebenswelt fließen ein in die Vorstellungen über die Kapazität und ›Bedürftigkeit‹ des Benutzers. Dies hat zur Folge, daß ein ›generalisierter‹ Benutzertypus entsteht, der (bewußt und unbewußt) aus der Perspektive der professionalisierten und persönlichen Welt der Entwickler resultiert.

Ein wesentliches Moment der Entwicklervorstellung vom Benutzer nämlich ist die *Bedeutungsübertragung*: Der Benutzer wird zum *Funktionsträger* in vorgegebener Sache, z.B. in der Textverarbeitung, Buchhaltung etc. Dadurch wird u.U. eine uniforme Standard-Benutzerschnittstelle geschaffen, die nicht nur eine starre Repräsentationsstruktur aufweisen kann, sondern auch grundlegend an den tatsächlichen Bedürfnissen in der Praxis vorbeigeht.

Eine Zusammenarbeit hat also nur dann Sinn, wenn typische ›Übertragungseffekte‹ von seiten der Entwickler auf den Anwender offengelegt werden können. Daraus ergeben sich u.a. folgende Fragestellungen:

a) Welche Arten von Überzeugungen, Zielen und Plänen des Benutzers fließen in das persönliche Benutzermodell[35] ein, das sich der Entwickler macht:

- welche kognitiven Verarbeitungsmechanismen werden vom Entwickler beim Benutzer vorausgesetzt?
- gibt es überhaupt Vorstellungen über eine inhaltliche Wissensorganisation des Benutzers?
- wenn ja, handelt es sich dann eher um sogenannte naive Theorien der Entwickler oder (kognitions)wissenschaftliche Konzepte?
- gibt es konkrete Vorstellungen über gruppenspezifische Benutzerstrukturen, z.B. berufsspezifische, alters- oder geschlechtsspezifische etc.?
- gibt es Differenzen bei gelungener oder mißlungener Partizipation hinsichtlich der persönlichen Berufserfahrung des Entwicklers, z.B. in bezug auf den zweiten Bildungsweg oder z.B. auf sein Selbstbild als Mathematiker, Elektrotechniker etc.?

b) Inwieweit sind Annahmen über fehlendes oder bereits vorhandenes Wissen des Benutzers, seine Ziele, Überzeugungen und Pläne

- Standardannahmen über jeden Benutzer, oder
- z.B. resultierend aus der spezifischen Programmentwicklung (sind diese bei den unterschiedlichen Systementwicklungen bzw. Domänen vergleichbar),
- abhängig von der Domäne,
- geprägt durch die Kommunikationsstruktur zwischen Benutzer und Entwickler?

Es ist davon auszugehen, daß die Entwicklung der Bildoberfläche nicht ausschließlich durch die Vorstellungen des Entwicklers über den Benutzer geprägt wird, sondern auch durch Modelle der Problemlösung, Programmiersprache, Programmierumgebung oder Hilfsmittel wie z. B. Programmbibliotheken bestimmt ist.

Auch wenn der Trend sich abzeichnet, daß die Oberflächenprogrammierung von der Anwenderprogrammierung abgetrennt wird (z.B. UIMS, also *User Interface Management System*), ist weiterhin davon auszugehen, daß der Entwickler auf ›Unterstellungen‹ in bezug auf Benutzertypen angewiesen ist. Dies wird auch durch Ergebnisse der [TECH-WRITERS 1991]-Umfrage auf der SYSTEMS ’91 bestätigt: 2/3 aller Softwarehersteller haben mittlerweile eine klare organisatorische Trennung zwischen Programmierung und Oberflächengestaltung, allerdings erfolgt dies nicht unter professionellen, ergonomisch-ästhetischen bzw. didaktischen Gesichtspunkten. Schließlich gibt es für diese Aufgabe auch noch keine Fachleute. Der Bereich Werbung und Marketing übernimmt mit ca. 25% am häufigsten diese Aufgabe.

Bevor aber solche Fachleute ausgebildet werden können, ist es notwendig, die professionalisierten Denkstrukturen bzw. -prozesse der Entwickler bei der Benutzermodellierung zu erfassen.

35 Hierbei ist nicht an die Benutzermodellierung im Rahmen der KI gedacht, welche die Verbesserung der Dialogfähigkeit von Systemen anstrebt. Modelliert werden dabei allgemeine Eigenschaften des Benutzers, ferner seine Vorlieben auf einem bestimmten Gebiet oder sein Wissen, schließlich die Ziele, die er anstrebt, und die Pläne, die er zur Erreichung des Ziels verfolgt. Vgl. hierzu u.a. [KOBSA 1985].

c) Zu welchem Zeitpunkt entwickelt der Entwickler sein persönliches, emotives Benutzermodell?

Ein Grund für Fehler bei der Auslegung der Mensch-Maschine-Schnittstelle liegt darin, daß die ergonomischen Kriterien häufig erst in einem relativ späten Stadium der Softwareentwicklung festgelegt werden. Das heißt, daß auch bei der Bildoberfläche innere Funktionszusammenhänge den äußeren Rahmen festlegen. In einem solchen Falle wird also die Gestaltung der Bildoberfläche nicht nur durch eine bestimmte Erkenntnis oder Vorstellung über ihren Nutzen beeinflußt, sondern durch oben genannte Zusammenhänge strukturiert und bestimmt.

d) Handelt es sich bei dem persönlichen Benutzermodell um ein festes Konzept, oder formiert es sich während des Entwicklungsprozesses?

- Sind die Kriterien für die Güte des Modells aus der Disziplin der Informatik definiert, also theoretisch gewonnen und begründet, oder an der Praxis orientiert?
- Sind die Kriterien für die Güte des Modells selbstreferentiell, d.h. resultieren sie aus Projektionen eigener Erfahrungen?
- Können implizite Leitbilder bei der Benutzermodellierung explizit gemacht werden?
- Welche blinden Flecken bzw. Filter haben Entwickler?

Die Situation von Entwicklern in der Aufgabenanalyse ist gewissermaßen mit der Forschungssituation bei qualitativen Studien vergleichbar.

Wer nicht nur (als Entwickler) Theoriekonstrukte und Klassifikationssysteme prüfen bzw. wiederholen will, die schon vorab formuliert sind, sondern die Eigenstrukturen von Arbeitsprozessen und -umgebungen explorieren und spezifizieren will, muß erkennen, daß er selbst sozusagen wichtigstes - nämlich interpretierendes und auslesendes - Forschungsinstrument ist.

Üblicherweise aber fassen sich Entwickler als quasi desinteressierte Beobachter bzw. Interviewer auf, die die praktischen Interessen, Motive und Orientierungen der Experten nicht teilen (dürfen), sondern (lediglich) ihr entwicklungsspezifisches Interesse verfolgen (müssen). Entwicklungsleitender Gedanke ist hierbei die Vorstellung, daß Welt(ausschnitte) als eine strukturierte Menge von Beschreibungen dargestellt werden müssen, die ihrerseits aus einfachsten Elementen zusammengesetzt sind. Es handelt sich also um eine Welt der Datenstrukturen, Entscheidungstheorien und der Automation[36], die anhand eines vorgängig strukturierten (rationalen, logischen) Plans modelliert werden kann. Diese Annahme beruht ungebrochen auf TURINGs Vorstellung, daß seine Maschine (und damit laut Churchs These jeder universelle Programmkalkül) alle Intelligenzleistung simulieren könne, d. h. daß regelgeleitetes Handeln - ohne interpretative Vorleistung - in Elementaroperationen zerlegbar ist.

36 Vgl. [DREYFUS 1989, 159].

Bei einem solchen Vorgehen aber wird der Bruch zwischen dem Verstehensprozeß (von Sinnstrukturen aller Beteiligten) und dem Prozeß der objektiven Rekonstruktion bzw. Modellbildung von ›Darstellungen‹ manifest.

Eine *verstehende* Aufgabenanalyse - im Sinne einer Exploration - kann nur unter Reflexion auf die Vorurteile, auf die zumTeil verschwiegenen Annahmen, auf die Vorlieben und die psychosoziale Verstrickung des Entwicklers gelingen.

Erst wenn diese modellbildenden Einflußfaktoren aufgedeckt sind, läßt sich der Prozeß der Aufgabenanalyse systematisieren und zu einem kontrollierten bzw. kontrollierbaren Instrument im Rahmen der Softwareentwicklung machen.

Technische und wirtschaftliche Probleme des Informationstechnik-Einsatzes: Eine Einführung

BRITTA SCHINZEL UND NADJA PARPART

INFORMATIONSTECHNISCHE Artefakte sind weniger durch Material und Problemstellung determiniert als bei herkömmlicher Technik. Die geringe Festlegung durch Material und Aufgabe macht Software so vielseitig gestaltbar. Der ›one-best-way‹ des Ingenieurs existiert bei Software nicht. Optionen gibt es auf vielen Ebenen: bei der Aufgabenermittlung, in der Kommunikation zwischen Auftraggeber und Requirement Ingenieur und bei der Spezifikation. Umgekehrt können sich die konkreten Ausführungen einer Problemlösung hinsichtlich aller Modellbildungs- und Entwicklungsentscheidungen gravierend unterscheiden und die Qualitätsunterschiede beliebig groß sein. Diese Tatsache ist kein Allgemeingut, im Gegenteil: Die Software-Lösungen, obgleich der Name schon vielsagend ist, werden meist für unveränderlich und eindeutig gehalten. Fehler und Abstürze werden schicksalhaft hingenommen und die Situationen, die zu Abstürzen führen können, vermieden. Dies ist ungewöhnlich für technische Geräte, und in dieser Situation entsteht auch kein Marktdruck zur Qualitätsverbesserung. Nur das Militär und Auftraggeber riskanter Hochtechnologie drängen nachdrücklich auf Sicherheit und Verläßlichkeit von Software.

Die Verwertung des neuesten Stands wissenschaftlicher Erkenntnisse wird durch Zeitdruck und andere Bedingungen erschwert. Ein für technische Artefakte typisches Problem ist dabei das der Historizität: Die Milliarden der für Software ausgegebenen Mittel verhindern die Umsetzung von Innovationen aus Forschung und Entwicklung in die Praxis; nicht nur, weil nicht alles neu entwickelt werden kann, sondern auch, weil die Notwendigkeit der Integration neuer Software in die fehlerhafte alte oft eine noch schlechtere Performanz zur Folge hat.

Im Fall der für den weltweiten Markt produzierten Datennetze werden die Fehler der Vergangenheit wiederholt, obgleich der heutige Wissensstand ein besseres Vorgehen erlauben würde. Hier sind vor allem die Nachrichten und Daten von Anwendern schutzbedürftig. Gerade in der Sicherheitstechnik, beim Verschlüsseln von Nachrichten, hat die theoretische Informatik in ihrem Teilgebiet Kryptografie enorme Fortschritte gemacht. Von der mathematischen Seite scheint das Problem sicherer Schlüssel für die Netzkommunikation gelöst, sofern die Netze die dafür notwendigen Protokolle aufweisen.

KLAUS BRUNNSTEIN beschreibt den Stand der technischen und politischen Entwicklung im Zusammenahng mit den "Datenautobahnen". Das für Universitäten mit geringen Sicherheitsanforderungen entwickelte Internet ist für die kommerzielle Nutzung ungeeignet. Es entspricht nicht den notwendigen Sicherheits- und Beherrschbarkeitsanforderungen. Diese können nicht durch Nachbesserungen erreicht werden, da das Internet nicht unter Sicherheitsaspekten konzipiert worden ist. Die Vertraulichkeit von Nachrichten kann nicht hinreichend gesichert werden; elektronische Wege können verlegt und ausgespäht werden, Netzunfälle durch Hakkerangriffe wie Würmer oder trojanische Pferde sind nicht auszuschließen. Doch die Nutzung der Datenautobahnen ist schon in vollem Gang, so daß an ein Revirement nicht zu denken ist. Der Ruf nach einer Datenautobahn-Polizei ist nur eine Metapher und geht an den technischen Gegebenheiten vorbei.

Nach dem neuesten Stand der Forschung über Datensicherung wären wesentlich sicherere Datennetze möglich. Auch wenn ein solches Datennetz heute entwickelt würde, könnte es allerdings nach seiner Fertigstellung nicht gegen das schon im Gebrauch befindliche Internet ausgetauscht werden, da die Festlegungen von Schnittstellen und Protokollen schon feste Bindungen geschaffen haben: Teure Anschluß-Software wird entwickelt und große Mengen von Daten werden angehäuft, die kaum an neue Techniken adaptierbar wären. Damit wird sehenden Auges ein künftiges Altlastenproblem erzeugt.

Wir haben es hier mit einem unverantwortlichen Sozialexperiment zu tun. Die Folgen des weltweiten Zugangs zu einem nicht ausgereiften technischen Kommunikationsmedium sind unübersehbar, aber sicher gravierend. Der Autor diskutiert die Verschränkung der technischen Innovationen mit politischen und wirtschaftlichen Strukturen: Die Netze entziehen sich lokalen Einflußnahmen, und nationale Kontrollen greifen nicht mehr. Damit werden gewohnte Strukturen, wie nationale Hoheit und Legitimität, staatliche Währungen und deren Kontrollen aufgelöst. Schwerwiegende Veränderungen werden die Datenautobahnen für das Rechtswesen mit sich bringen. Der Schutz intellektueller Rechte wird ebenso problematisch wie der gerechtfertigte Schutz vor Computersabotage.

Ein ganz anderer Problemkomplex wird in den beiden folgenden Beiträgen von GERHARD WOHLAND und HANS-JOACHIM BRACZYK mit der Rolle der Informationstechnik in Produktion und Organisation angeschnitten. Die gegenwärtige Lage der

Wirtschaft ist durch den Zwang zu Flexibilität und raschem Reagieren auf geänderte Marktlagen gekennzeichnet. Die TA beschreibt Software als Verfestiger von Organisationsstrukturen. Da bestehende Software oftmals noch für hierarchische tayloristische Strukturen konzipiert wurde, betoniert sie diese und behindert die dringend notwendige Konversion zu flexiblen, offenen Organisationsstrukturen.

Der Taylorismus beruhte auf Massenproduktion durch Rationalisierung und Mechanisierung. Hier wurde die Komplexität der Produktion reduziert, indem die menschlichen Anteile mehr und mehr durch maschinelle Anteile ersetzt wurden. Taylorsysteme sind produktiv, aber auch träge. Sie greifen nicht mehr, weil heute nicht mehr mit langfristigen Produktivitätsentwicklungen und Marktprozessen gerechnet werden kann, sondern mit kurzfristigen Entscheidungen auf sich rasch ändernde Marktkonstellationen reagiert werden muß. Unflexible Entscheidungsstrukturen, zu lange Informationskanäle, eine zu schlechte Ausnutzung der Mitarbeiterkompetenzen sind die wichtigsten Einwände gegen Taylorismus und Fordismus. Heute scheint es geboten, die Konversion zu flexiblen Strukturen durch Dezentralisierung und Enthierarchisierung voranzutreiben, um eine Flexibilisierung der Organisationen zu erreichen und damit effizienter zu produzieren, aber auch größere Arbeitszufriedenheit herzustellen. Sofern darin jeder selbstverantwortlich seinen maximalen Beitrag zur Bearbeitung des Auftrags leistet, fördert die ›schlanke‹ Organisation die Selbstausbeutung. Sie ist zwar menschenzentriert, kann aber auch inhuman werden (G. WOHLAND).

Die Konversion von Taylorismus zu Post-Taylorismus setzt eine Erhöhung der menschlichen/lebendigen/komplexen gegenüber den maschinellen/toten/eventuell komplizierten Anteilen der Organisation voraus. Auf diesem Wege können die Flexibilisierung, Dezentralisierung und Enthierarchisierung der Organisation bzw. Produktion erleichtert werden. Heutige Organisationsentwicklung darf sich nicht mit der Ausbesserung von Schwachstellen in tayloristischen Systemen begnügen, sondern muß die Konversion zu post-tayloristischer Organisation anstreben. Dies scheint langfristig unabdingbar und setzt eine Modifikation bestehender Wertsysteme und eine Konzeptualisierung neuer Leitbilder voraus.

Auch die EDV muß dem Rechnung tragen: Als angewandte Technik ist Software vielleicht kompliziert, aber nicht komplex. Die aus Gründen der explodierenden Ausführungskomplexität meist hierarchischen Modellbildungen der Informatik könnten nahelegen, daß Software notwendig hierarchische Organisationsformen unterstützt oder gar erzeugt. Doch sind flexible Arbeitssysteme denkbar (und werden entwickelt), die sich Umnutzungen nicht widersetzen oder gar eine Selbstorganisation unterstützen. Es muß durch Steigerung des lebendigen Anteils in der Mensch-Maschine-Organisation versucht werden, Software so zu gestalten, daß sie Komplexität nicht behindert, sondern fördert. Dies heißt in der Sprache der Informatik, daß sie flexibel, erweiterbar, austauschbar, leicht entsorgbar sein soll, daß sie nicht zu viel Energie und Konzentration der mit ihr arbeitenden Menschen bindet, daß sie Kommunikations- und Informationskanäle öffnet, den Abbau von starren Strukturen und Machtbeziehungen fördert. Dies alles scheint mit Software möglich zu sein: Standard-Baukastensysteme aus Software-Modulen können zu flexibel kombinierbaren und entfernbaren Systemen zusammengesteckt werden; die neuen Kommunikationsmöglichkeiten in Netzen können zur Dezentralisierung, zur Flexibilisierung, zum Abbau von Machtstrukturen genutzt werden (siehe auch Einleitung von Kapitel II); die Benutzungsschnittstellen können so gestaltet werden, daß sie sich situationsabhängig an Benutzer adaptieren können.

Dennoch ist die Richtung der Gestaltung solcher Wünsche nicht eindeutig festgelegt, denn sie führen zu einander widersprechenden Anforderungen an die Software. Zum Beispiel macht ein großer Aufwand beim Design einer flexiblen Benutzungsschnittstelle die angeschlossene Funktions-Software schlechter austauschbar, da sie, wenn sie Kontingenzen von Nutzern und Software berücksichtigt, notwendigerweise stärker an die Funktionaliät der Software gebunden ist als eine starre benutzerunfreundliche. Kleine Systeme sind weniger störanfällig und stören weniger, d.h. sie können leichter entfernt und ausgetauscht werden, aber die Benutzer werden mit der ungeschminkten Härte der Technik konfrontiert. Flexible Mensch-Maschine-Kommunikation ist aufwendig. Wo also soll die Flexibilität liegen? Im Gesamtsystem der Module, in der Benutzungsschnittstelle?

So ist die Rolle künftiger Informationstechnik bei der dringend notwendigen Konversion der Organisationsstrukturen nach wie vor unklar. Sie beseitigt Schranken der Kommunikation, aber auch dort, wo dies problematisch ist, und sie bindet an technische Möglichkeiten.

Es geht im Post-Taylorismus darum, durch Organisation die Komplexität der Umgebung herabzusetzen, indem die Komplexität der Organisation selbst gesteigert (und nicht, wie im Taylorismus, reduziert) wird. Solche Prozesse werden immer durch Irritationen in Gang gesetzt, die ein System aus dem Gleichgewicht bringen, analog dem Schütteln beim *Simulated Annealing* in der Boltzmannmaschine, die das System in optimale Zustände bringen kann. Die Komplexität ist Ausdruck der Lebendigkeit einer Organisation. Die neue Form der Organisation läßt sich als ›fraktale Organisation‹ beschreiben, als Vernetzung autonomer Einheiten, die nach dem Prinzip der Selbstorganisation und Selbststeuerung arbeiten.

Eine besonders schmerzhafte Irritation hat die Wirtschaft des Landes Baden-Württemberg seit Beginn dieser Dekade erfahren. Bis vor kurzem war man der Meinung, daß die wirtschaftliche Prosperität im Musterland darauf zurückzuführen sei, daß hier seit langem post-tayloristische Strukturen bestünden. Die Krisenfestigkeit der baden-württembergischen Wirtschaft wurde auf die in regionalen Verbundnetzwerken organisierte Produktion zurückgeführt, d.h. auf die hier herrschende Form der Regionalökonomie. Diese Ökonomie mit ihrem auf hohe Qualitätsstandards, Technologietransfer und Nischenmärkte setzenden Konzept der ›Flexiblen Spezialisierung‹ galt als vorbildlich und richtungsweisend. Man sah hierin ein neue Form der Produktion verwirklicht, die als nicht-fordistisch angesehen wurde.

Hans-Joachim Braczyk zeigt in einer Analyse der wirtschaftlichen Krise in Baden-Württemberg seit Beginn der 90er Jahre, daß diese nicht nur konjunkturell, sondern auch strukturell begründet ist; daß die Gründe gerade im Beharren auf alten Formen einer tayloristisch orientierten Massenproduktion liegen, wenn auch in modifizierter Form. Die Analyse bringt einen wenig flexiblen Personaleinsatz, einen bei eng werdenden Märkten nicht mehr funktionierenden Technologietransfer sowie unangemessene Arbeitsbedingungen als Ursachen zutage. Man setzte auf Rationalisierung durch umfassende informationstechnische Systeme, die fehleranfällig und inflexibel waren und die Produktion eher behinderten, die gleichzeitig aber nicht entfernbar waren, ohne dabei den gesamten Produktionsprozeß lahmzulegen. Die dringend notwendig gewordene Umorganisation wurde durch eine zementierende Informationstechnik unmöglich gemacht.

Die Krise wirkte als Irritation und führte zum Umdenken. In einer neuen Konstellation von Globalisierung und Regionalisierung setzen sich neue Formen der Produktion nach dem Modell der ›Lean Production‹ (der ›japanischen Produktionsweise‹) durch, die nicht auf Spezialisierung, Standardisierung und Zentralisierung setzen, sondern auf Komplexität, Flexibilität und Dynamik. Produktion und Organisation sind nun nicht mehr als ›Struktur‹, sondern als ›Prozeß‹ zu begreifen.

Was dies konkret bedeuten kann, führt der Autor an einem fiktiven Fall vor. Bei der Umstrukturierung einer Organisation zur Selbstorganisation geht es vor allem um die Verlagerung der Verantwortlichkeiten auf die am Produktionsprozeß Beteiligten, auf die Förderung von Kommunikation und Kooperation zwischen den Beteiligten. Die Dezentralisierung der Verantwortlichkeit hebt die durch Zentralisierung und Hierarchisierung entstandenen Reibungsverluste an vielen Stellen auf und vermag so große Produktivitätsreserven zu erschließen.

Damit werden Akzentverschiebungen im Produktionsmodell in Gang gebracht, die langfristig die sozialen Beziehungen im Produktionsprozeß wie auch die Produktion selbst grundlegend zu verändern versprechen und Neudefinitionen der Begriffe ›Arbeit‹, ›Beruf‹, ›Arbeitnehmer/Arbeitgeber‹, ›Manager‹ erforderlich machen. Die sich mit der ›Diskursiven Koordinierung‹ andeutende Produktionsweise kann als Organisations- und Produktionsmodell der Zukunft gelten. Diesem Modell wird sich in Zukunft auch die Informationstechnik anpassen müssen.

Technische Risiken und ihre möglichen Wirkungen auf dem Wege in eine „Informationsgesellschaft“

KLAUS BRUNNSTEIN

1. Auf dem Weg in eine „Informationsgesellschaft“

MANCHE Informatiker haben es in den vergangenen Jahren als Mißachtung ihrer Arbeit betrachtet, daß sich Politiker nicht um die Chancen des Einsatzes der Informationstechnik kümmerten. So wurden bereits in den 70-er Jahren trotz höchst rudimentären Standes der Technik deren wirtschaftliche Chancen beschworen. Damals hatten Bildungs-orientierte InformatikerInnen das Postulat von einer neuen ›Kulturtechnik‹ aufgestellt, welche alle Bereiche des Lebens im Rahmen einer ›Informationsgesellschaft‹ prägen würde; es sei daher erforderlich, alle Lernenden mit diesen Techniken frühzeitig vertraut zu machen, etwa vermittels eines sogenannten ›Computer-Führerscheins‹. Dennoch blieben lange Zeit die Versuche, Informatik als Schulfach zu etablieren und andere Fächer mit Informatik-Methoden zu innovieren, einer kleinen Gruppe von (zumeist Mathematik- und Physik-) Lehrern vorbehalten, eine Breitenwirkung blieb -zunächst- aus. Auch die japanischen Versuche, mithilfe der sog. ›Fünften Computer-Generation‹ (*Fifth Generation Computing*) weitgehend funktional applikative Konzepte anstelle der überkommenen imperativen Konzepte durchzusetzen und damit, analog dem US-Mondlandungsprogramm, eine neue (jetzt japanisch beherrschte) Informationstechnik zu installieren, haben am Nischendasein der Informations- und Kommunikationstechniken lange Zeit wenig geändert.

Selbst das Aufkommen von Personal Computern und Netztechniken (anfänglich als Daten-Fern-Übertragung noch wenig angepaßt an Benutzeranforderungen) in den 80-er Jahren hat dieses Nischendasein der I&K-Techniken kaum verändert, wenn auch Parteien und Regierungen sich diese Techniken ebenso zunutze machten wie Unternehmen, Organisationen und Einzelne. Allerdings sind die Risiken der PCs, insbesondere das Fehlen jeglicher Qualitätsnormen für Software, damals (und bis heute) nicht analysiert worden; so ist ein überaus positives Bild der I&K-Techniken entstanden, die als Wegbereiter neuer Arbeitsplätze, von mehr Freiheit und besserer Information gepriesen werden. Für kritischen Diskurs über elementare Schwächen etwa der Beherrschbarkeit der Mensch-Maschine-Schnittstelle bleibt da kein Spielraum.

Als erste Politiker haben die Kandidaten BILL CLINTON und AL GORE während ihres Präsidentschafts-Wahlkampfes die ›Informationsgesellschaft‹ zum Thema gemacht. Wie auch seinerzeit in Japan standen die wirtschaftlichen Möglichkeiten dieser Techniken weit im Vordergrund; gern mochten die US-Wähler glauben, daß die USA mit diesen Techniken sich wieder unangefochten an der Weltspitze etablieren könnten. Nach dem Wahlsieg des Gespannes CLINTON/GORE machte sich ein dynamisches Team aus Universitäts- und Wirtschafts-InformatikerInnen an die Arbeit, und sie haben alsbald - informatischen Gewohnheiten folgend, daß man am besten alles umkrempelt, damit die Informations- und Kommunikationstechniken optimal genutzt werden können - das Regieren neu erfunden (›re-engineering government‹) und neue Konzepte (etwa der Agenten als Programmstücke, welche sich dynamisch verbreiten und vor Ort Aufgaben erledigen können) erdacht.

In Europa haben sich Wissenschaftler lange Zeit der Illusion hingegeben, das INTERNET müsse der Forschung und dem freien Informationsfluß (etwa für Bildung und kritische Diskurse) reserviert bleiben, dort hätte kommerzielle Nutzung keinen Platz. So abgeschottet, wurde erst (zu) spät bemerkt, daß in Brüssel der zuständige EU-Kommissar Dr. BANGEMANN wichtige Vorstände europäischer Informationstechnikhersteller (und nur diese!) zusammengebracht hatte, um von deren Interessen die EU-offizielle europäische Vision der ›Informationsgesellschaft‹ abzuleiten. Erst als sich Europäer und Amerikaner auf dem G-7 Treffen in Brüssel Ende Februar 1995 trafen, um die Kommerzialisierung der Netze international zu koordinieren und voranzutreiben, wurde auch hierzulande die Wissenschaft und Forschung darauf aufmerksam, daß ihnen keine Gelegenheit zur Einbringung unabhängigen Know-Hows gegeben wurde. Inzwischen waren allerdings die Vorbereitungen der Informationstechnikhersteller mit der Planung großer Marketing-Shows über Multimedia und Infobahnen in Hannover (CeBIT-95, März 1995) und Berlin (IFA-95, Anfang September 1995) so weit fortgeschritten, daß an eine Besinnung ohnehin nicht mehr zu denken war. Dies um so mehr, als die traditionellen Medienkonzerne inzwischen die informatischen Begriffe im Sinne ihrer Massenverteil-Technik aufgegriffen hatten und mit den als Multimedia-Geräte bezeichneten digital aufgemachten Fernseh-Video-Stereo-Geräten eine Welle neuer Dienste -*Video-on-Demand*, *Pay-per-View*, *Tele-Shopping*, *Tele-Banking*, *Tele-Learning*, *Interactive TV*, *Tele-Gaming* u.a.m. - heraufziehen sahen. Big Business and Big Money haben spätestens 1995 die I&K-Techniken als gewinn- und umsatzversprechend entdeckt.

2. Zum ›Stand der Technik‹ von Datenautobahnen

Nachdem BILL CLINTON und AL GORE im US-Präsidentenwahlkampf ihren Wählern gloriose Visionen wirtschaftlicher und gesellschaftlicher Möglichkeiten der sog. ›Information Highways‹ spiegelten, reden Politiker und schreiben Journalisten mit wachsender Emphase über ›Datenautobahnen‹. Kaum einer von ihnen hat Kenntnisse von oder Erfahrungen mit diesen Techniken; so beschäftigt Bill Clinton einen großen Stab von Rentnern, welche die bei PRESIDENT@WHITEHOUSE.ORG eingehende elektronische Post (E-MAIL) sichten und beantworten. Lediglich bei TV-trächtigen Ereignissen zeigen sich Politiker - eher unbeholfen - auch mal am Terminal.

Die Technik heutiger Datenautobahnen wurde als Erweiterung der Daten-Fern-Übertragung (DFÜ) zwischen damals vorherrschenden Großrechnern mit Unterstützung der Agentur ARPA aus Mitteln des US-Verteidigungsministeriums seit den 70-er Jahren entwickelt; dabei mußten diese Kommunikationsmethoden den Systemen nachträglich hinzugefügt werden. Diese Netzentwicklung war vor allem Hochschulen und Forschungsinstituten überlassen; nur wenige Unternehmen -etwa große Banken, welche ihr weltweites SWIFT-Netz abgeschottet entwickelten und auch heute aus guten Sicherheitsgründen separat betreiben- sahen einen Bedarf für globale Kommunikation. Während das frühe ARPANET durch die Dominanz der Großrechner mit ihren Nutzungseinschränkungen noch wenig attraktiv war, brachte die geradezu epidemische Ausbreitung verschiedener UNIX-Varianten in den 80-er Jahren einen erheblichen Schub; dies wurde vor allem durch die Weitsicht der UNIX-Urheber möglich, welche schon früh eine Kommunikation zwischen Rechnern in einfacher Form (UNIX-to-UNIX-Copy Program: UUCP) vorgesehen hatten. Die heute üblichen Kommunikationsverfahren (Protokolle sowie Funktionen wie *File Transfer Protocol*, *Telnet*, *Remote Login* etc) des INTERNET sind wesentlich auf UNIX-Funktionen abgestimmt.

Alle wesentlichen Verfahren elektronischer Kommunikation sind für Zwecke der Forschung und Entwicklung bereits lange im Einsatz. Entgegen dem Namen ›Datenautobahn‹ muß ein leistungsfähiges Netz aber nicht bloß die Übertragung von Daten ermöglichen; vielmehr sind für ein Zusammenarbeiten verschiedener (möglichst auch verschiedenartiger) Rechnersysteme auch Fernwirkfunktionen wie ›entferntes Starten‹ oder ›Fernladen‹ erforderlich; soweit solche Funktionen zugleich Risiken wie Datenspionage importieren, spielen solche Risiken bei Universitäten aber keine wesentliche Rolle.

Hauptsächlich krankten die Netze lange Zeit an ihren geringen Übertragungsgeschwindigkeiten (einige 10.000 Bit pro Sekunde) sowie an eingeschränkten Anschlußmöglichkeiten. Anfänglich war man nämlich von sehr begrenzter Nachfrage ausgegangen; so traf die rapide wachsende Nachfrage nach Anschließbarkeit der in den 80-er Jahren aufkommenden Personal-Computer-Welle die Netzadministratoren überraschend. Weil man nämlich mit der Vergabe der INTERNET-Adressen allzu großzügig umgegangen war (manche Organisationen hatten eigene Domänen, welche sie aber gar nicht ausnutzten), zeichnete sich die völlige Ausschöpfung des Adreßraumes des INTERNET bereits für 1996 ab; so erwartete man noch unlängst das zwangsläufige Ende dieses Wachstums als INTERNET-Crash für 1996. Derzeit wird ein neues Protokoll (IP Version 6) vorbereitet, welches den Adreßraum auch künftig wachsenden Anforderungen anpassen soll.

Derzeit sind deutlich über 20 Millionen Rechner über INTERNET erreichbar; weil weiter stark steigende Wachstumszahlen prognostiziert werden, haben sich seit einigen Jahren neben den Universitäten auch kommerzielle *Service Provider* dieser Technik angenommen. Hierzulande wirbt vor allem der Dienstanbieter COMPUSERVE massiv um Kunden. Als Argumente für den Anschluß werden vor allem Zugang zu speziellen Datendiensten (wobei man als Abonnent seine am Montag erscheinende Zeitschrift schon Samstags lesen kann), der Zugang zu Programm- und Spielbanken sowie eine Verbindung zur INTERNET-Welt genannt werden. Dort ist vor allem der Zugang zu den weltweit vernetzten Informationsangeboten der WORLD WIDE WEB-SERVER attraktiv, kann man sich doch hier einen aktuellen Überblick über vielfältige Projekte und Arbeitsergebnisse verschaffen.

Unter dem Eindruck der fortschreitenden Kommerzialisierung beginnt sich auch die Kommunikation im INTERNET zu verändern. Zwar ist Direkt-Marketing -wofür ein solches Netz eigentlich hervorragende Möglichkeiten bieten sollte- noch wenig verbreitet. Zunehmend aber erkennen Anbieter von I&K-Dienstleistungen die Vorteile dieser Technik, kann man doch gezielt und preiswert spezielle Gruppen vor allem junger Interessenten erreichen und ›mit Information versorgen‹. Sieht man von Vorreitern aus dem HiTech-Bereich ab, sind allerdings viele Unternehmen noch zurückhaltend beim Anschluß an diese Datenautobahnen. Hierzu mag vor allem beitragen, daß wichtige Firmendaten auf dem Netz nur mit erheblichem eigenem Aufwand einigermaßen gesichert übertragen werden können. Auch hat man weidlich Angst, einem Datenräuber vom Typ *Hacker* oder gar *Cracker* anheim zu fallen.

So weit die Technik der Datenautobahnen auch schon entwickelt zu sein scheint, so kann doch von einer Anwenderreife (noch) nicht gesprochen werden. Kein Wunder bei einer Technik, die in Forschungslabors nicht etwa zur Unterstützung betimmter Anwendungen entstand. Die Frage war vielmehr, wie man die Möglichkeiten der Systemtechnik noch erweitern könnte. Erst nachdem diese Technik eine gewisse Reife erlangt zu haben scheint, wird grundsätzlicher nach Anwendungen für diese gesucht. Wie schon bei PCs geht man also nach dem Motto vor: »Her mit der Datenautobahn. Der Verkehr wird dann schon kommen!« Ergänze: Auch Staus und Unfälle sind so nicht vorbeugend zu vermeiden.

Eine Folge dieses Vorgehens besteht zwangsläufig darin, daß Anwender zunächst die Basistechnik mühsam kennenlernen müssen, bevor sie diese einsetzen können; bei einem anwendungsorientierten Vorgehen -ZUSEs Orientierung an den Bedürfnissen der Bauingenieure entsprechend- würde man die Systeme aus den Anwendungen heraus intuitiv benutzen können. Falls die Techniker davon ausgegangen sein sollten, daß speziell ausgebildete ›Datanauten‹ oder ›Datenfahrer‹ die Autobahn benutzen könnten, so hätte man eine breite wirtschaftliche Nutzung durch alle von vornherein ausgeschlossen.

Ein weiterer Nachteil des anwenderfernen Vorgehens besteht im Zwang, daß Diensteanbieter jeweils neuartige, interessante Einsatzformen finden und sich damit ›auf dem Markt‹ profilieren müssen. Schließlich können nicht alle Teilnehmer die Vorzüge von E-MAIL gleichermaßen ausnutzen, weil für viele Zwecke auch des beruflichen Lebens die ›normale‹ Post (von Technokraten auch SNAIL MAIL oder Schneckenpost genannt) hinreichend schnell ankommt. Tatsächlich können die Vorzüge der Datenautobahnen nur genutzt werden, wenn man seine Gewohnheiten der Kommunikation wie auch der Vorgangsbearbeitung (etwa hinsichtlich Prioritätsetzung) völlig umstellt.

3. Über Verkehrsregeln und die Beherrschbarkeit der Datenautobahnen

Wenn man schon das Bild der ›Daten-Autobahn‹ bemühen will, was liegt da näher, als nach Verkehrsregeln sowie der Vermeidung von Staus und Verkehrsunfällen zu fragen? Der hiermit angesprochene Teil der Debatte -Merkmale: Sicherheit und Beherrschbarkeit durch die Anwender- wird von den Proponenten dieser Techniken weitgehend ausgeblendet. Wenn aber diese Technik wirklich Grundlage künftigen Wirtschaftens und Entscheidens sein soll, so müssen diese Aspekte von Anfang an befriedigend geklärt sein.

Zunächst muß nüchtern festgestellt werden: Die heute angewendeten Techniken der Datenautobahnen sind nicht unter Gesichtspunkten der Sicherheit konzipiert worden. Man kann heute keineswegs davon ausgehen, daß eine Netz-Dienstleistung -etwa die Versendung einer E-MAIL oder die Anforderung einer Information aus einer entfernten Datenbank- auch tatsächlich erledigt wird. Wohl kann man die Geschwindigkeit der Netze sowie die Anzahl der Knoten so erhöhen, daß bei Ausfall von Netzteilen automatisch ein Umweg gesucht wird und so die Verfügbarkeit des Netzdienstes verbessert wird; auch dann kann man aber keineswegs sicher sein, daß etwa die E-MAIL rechtzeitig oder überhaupt ankommt - eine Folge unzureichender Verläßlichkeit. Ja, man kann überhaupt froh sein, wenn man einen Hinweis erhält, daß eine Zieladresse aus welchen Gründen auch immer temporär oder permanent nicht erreichbar ist. Selbst bei solchen Hinweisen sind die Gründe für Verzögerungen wegen der hohen Komplexität der Netze oft nicht nachträglich aufklärbar; als dem Autor jüngst eine wichtige Nachricht mit verlangter Bestätigungsquittung erst nach 51 Tagen zugestellt wurde, konnte zwar der Weg rekonsturiert werden, aber die Ursache der Verzögerung war nicht aufklärbar.

Ungünstig ist es auch mit der Vertraulichkeit sensitiver Nachrichten bestellt. Wenn die Anwender nicht selbst Maßnahmen - etwa der Verschlüsselung - ergreifen, können mit einfachen Mitteln nicht bloß Absender und Empfänger ausgespäht werden. Derartige *Sniffer* (=Schnüffelprogramme) genannte Systeme - vergleichbar einem

Straßenräuber - können auch Schutzinformationen wie Paßwörter (die heute praktisch ungeschützt über das Netz übertragen werden müssen, weil die Zielsysteme sie sonst nicht bearbeiten können) ablauschen und sammeln und an bestimmte Adressen versenden oder zum Abruf bereithalten. Auch ist es für technisch Kundige sehr einfach, die elektronischen Wege zu manipulieren, etwa indem die Absender- oder die Zieladresse gefälscht wird (*Spoofing*). Jüngst wurde ein Fall bekannt, wo einem bekannten Autor die Publikation staatlich geheimhaltungsbedürftiger Informationen unterschoben wurde; er erhielt daraufhin Besuch vom Geheimdienst, den er mühsam von seiner Unschuld überzeugen mußte. Obwohl offensichtlich ist, daß wirtschaftliche Anwendungen vor solch elektronischen Straßenräubern und Wegelagerern sicher sein müssen, bieten heutige Netztechniken dazu keinen hinreichenden Schutz.

Verglichen mit diesen - öffentlich wenig erörterten - Defizienzen heutiger Netztechniken sind die vielfach publizierten Hacker-Vorfälle geradezu Peanuts. Zwar stilisieren Journalisten, die schließlich auf den ›Neuigkeitswert‹ (um nicht zu sagen: Sensationswert) ihrer Nachrichten fixiert sind, die Hacker gern zu Heroen der Datennetze alias ›Cyberwelten‹; analysiert man jedoch die bekannten Fälle, so sind Hacker trotz ihrer primitiven ›Angriffstechniken‹ vor allem wegen ernster Verstöße der Angegriffenen gegen elementare Sicherheitsvorschriften erfolgreich. Ernster sind dagegen Netzunfälle vom Stil des ›INTERNET-Wurmes‹ oder Sabotageversuche der Autoren der WANK/OILZ-Würmer zu nehmen (welche glücklicherweise den Start eines Satelliten mit einer Plutoniumbatterie auch unter Inkaufnahme einer Verseuchung der Athmosphäre nicht verhindern konnten), weil diese auf Schwächen sowohl der grundlegenden Kommunikationsprotokolle wie auch der UNIX-Betriebssysteme aufbauen. Wer die regelmäßigen Warnmeldungen der weltweiten Computer-Notfallteams (CERTs) vor neuen Sicherheitslöchern verfolgt, wird der zunehmenden wirtschaftlichen Nutzung heutiger Datenautobahnen nur mit Grausen entgegensehen können. Das Motto »Augen zu und durch!« läßt Schlimmes ahnen.

Man kann die Sicherheitsdefizite mit einem Vergleich aus der heutigen Verkehrswelt verdeutlichen: Wer würde sich in ein Auto setzen, wenn der Motor einfach von fern manipuliert werden könnte, oder wenn der Motor einfach nicht starten würde, wenn man das Auto brauchte? Wer würde eine Autobahn benutzen, wo Wegelagerer die Fracht ausspähen und die Fahrt umleiten könnten, eventuell zu einem Schrottplatz, so daß das Fahrzeug nicht mehr auffindbar wäre? Dies sind Analoga der heutigen INTERNET-Erfahrungen!

In der öffentlichen Debatte sind die Befürworter der Netztechniken geneigt, solche Hinweise als typische ›übertriebene Einwände von Bedenkenträgern‹ abzutun. Die Zukunft werde bei Bedarf schon noch eine technische Antwort auf solche Lücken geben. Bei solcher Argumentation wird aber übersehen, daß die angegebenen Lücken zutiefst auf Annahmen der Verfahren beruhen, und daß jene nur unter völlig neuer Konzeption geschlossen werden könnten. Angesichts der heute schon großen Investition an Geld, Arbeitszeit und technischer Detaillierung bedeutete solch ein Neuanfang allerdings eine zeitliche Verschiebung um mindestens eine Dekade. Trotz der technischen Schlüssigkeit dieser warnenden Argumente erscheint ein solches Moratorium als kaum erreichbar: selbst die heutige initiale, unzureichende Technik erscheint angesichts der Interessenlage von Politik und Anbietergruppen schwerlich rückholbar.

Wenn man also die Probleme selbst nicht mehr heilen kann, könnten nicht wenigstens die Symptome gelindert werden? Da kommt die Forderung nach einer ›Polizei für die Datenautobahn‹ gerade recht. Jedenfalls gehen Überlegungen einiger Regierungen (z.B. Frankreich und USA) in diese Richtung, wenn etwa alle Verfahren der Datenverschlüsselung verboten werden außer denjenigen, welche staatlich brechbar sind (wie in USA der *Clipper Chip*), wozu spezielle Agenturen benötigt werden. Nur leiden diese Ideen an einem grundsätzlichem Mißverständnis: Einem übertragenen Bit kann man prinzipiell nicht ansehen, ob es vom Sender oder Empfänger als Datenbit, Text-, Bild-, Musik- oder Programm-Bit benutzt wird. Erst die Anwendung durch Sender und Empfänger macht aus Bitströmen dann ›Information‹; über die Daten-Autobahnen fließen zwar die Substrate der Information für die Anwender, aber deren jeweiliger Kontext könnte einer Datenpolizei nur bekannt sein, wenn sie zugleich die Systeme von Sendern und Empfängern inspizieren würde. Eine Datenautobahn-Polizei wird also kundige oder bösartige Anwender weder abschrecken noch verfolgen können - nur naive Normalanwender könnte sie beeindrucken.

4. Über gesellschaftliche Wirkungen von Datenautobahnen

Die Entwicklung der I&K-Techniken trifft die Welt in einer Zeit tiefer Krisen: Vermeintlich stabile Weltordnungen sind zerbrochen, ohne daß neue Stabilität sichtbar würde. Während die Industrieländer die ökologischen Folgen einseitig ausgerichteter industrieller Techniken erleiden, streben zweite und dritte Welten genau diese Entwicklungen und Folgen an. Mit den politischen und wirtschaftlichen Unsicherheiten scheint eine tiefe Sinnkrise verbunden.

Muß in dieser Weltlage das Aufkommen der neuen, ökologisch ›sauberen‹ I&K-Techniken mit dem globalisierenden Charakter ihrer Netze nicht geradezu als Geschenk des Himmels erscheinen, weil diese Techniken zur Lösung von Wachstumskrisen und Arbeitslosigkeit, zur weltweiten Verbindung und Verständigung durch Informationsaustausch, ja zur ›Anreicherung‹ (alias *enrichment*) des Freizeitlebens und zur Eröffnung neuer Spiel- und Lebensräume geradezu ideal geeignet erscheinen?

Dieser optimistischen Argumentation der Proponenten der Datenwelten kann mit Fakten wie etwa dem Hinweis auf inhärente Unsicherheit und Probleme der Beherrschbarkeit schwerlich begegnet werden. Tatsächlich kommt man Technik-zentrierter Argumentation schwerlich mit ethischen Diskursen bei, weil diese ja ein ganzheitliches Verstehen der Probleme anstelle reduktionistischer Techniksicht voraussetzen. Nur wenige Persönlichkeiten sind in großer Bandbreite vom Techniker zum Künstler - wie KONRAD ZUSE - überhaupt für eine solche ganzheitliche Argumentation berufen.

Immerhin kann aber auch einem Technokraten, der Zukunft schönmalt, nicht erspart bleiben, sich mit plausiblen Konsequenzen seiner Arbeit auseinanderzusetzen. Spätestens die massive Störung der Biosphäre durch die industriellen Techniken - welche Luft, Wasser und Land als sekundäre Ressourcen zur Schadstoffbeseitigung mißachteten, obwohl gerade dies zugleich die primären Ressourcen menschlichen Lebens sind! - fordert die Frage nach wahrscheinlichen oder möglichen Folgen der I&K-Techniken heutiger Prägung heraus. Ohne Nachdenken darüber bliebe nur die unausweisliche Wirkung, erst durch Erleiden zu lernen - wie heute bei Atemnot durch Ozonalarm oder Schilddrüsenkrebs durch Tschernobyl.

Wovon kann man bei der Analyse möglicher gesellschaftlicher Wirkungen der I&K-Techniken ausgehen? Es hat bisher nur eine ›Großtechnik‹ gegeben, deren Wirkungen zugleich gravierend und nachvollziehbar sind: nämlich die Menge industrieller Techniken, ausgehend von JAMES WATTs Dampfmaschine. Eine Systemanalyse der Wirkungen einer solchen Großtechnik wird zunächst den Zustand Nachher-Vorher darstellen, um sodann die Linien der einzelnen Entwicklungen und darin eventuelle Kausalitäten und Nebenläufigkeiten festzustellen. Am Beispiel der Industriellen Revolution geprüft, kann solch systematisches Vorgehen helfen, Trends zur ›Informationsgesellschaft‹ zu erkennen. Dies sei hier in Umrissen unternommen.

Zur Zeit der Erfindung industrieller Techniken waren die staatliche Organisation (autokratisch), das wirtschaftliche System (kleinräumig-dezentral), die Versorgung mit Bildung und Medizin (für breite Schichten unzureichend) sowie das Wertesystem (stark landsmannschaftlich geprägt durch Zugehörigkeit zu Großfamilien) völlig anders als nach 200 Jahren ›industrieller Revolution‹ geprägt. Danach ist das Wirtschaftssystem radikal umgebaut, wobei der Sog der Industriezentren in der ›Gründerzeit‹ die Großfamilie zerbrochen hat; als Gegenwehr gegen ausbeuterische, gesundheitsgefährdende Industriearbeit sind schrittweise demokratische Strukturen entstanden, verbunden mit einem breit nutzbaren Bildungs- und Medizinsystem. Als Ausgleich zur Arbeit ist überdies eine ›Freizeit-Industrie‹ entstanden, wie es sie zuvor noch nicht gab.Trotz unterschiedlicher Bedingungen sind die wesentlichen Züge dieser Entwicklungen in allen westlichen heutigen Industriestaaten in jeweils spezifisch geprägter Granularität nachzuzeichnen.

Allein schon diese Darstellung (der vielerlei Fakten sowie Analysen der Zusammenhänge und Bedingungen hinzuzufügen wären) läßt eines deutlich werden: Eine technisch induzierte Entwicklung mit wirtschaftlichem Tiefgang kann die überkommenen Strukturen dramatisch verändern. Vergleicht man die vergeblichen Widerstände der vorindustriell wichtigen ›Agenten‹ (=Handelnden und Institutionen), so ist auch in der vielbeschworenen ›zweiten industriellen Revolution‹ davon auszugehen, daß wesentliche ›Errungenschaften der ersten Industriellen Revolution‹ beim Wirtschaften und in der Machtausübung, im Wertesystem und in der Bildung sich grundsätzlich verändern könnten. Hier hülfe aller gutgemeinte Widerstand den Bewahrern am Ende nichts.

So ist bereits heute erkennbar, daß Wirtschaften und Informationsströme sich lokalen Einflußnahmen zunehmend entziehen. Unter dem Stichwort ›Globalisierung durch I&K-Techniken‹ vermehren sich mit dem Einsatz von Netztechniken die Formen und Spielarten wirtschaftlichen Handelns, die jenseits lokaler und regionaler Kontrolle agieren. Damit geht eine Entmachtung der gewohnten Strukturen (Nationalstaaten mit Parlament und Regierung) mit einem Verlust entsprechender Legitimation und Kontrolle einher. Dies wird noch verstärkt durch den Trend, vernetzte neue Gruppen und darin neue Formen der Kooperation zu entwickeln. Solche Gruppen nutzen zwar die physikalischen Netze als allen gemeinsame Infrastruktur, aber sie entwickeln ein ›virtuelles‹ Eigenleben; dabei werden ›virtuelle‹ Dienstleistungen untereinander über selbstverwaltete Verrechnungseinheiten abgerechnet, über welche staatliche Notenbanken weder Zugriff noch Kontrolle haben. So unterstützen die Netze eine Fragmentierung bei gleichzeitiger Auflösung der räumlichen Grenzen.

Der Verlust an Kontrollmöglichkeiten könnte mittelfristig auch die heutige demokratische Ordnung unterlaufen. Die gelegentlichen Erörterungen einer netz-unterstützten ›elektronischen Demokratie‹ gehen von Vorstellungen freier Willensbildung, der Verfügbarkeit ausreichender Information sowie von an der Einwirkung auf die Staatsgeschäfte interessierten Bürgern aus; diese Vorstellungen könnten aber vom Trend zur Globalisierung und Verdeckung der Interessen überdeckt werden. Schließlich können auch eklatante Schwächen heutiger demokratischer Systeme nicht übersehen werden. Wie schon die platonischen Vorstellungen vom ›idealen Staate‹ auf der Einflußnahme der Kompetenten, Gebildeten aufbauten, könnten auch heutige Trends der Elitebildung zusammen mit durch I&K-Techniken veränderten Organisationen und Formen des Wirtschaftens zu einer erheblich anders gearteten Demokratie führen.

Eine letzte Trendanalyse gilt der Rolle der ›Information‹, aus deren Überfluß die ›Informationsgesellschaft‹ ihren Namen erhielt. Technokraten nehmen gerne an, daß Folgen von Bits bereits ›Information‹ ergäben, weil dies ein schönes Gebäude von Atomen (den Bits) und komplexen Strukturen zu liefern scheint. Es sei hier nicht in Einzelheiten erörtert, ob es ›Atome‹ von Information gibt, aber jedenfalls wären dies keine Einheiten der Darstellung (nichts anderes sind BIts), sondern allenfalls der Bedeutung. Tatsächlich ist eine zwischen zwei (z.B.) Personen ausgetauschte ›Information‹ höchst ›relativ‹, weil jede Person sie gegen ihren eigenen Kontext bewertet. Nur sofern mit den Bitströmen auch die Kontexte technisch (z.B. über Datenautobahnen) übertragen werden, könnte auch von ›Informationsaustausch‹ gesprochen werden; um das Verständnis des Kontextes des jeweiligen Partners zu erkennen, bedarf es (wie bei den platonischen Dialogen gut herausgearbeitet wird) einer Folge von Kommuniktionsvorgängen auf möglichst parallelen Kommunikationskanälen, wobei die Datenautobahn nur einen Kanal bedeutet. Entsprechend der Natur dieser

Kommunikation wird ›Information‹ auf die technisch abbildbare und transportierbare Komponente verkürzt; mit solcher Verkürzung reduziert netzbasierte Kommunikation zugleich den Nutzwert von ›Information‹ für die Anwender, welche die semantisch fehlenden Anteile auf anderem Wege wiederzugewinnen trachten werden.

Diese Analyse führt auch die Idee ad absurdum, die Datenautobahn als Super-Lehrer und Super-Informationsanbieter anzusehen, da sie vermeintlich Zugang zu beliebiger ›Information‹ eröffne. Vielmehr liegt in der technisch bedingten Verkürzung die Gefahr einer Vermüllung der Informationswelten, wenn Aktualität und Korrektheit weder gesichert sind noch überprüft werden können. Dabei macht jeder Netzbenutzer alsbald die Erfahrung, wie schwierig es ist, stets die Übersicht über die lokale Weltsicht der Netze zu behalten und sich zu vergewissern, welcher Version eines Textes welche zeitliche Gültigkeit und welche inhaltliche Validität zukommt. Andererseits würden technisch von allen Partnern gleich präzise verstehbare Fragen - etwa nach der Drehzahl einer Flugzeugturbine oder dem Blutdruck eines Patienten - durch das Netz nicht verkürzt, so daß in solchen Bereichen - etwa in technischen Disziplinen sowie in der naturwissenschaftlich basierten Medizin - durchaus ›Fortschritte‹ im Sinne der Weiterentwicklung heutiger Methoden zu erwarten sind.

Besonders aufschlußreiche Entwicklungen zeichnen sich bei der Anpassung des Rechtswesens an die Anforderungen und Gegebenheiten der Informations-Gesellschaft ab. Bei allen Unterschieden etwa des angelsächischen, deutschen und französischen Rechtssystems stehen alle diese vor der Herausforderung, neuartige Tatbestände wie etwa Computerspionage, -Sabotage oder -Betrug, in Analogien zu herkömmlichen Tatbeständen zu bewerten. Wie schwierig dies ist, zeigt etwa die Beurteilung des Diebstahls von Daten und Programmen, welche für Unternehmen und Organisationen erheblichen Wert haben; wenn dies durch einen Kopierbefehl erfolgt, wird ja das Original nicht betroffen, also objektiv der Verfügung des Eigentümers auch nicht entzogen wie beim tradierten Diebstahlsbegriff. Ein anderes Beispiel: Bei Dienstleistungen auf Datenautobahnen, etwa dem Vermitteln von elektronischen Diskussionen, erhebt sich die Frage, ob ein solcher Dienstleister analog einem Verleger (der für die Inhalte seiner Werke eine Mitverantwortung trägt) oder einem Buchhändler (dem für die Buchinhalte keine Verantwortung zukommt) zu behandeln ist. Seit im Frühjahr 1995 der Dienstleister PRODIGY für die Angriffe des Teilnehmers eines moderierten elektronischen Forums auf ein Finanzunternehmen sowie eine bezeichnete Person vom Verfassungsgericht des Staates New York als verlegerähnlich und insofern für den schmähenden Inhalt mitverantwortlich eingestuft wurde, werden hier bisher unbekannte Risiken der Datenautobahnen auch für den rechtmäßigen Wirtschaftsverkehr deutlich.

Dringend ist auch der Handlungsbedarf einer möglichst international harmonisierten Rechtsentwicklung in Bereichen wie dem Datenschutz (dafür besteht sogar ein gewisses öffentliches Bewußtsein in den USA und einigen europäischen Ländern) sowie dem Schutz intellektueller Rechte unter Wahrung eines größtmöglichen freien Informationsflußes. Urheberrecht und Patentwesen haben sich nach Gutenbergs Erfindung sowie im Zuge der industriellen Revolution als brauchbare Instrumente entwickelt, um die Interessen der individuellen Urheber, in der Patentverwertung der heutigen industriellen Großforschung zunehmend auch der Unternehmen zu schützen. Nicht bloß die weltweit höchst unterschiedliche (ja bisweilen gegensätzliche) Rechtslage machen ein Überdenken bisheriger Regelungen zwingend; dabei sind tradierte Prinzipien des Urheberrechts und des Patentwesens schwer auf Datenautobahnen und Multimediasysteme anzuwenden. Ein Beispiel: Konnten bisher ein Komponist das Urheberecht auf eine Melodie, ein Dichter auf eine Textseite und ein Maler auf ein Bild haben, so kann in verteilten, vernetzten Umgebungen nunmehr ein vierter durch ›geschickte‹ (also kreative) Verbindung solcher Elemente (etwa: Mona Lisas Lächeln, unterlegt mit dem Thema eines Mozartstückes und überblendet mit dem Hamlettext) ein Verbindungswerk mit eigenem Copyright schaffen (allerdings ist das Coypright von MOZART, MICHELANGELO und SHAKESPEARE an die Menschheit zurückgefallen). Gibt es atomare Elemente (ein Wort, eine Phrase, ein Satz?), die für ein Copyright wenigstens nötig sind? Welche Beziehung besteht zwischen dem Urheberschutz der Einzelwerke und dem durch Verbindung (etwa über HTML und verteiltes Speichern technisch leicht zu unterstützen) geschaffenen Werk, und wie ist das Verhältnis der Rechte? Dies sind grundsätzliche (›paradigmatische›) Fragen zur Rolle der ›Information‹ in einem schützenswerten Werk, nicht bloß interessante Fragen für Juristen!

Überdies ist bei bisherigen Konzepten des (rechtlichen) Schutzes intellektuellen Eigentums zumindest in einzelnen Ländern die Beziehung zwischen allgemeinem, frei zugänglichem Wissen und geschütztem Wissen nicht hinreichend geklärt. Während einzelne Länder etwa Algorithmen und Systemprogramme für patentfähig halten, verbieten dies andere. Ähnlich unterschiedlich wird auch die Frage nach der Patentfähigkeit von Genabschnitten beurteilt. Hinzu kommt aber ein Grundproblem: Auch geistiges Eigentum ist aus Allgemeingut abgeleitet, und im Interesse einer Weiterentwicklung muß es auch in angemessenem Umfang (etwa zu Zwecken des Lernens, der Erschließung von Informationen etwa in Bibliotheken und Archiven, bis hin zur Benutzung) zum Allgemeingut beitragen, und zwar nicht erst nach Ablauf des Schutzzeitraumes. Bisher sind allerdings solche Aspekte ebensowenig im Urheber- und Patentrecht berücksichtigt, wie überhaupt Interessen der Benutzer geschützter Werke vernachlässigt werden. Wie man am Beispiel von Software-Lizenzen sieht, handelt es sich einseitig um das Recht der Rechtsinhaber, finanzielle Vorteile aus dem Besitz des Copyrights zu ziehen; demgegenüber werden Pflichten, etwa für angerichtete Schäden aufzukommen, auf dem Wege des Vertragsrechts ausgeschlossen: Der Anwender ist ja selber schuld, wenn er das Produkt nutzt.

Schließlich sind auch noch die Risiken mangelhaft ausgebildeter Juristen (Anwälte, Staatsanwälte, Richter und Gesetzesmacher eingeschlossen) gravierend. So dürfte in einem konkreten Fall die Antwort auf die Frage, inwieweit ein Trojanisches Pferd oder ein Computer-Virus einen Akt der Computersabotage bedeuten, allzusehr von der Inkompetenz der beteiligten Rechtskundigen abhängen; auch die Schwierigkeit, diesen ein minimales Wissen über neue Techniken zu vermitteln (wie im Fall des KGB-Hacks, als der Präsident des Senats des Celler Oberlandesgerichtes die Hacker um Erläuterung bat, was denn ›E-MAIL‹ sei), dürfte in einer ›Informationsgesellschaft‹ keineswegs dazu führen, daß Rechtsprechung ausschließlich von Gutachtern abhängig gemacht wird. Weil jedoch angesichts der Komplexität die Abhängigkeit von Experten weiter zunimmt, wird Justitia nicht bloß - wie bisher - blind im Ansehen der Personen, sondern auch im Verständnis der zu beurteilenden Gegenstände. Damit werden sachkundige ›Urteile‹ unabhängiger Richter in einer solchen Gesellschaft zunehmend erschwert.

Insgesamt ist zu erwarten, daß eine breit eingeführte Technik der Datenautobahnen (neben dem zuvor diskutierten Risikopotential aus technischer Unsicherheit) zu gravierenden Veränderungen heutiger wirtschaftlicher, gesellschaftlicher und persönlicher Verhältnisse führen wird.

Jenseits von Taylor - Irritation als Methode

GERHARD WOHLAND

1. Irritation als Methode

Die japanische Herausforderung ist ungebrochen. Die Computer-integrierte Fertigung (CIM) als technisch orientierte Antwort des Westens ist gescheitert und fast schon vergessen. An neuen, meist amerikanischen Schlagwörtern, die den endgültigen Durchbruch verheißen, mangelt es nicht. Doch die Erfolge bleiben bescheiden. Wichtige Industrien sind bereits ausgestorben, andere sind bedroht. Es heißt, daß 80% aller Innovations-Projekte scheitern [MANAGER MAGAZIN 6/1994, S. 171].

Das erinnert an die Krisen, wie sie vor großen Denk-Umwälzungen typisch sind. Die Welt erscheint als chaotische Vielfalt einander widersprechender Entdeckungen und Theorien - vertreten von lauten, aber kurzlebigen Propheten. Je größer die Anstrengung, desto größer wird die Verwirrung. Die Geschichte der Naturwissenschaft hat mehrere solche Beispiele. Daß die sonst hochwirksame Intelligenz der klügsten Köpfe erfolglos bleibt, hat in solchen Situationen fast immer den gleichen Grund. Es ist die spezielle Blindheit für Neues, die aus vergangenen Erfolgen wächst. Eine Blindheit, die am Neuen nur erkennt, was in den Rahmen des Alten paßt.

Letztlich ist es immer wieder derselbe Weg, der aus dieser selbstverschuldeten Unmündigkeit herausführt. Es ist die harte Irritation durch permanenten Mißerfolg. Erst wenn der zu überwindende Kern des Alten unwiderruflich in Frage gestellt werden kann, ist der Weg frei für innovative Ideen und Taten. Es mangelt nie an klugen Leuten, sondern an Irritation derselben. Ohne diese Irritation verfallen gerade die Intelligentesten dem Irrtum, sie müßten die Dummheit 'der anderen' durch die eigene Klugheit ersetzen. Die aktuelle Inflation nutzloser Ideen und Methoden ist die Folge.

Erst wenn Intelligenz durch Irritation beeindruckt ist, produziert sie innovative Ideen. Je solider die Irritation, desto besser die Ideen.

Der Kern des Erfolges der westlichen Industrien, den es zu irritieren gilt, ist die tayloristische Arbeitsorganisation. Ein Geniestreich, der die westliche Welt zur führenden ökonomischen Macht der Erde gemacht hat und der heute unser Denken gefangenhält.

2. Aufstieg und Fall des Taylorismus

Was ist Taylorismus? Nach der Jahrhundertwende entwickelten sich Marktmöglichkeiten für Massengüter. Die handwerkliche Herstellung wurde verdrängt von einer neuen Massenfertigung. Die produzierten Güter konnten identisch sein, wenn sie nur billig waren (HENRY FORD: »Bei mir bekommen sie jede Farbe, Hauptsache sie ist schwarz«).

Dazu wurde eine Produktionsweise benötigt, die selbst wie eine Maschine funktionierte, präzise, immer wieder identisch sich wiederholend. Werker haben aber nicht die Tendenz nur zu wiederholen. Wie alle handwerklich orientierten Menschen versuchten sie ständig, ihre Arbeitsmühen durch kreatives Handeln zu erleichtern.

Aufstieg

FREDERICK WINSLOW TAYLOR [TAYLOR 1983] hatte die Idee, daß genau diese ›natürliche‹ Eigenschaft verdrängt werden müßte, um die ›lebendige Maschine‹ für die neuen Märkte zu bauen. Die Reduktion der Werker auf fast nur mechanische, sich wiederholende Tätigkeiten verlieh dem Arbeitsprozeß tatsächlich eine enorme Geschwindigkeit und Präzision und damit eine bis dahin unbekannte Produktivität.

Taylor steigerte die Effektivität der Produktion, indem er menschliche Qualitäten wie Intelligenz, Phantasie und Initiative aus der unmittelbaren Produktion verdrängte. Der dafür notwendige und bis heute akzeptierte soziale Konsens lautet: »Wer bereit ist, 8 Stunden am Tag zu arbeiten wie eine Maschine, kann sich danach mehr Kunst und Kultur leisten als je zuvor.« Die Bedürfnisse der auf Triviales reduzierten Menschen wurden auf die Freizeit verwiesen. Kurz: »Dienst ist Dienst und Schnaps ist Schnaps« wurde zum Grundprinzip tayloristischer Denk- und Arbeitsweise.

Für die notwendige Innovationskraft eines solchen Systems genügten wenige Menschen. Sie konnten in einem Kreativitäts-Ghetto isoliert werden, umzäunt von sozialen Schranken (Blaukittel, Weißkittel). Ein so trivialisiertes System läßt sich mit wenig Management von einem Zentrum aus steuern. Diese *Taylormaschine* war so effektiv, daß sich ihre Prinzipien in praktisch allen Arbeitsbereichen durchsetzten - auch in nicht-produktiven wie Verwaltungen und Behörden.

Fall

Die Märkte, in die fast beliebig viel hineinproduziert werden konnte, wenn es nur billig genug war, sind inzwischen fast verschwunden. Die Welt und ihr Markt sind eng und kurzatmig geworden. Wer daran teilnehmen will, braucht mehr als nur eine hohe Produktivität. Die wichtigste der neuen Anforderungen ist Flexibilität, also die Fähigkeit, auch mit großen Produktionssystemem auf überraschende Marktanforderungen schnell zu reagieren.

Ein tayloristisches System kann nur relativ träge auf Überraschendes reagieren. Jede Reaktion muß von einem Zentrum verstanden und in Anweisungen umgesetzt werden, bevor gehandelt werden kann. Besonders die geforderte Flexibilität spüren unsere trägen Taylorsysteme als Marktdruck. Die meisten Märkte sind heute so quirlig, daß die alten Systeme ihre Kraft nicht mehr entfalten können. Wenn die Anforderungen sich schneller ändern, als sie verarbeitet werden können, wird die ehemalige Stärke zur tödlichen Schwäche. Die Auseinandersetzung auf dem Weltmarkt ist zum ungleichen Rennen zwischen Hase und Igel geworden.

3. Die japanische Alternative

Der Markt selbst entwickelt keine neuen Forderungen, er gibt sie nur weiter. Die Besten setzen die Standards, die die weniger Guten als Marktdruck erfahren. Die japanische Industrie leidet nicht unter Marktdruck, sie erzeugt ihn. Diesem japanischen Phänomen hat das amerikanische MIT [JAMES 1991] vor einigen Jahren den Namen *Lean Production* gegeben. Die dadurch ausgelöste Irritation hat bisher nur eine Folge von Modeerscheinungen erzeugt. Gefangen in der noch wenig irritierten tayloristischen Gedankenwelt, werden sichtbare Erscheinungen an der Oberfläche für das Wesentliche gehalten und ›nachgeäfft‹. Man reist nach Japan, aber man sieht nichts.

Was in Japan beobachtet werden kann, ist nicht die Lean Production selbst, sondern nur ihre aktuellen Formen, in denen sie sich gerade bewegt. Weil ihre Formen so flüchtig sind, ist die japanische Produktionsweise für uns so unzugänglich und verwirrend. Das Wesen dieser japanischen Erfindung kann nicht an ihrer äußeren Form festgemacht werden, sondern zunächst nur an ihrer Wirkung. Ihre Wirkung ist Marktdruck für andere. Eine Organisationsänderung ist genau dann schlank, wenn sie Marktdruck für andere erzeugt.

Da der ausbleibende Erfolg westlicher Bemühungen nicht an mangelnder Intelligenz liegen wird, muß es eine hinderliche Denkgewohnheit geben, deren destruktive Wirkung nicht wahrgenommenen wird. Diese Denkgewohnheiten sind die erfolgsgewohnten Prinzipien des Taylorismus. Die Einführung der Lean Production ist also nicht die Anwendung einer noch zu erfindenden Methode, sondern die Beseitigung dieses Denk-Hindernisses. Nicht *Just-in-Time*, *Kanban*, *Kaizen* oder einheitliche Turnschuhe, sondern die Erzeugung von Marktdruck durch innovative Negation des Taylorismus, das und nur das ist Lean Production. Diese Definition hat den Nachteil, daß sich daraus keine konkreten Schritte ableiten lassen. Aber sie ist ein sicheres Kriterium zur Beurteilung von Maßnahmen zur Organisationsentwicklung.

4. Die komplexe Organisation

Die ersten Versuche, die neue Qualität der japanischen Erfindung auch theoretisch zu fassen, sind noch sehr bescheiden. Die interessantesten speisen sich aus der Chaostheorie [PRIGOGINE 1993] und der autopoietischen Systemtheorie [MATURANA 1985], [LUHMANN 1984]. Ein System ist trivial (*tayloristisch*), wenn alles mit allem geordnet zusammenhängt. Ein solches System kann keine Überraschung produzieren. Komplex ist ein System, wenn nicht mehr alles mit allem zusammenhängen kann. Dann entsteht eine Freiheit im Verhalten (*Kontingenz*).

Komplexe Systeme bauen sich nur aus Elementen auf, die bezogen auf die Operation des Systems nicht selbst komplex sind. In diesem Sinne ist Reduktion von Komplexität Vorausetzung für ihren Aufbau. Beispiel: Die Komplexität der menschlichen Sprache kann sich erst bilden, wenn die Komplexität der Kehllaute auf Worte reduziert werden kann. Die Elemente der neuen Organisation, die bezogen auf die Operation des Systems nicht komplex (*selbstähnlich*) sind, werden Fraktale [WARNECKE 1992] genannt. In Assoziation dazu wird auch der Organisationstyp als ›fraktale Organisation‹ bezeichnet. Die neuen Organisationsstrukturen haben folgende Merkmale:

Die Organisation besteht aus Netzen selbstähnlicher, autonomer Einheiten (Fraktale oder Projekte) ohne zentrale Steuerung.

- Auf veränderte Anforderungen reagiert die Organisation durch intelligente Veränderung ihrer Struktur. Neue Fraktale bilden sich und verschwinden wieder. Die jeweils aktuelle Struktur ist eine vergängliche.
- Ihre Identität und Geschlossenheit gewinnt die Organisation über ein permanent prozessiertes hierarchisches Zielsystem, das durch Interessen stabilisiert ist (Soziale Attraktoren). Es ist der schriftlich fixierte Ausdruck eines breiten Konsenses über den Sinn des Ganzen.
- Damit das Zielsystem ausreichend robust ist, muß es auf vorhandene Interessen bezogen sein. Deswegen ist Interessen-Management eine Führungsaufgabe.
- Es ist nicht mehr Aufgabe des Managements, von einem Zentrum aus zu lenken (direkte Gestaltung), sondern die Bedingungen zu schaffen und aufrecht zu erhalten, die für die Selbstorganisation des Systems notwendig sind (indirekte Gestaltung, Selbstbeschränkung des Managements).
- Da die fraktale Organisation kein steuerndes Intelligenzzentrum besitzt, kann ihre Beweglichkeit dezentral und damit vielfältig und direkt mit dem Markt verkoppelt werden. Der Markt ›steuert‹ das Unternehmen.
- Die Intelligenz der Organisation ist nicht mehr die Intelligenz des Managements, sondern sie ist eine Eigenschaft des Systems selbst.

- Eine fraktale Organisation benötigt sehr wohl hierarchische Beziehungen. Sie bilden aber keine Struktur anonymer Stellenbeschreibungen, sondern Beziehungen zwischen konkreten Personen - eine Personen-Hierarchie statt einer Stellen-Hierarchie.
- Die Kompetenzen von Personen und Organisationseinheiten sind nicht scharf getrennt, sondern überlappen sich. Man muß sich einigen, bevor gehandelt werden kann.

5. Probleme des Übergangs

Der Kern des Taylorismus ist die produktivitätssteigernde Verdrängung von Lebendigem aus Organisationen. Seine Negation ist somit die Rücknahme dieser Verdrängung. Der verdrängte menschliche Anteil muß re-integriert werden, um aus der Taylormaschine eine Überraschungs-robuste Organisation zu machen. Denn nur Lebendiges kann auf Überraschung sinnvoll reagieren. Dieser Übergang vom Künstlichen zum Natürlichen ist so schwierig, daß er immer noch nicht gelingt. Aus erfolgreichen Denktraditionen sind Denkfallen geworden, die es zu irritieren gilt. Die wichtigsten, meist unterschätzten Haupthindernisse auf dem Weg zur fraktalen Organisation sind:

Der Stolz auf Vergangenes

Die schwindende Leistungsfähigkeit tayloristischer Organisationen verführt dazu, Innovationen dadurch befördern zu wollen, daß vergangene Leistungen lächerlich gemacht werden. Das hat den Effekt, daß man schon vor dem ersten Schritt von irrational motiviertem Widerstand umgeben ist. Das heißt von Menschen, die ihr Lebenswerk in Frage gestellt sehen. Veraltete Traditionen müssen nicht deswegen überwunden werden, weil sie schon immer falsch *waren*, sondern weil sie falsch *geworden* sind. Wenn sie falsch geworden sind, waren sie einmal richtig. Die positive Überwindung von Bewährtem ist Trauerarbeit. So gesehen ist Trauer ein Innovationsmittel für Organisationen.

Gleichsetzen von Mensch und Technik

Seit über 100 Jahren werden Menschen in reduzierter Form in Organisationen eingefügt. Daß Menschen sich wie Maschinen benehmen, verführt zu der Annahme, daß Mensch und Technik ähnliche oder gar gleiche Systeme seien. Ein Indiz für diese Denkfalle ist die kaum noch wahrgenommene ständige Verwechslung der technischen Kategorie ›Daten‹ mit der sozialen Kategorie ›Information‹. Nur von Menschen verstandene Daten können Information sein. Zu viele Daten sind weniger Information. Es gibt keine Informations-, sondern nur eine Daten-Flut. Daten können Information töten.

Die geheimen Regeln

Organisationen reduzieren die Komplexität der Welt durch Regeln und gegenseitige Verpflichtungen. Sind die Organisationen trivial (*tayloristisch*) und werden sie nur in gewohntem Rahmen verändert, entsteht die Illusion, daß die bestimmenden Elemente alle bekannt und beeinflußbar seien. Spätestens bei grundlegenden Veränderungen stellt sich heraus, daß eine Organisation hauptsächlich aus ungeschriebenen Gesetzen besteht, aus geheimen Regeln. Deswegen werden methodenbasierte Gestalter vom Ergebnis ihrer Arbeit um so mehr überrascht, je lebendiger ihr Gestaltungsgegenstand ist.

Indirekte Gestaltung

Die klassische Aufgabe tayloristischen Managements ist die direkte Gestaltung von Organisationen. Im Laufe der Zeit haben sich dafür wirksame Methoden herausgebildet. Die neuen Organisationsformen haben einen hohen lebendigen Anteil; sie reagieren auf äußeren Gestaltungwillen kreativ. Sie ›wehren‹ sich gegen direkte Gestaltung. Auf dem Weg zur fraktalen Organisation versagen irgendwann alle bewährten Methoden tayloristischen Managements, genau dann, wenn tayloristische Strukturen aufzuweichen beginnen.

Sind die Beteiligten auf dieses Ereignis nicht vorbereitet, kann der Schrecken so groß sein, daß der Innovationsprozeß abgebrochen wird. In vielen Projekten zur ›Einführung von Gruppenarbeit‹ kann dieser Effekt beobachtet werden. Anfänglich erfolgreich, wird der Zeitpunkt übersehen, ab dem eine weitere direkte Gestaltung den anfänglichen Erfolg wieder auffrißt. Die Aufgabe des Managements wandelt sich von der ›zentralen direkten Organisationsgestaltung trivialisierter Systeme‹ zur ›indirekten Gestaltung selbstorganisierter lebendiger Systeme‹.

Das Verhalten lebendiger Systeme kann von außen nicht bestimmt, sondern nur irritiert werden. Es kann Strukturänderungen seiner Umwelt als Störung (*Irritation*) interpretieren und mit eigenen Operationen darauf reagieren. Das Management eines lebendigen Systems gehört zu seiner Umwelt. Der Einfluß auf ein solches System ist der der indirekten Gestaltung.

Konservative EDV

Mehr als jede andere Technik können EDV-Systeme den organisatorischen Kontext, in dem sie konfiguriert werden, in sich aufnehmen. Eine Veränderung der Organisation hat deswegen eine Veränderung der EDV zur Folge. Die Systeme sind mit der Betriebsorganisation verwachsen wie Lianen mit dem Urwald. Wie alle Technik kann EDV nicht überraschenden Anforderungen angepaßt werden. Wenn die Organisation auf unerwartete grundlegende Art geändert werden muß, wirkt auch die flexibelste EDV ›konservativ‹.

6. EDV in der Zukunft

Die neue Organisation und die alte EDV vertragen sich nicht. Eine neue Generation von EDV-Systemen, die in den neuen Organisationen bestehen kann, muß folgende Merkmale haben:

I. Mediales Werkzeug

Werkzeuge nimmt man zur Hand, um ein Ziel zu erreichen. Wenn dies mißlingt, so legt man es wieder beiseite. Auch EDV-Systeme müssen diese Eigenschaft haben. Ein EDV-Werkzeug muß Medium sein zwischen Problem und möglichem Geistesblitz des Alltags. Es muß die Genialität eines Bedieners vertragen, nicht seine ›Dummheit‹. Anbieter, die behaupten, ihr System sei so intelligent, daß der Bediener es nicht zu sein braucht, gehören endlich ausgelacht. Eine gute Axt muß scharf sein.

II. Neutral statt anpaßbar

In flexibler Organisation wird auf Überraschendes reagiert. Technische Systeme sind nicht kontingent. Sie bleiben stehen, wenn sie überraschenden Anforderungen ausgesetzt werden. Ein technisches System kann auf überraschende Weise verwendet, aber nicht auf überraschende Weise angepaßt werden. Damit ein technisches System in flexibler Umgebung nicht konservativ wirkt, muß es von seiner organisatorischen Umgebung entkoppelt sein. Es darf nicht so angepaßt sein, daß es ein ›Bild‹ seiner Umgebung enthält. Es muß neutral sein wie Kugelschreiber oder Stempelkissen.

3. Einfach, nicht komplex

Um den Aufbau von Organisationskompexität nicht zu behindern, müssen auch die technischen Systeme, besonders die EDV, wie die Organisation selbst aus nicht-komplexen Elementen (Operationen) bestehen. Die notwendige Komplexität muß kontextabhängig und flexibel vor Ort aufgebaut werden können. Die EDV muß bezogen auf den Organisationszweck möglichst geringe Komplexität haben.

Sollte die Klage geführt werden, daß diese Kriterien keine Anleitung für bessere EDV-Konstruktion enthalten, dann sei daran erinnert, daß es hier nicht um Vorführung eigener Intelligenz geht, sondern um die Irritation fremder. Wenn Erfolg zur Gewohnheit wird, wird Irritation zur Pflicht.

Diskursive Koordinierung – ein neuer Modus der Abstimmung wirtschaftlichen Handelns

HANS-JOACHIM BRACZYK

1. Enttäuschungen

Dem baden-württembergischen Innovations- und Produktionsregime wird wie kaum einem anderen die Eigenschaft zugeschrieben, wirtschaftliches Wachstum, technologische Innovation, stabile und wachsende Beschäftigung, überdurchschnittliches Einkommen und nicht zuletzt reichhaltige Steuereinnahmen zu ermöglichen und miteinander zu verknüpfen. Wenn auch im Hintergrund die günstige Fügung einer vorteilhaften Industriestruktur steht - Baden-Württemberg hat einen höheren Industrialisierungsgrad als andere Bundesländer[1], und die wichtigsten Industrien sind Fahrzeugbau, Elektrotechnik/Elektronik und Maschinenbau - so führen die meisten Experten den lang anhaltenden wirtschaftlichen und wohlfahrtsstaatlichen Erfolg des Landes vor allem auf folgende Faktoren zurück:

- eine Marktnischenstrategie der Firmen für technologisch anspruchsvolle Produkte und eine hohe Anpassungsflexibilität an wechselnde Kundenwünsche,
- eine hohe Verfügbarkeit über gut ausgebildete und breit einsetzbare Facharbeiter, einen exzellenten Technologietransfer,
- ausbalancierte Macht- und Einflußzonen innerhalb und zwischen mittelständischer Industrie und Finanzdienstleistern,
- eine innovative Gestaltung der Arbeitsbedingungen und kompromißbetonte Konfliktregulierung zwischen Kapital und Arbeit,

1 Allerdings ohne nennenswerten altindustriellen Besatz, wie *Kohle* und *Stahl*.

- eine Politik der Landesregierung, die vornehmlich auf Unterstützung und Befähigung der Unternehmen in der dominierenden Industriestruktur gerichtet ist.

Diese Faktorenkonstellation interpretierten wissenschaftliche Beobachter als Muster eines besonderen Produktions- und Innovationsregimes (PIORE, SABEL 1984; PYKE, SENGENBERGER 1992; HERRIGEL 1993; MAIER 1987; STREECK 1989). Mit Begriffsprägungen wie *Industrial District*, qualitätsorientierte Kundenproduktion und flexible Spezialisierung hoben die Autoren dieses Modell gegen das in den westlichen Ländern vorherrschende tayloristisch-fordistische Konzept der standardisierten Massenproduktion ab. Das baden-württembergische Produktions- und Innovationsregime zog nicht nur deshalb das Interesse international namhafter Wissenschaftler auf sich, weil es dem Land offenbar einen jahrelangen Gleichklang und Gleichlauf von Wirtschafts-, Beschäftigungs-, Einkommenswachstum und Steueraufkommen bescherte, sondern primär wegen der ihm zugeschriebenen krisenresistenten Eigenschaft. Auf dem Hintergrund zahlreicher historischer und empirischer Untersuchungsergebnisse hatte man schon Anfang der achtziger Jahre gegen die damals vorherrschende Meinung die Erkenntnis herausgearbeitet, daß die standardisierte Massenproduktion nicht das notwendige und unausweichliche Schicksal industriegesellschaftlicher Entwicklung darstelle und daß dieses Regime wegen zunehmender innerer Widersprüchlichkeiten und veränderter äußerer Marktbedingungen bereits seit Mitte der sechziger Jahre seinen Zenith überschritten habe und seither die Entwicklung von Wirtschaft, Technologie, Beschäftigung, Arbeit und Einkommen unter dessen Leistungsgrenzen litten (PIORE, SABEL 1984). Dagegen stellte man beispielhaft vor allem in regionalen Verbundnetzwerken ausgebildete Produktions- und Innovationsregimes, wie sie etwa in der Emilia Romagna und in Baden-Württemberg anzutreffen waren. In diesem Sinne galt das baden-württembergische Regime als eines der möglichen Gegenkonzepte zur weltweit immer noch dominierenden fordistischen Massenproduktion. Und in diesem Sinne galt es auch als führend, überlegen und den Fluktuationen der Märkte besonders gut angepaßt.

Um so größer fielen die Überraschung und Ernüchterung aus, als Anfang der neunziger Jahre gerade die Erwartung der Krisenunanfälligkeit massiv enttäuscht wurde. In weniger als drei Jahren gingen in den drei wichtigsten industriellen Teilsektoren Baden-Württembergs etwa ein Drittel der Arbeitsplätze verloren. In den anderen Industrie- und Wirtschaftsbereichen kam es kaum zu ausgleichenden Beshäftigungsgewinnen. Die Arbeitslosenquote schnellte von 3,7 % in 1991 über 6,3 % in 1993 auf 7,6 % zur Jahresmitte 1995. Was war geschehen? Ein komplexer Wandlungsprozeß der weltwirtschaftlichen Beziehungen hatte sowohl konjunkturelle wie strukturelle Auswirkungen. Man mußte erkennen, daß die meisten Firmen der drei wichtigsten Industriesektoren in relativ kurzer Zeit aus einer führenden und scheinbar uneinholbaren Vorsprungsposition in einen bemerkenswerten Rückstand geraten waren. Waren die Firmen plötzlich von den Tugenden auf dem bisherigen Entwicklungspfad der Regionalökonomie abgewichen, oder waren sie an Grenzen dieses Entwicklungspfades selbst gelangt? Die Situation bot Anlaß genug, die Interpretationen des baden-württembergischen Innovations- und Produktionsregimes auf dem Hintergrund empirischer Befunde und ökonomischer Indikatoren zu überprüfen.

2. Institutionen der Massenproduktion

Die Krisenursachen sind in den Eigenschaften des Innovations- und Produktionsregimes zu suchen. Zunächst sind folgende Beobachtungen beispielhaft dafür heranzuziehen, daß die Modellinterpretationen revidiert werden müssen.

Die Marktnischenstrategien der Firmen für technologisch anspruchsvolle Produkte basierten auf drei Prämissen. Erstens, die Produzenten für die Volumenmärkte würden an den Nischenmärkten kein Interesse haben bzw. hinsichtlich technologischem Know-how, Vertriebskonzept, Zeit- und Qualitätsmanagement unfähig sein, diese Nischenmärkte zu erobern. Zweitens, die Nischenmärkte selbst seien, wenn auch eingeschränkt, expansionsfähig und ermöglichten eine Kompensation für die wachsenden Kapazitäten der Nischenanbieter. Drittens, die Kunden auf den Nischenmärkten würden weiterhin technologisch anspruchsvolle Produkte brauchen und dafür auch vergleichsweise hohe Preise bezahlen. Diese drei Prämissen können jedoch nicht aufrechterhalten werden. Sowohl im Fahrzeugbau als auch im Werkzeugmaschinenbau, der Perle im Konzept der flexiblen Spezialisierung, ereigneten sich innerhalb weniger Jahre nennenswerte Verschiebungen in den Marktanteilen zwischen Volumen- und Nischenanbietern. Es erwies sich als falsch, daß die Firmen einen andauernden technologischen Vorsprung halten und die ausländischen Konkurrenten nicht die Qualitätsstandards der baden-württembergischen Nischenanbieter erreichen könnten. Die Nischenmärkte blieben eng; beispielsweise stagnierte im Maschinenbau die Nachfrage nach flexiblen Bearbeitungszentren, während der Markt für einfache Maschinen weiter zunahm. Im Automobilbau sah es ähnlich aus (Zukunftskommission ›WIRTSCHAFT 2000‹ 1993; BRACZYK, SCHIENSTOCK 1995). Schließlich veränderte sich die Nachfragestruktur. Komplizierte und auf lange Abschreibungsfristen ausgelegte Investitionsgüter wurden wegen der kürzer werdenden Produktlebenszyklen und differenzierteren Märkte kaum noch nachgefragt. Außerdem ließen sich bei den Kunden des Werkzeugmaschinenbaus die Erwartungen nicht erfüllen, daß man mit den komplizierten und kapitalintensiven automatischen Bearbeitungszentren und mit den über Computertechnik integrierten Fertigungsstrukturen (CIM-Konzepte) hohe und dauerhafte Verfügbarkeiten erreichen könnte. Die Kunden zogen sich enttäuscht zurück und gingen auf einfachere Techniklinien über.[2] Damit erwies sich diese Marktnischenstrategie nur als vorübergehend und auch nur für wenige Hersteller als erfolgreich. Als Konzept für die Industriefirmen der gesamten Region war es offenbar nicht generalisierbar. Vielmehr haben die Nachahmer das Konzept nur rascher an seine Grenzen geführt.

2 Siehe hierzu WARNECKE 1993, der seinen großen Entwurf für die CIM-Strategie der achtziger Jahre selbstkritisch als Fehleinschätzung einstuft.

Die Behauptung, baden-württembergische Firmen hätten eine hohe Verfügbarkeit über gut ausgebildete und breit einsetzbare Facharbeiter, muß stark relativiert werden. Der Anteil der Facharbeiter an den abhängig Beschäftigten ist in Baden-Württemberg nicht höher als in anderen Bundesländern. Das gilt nur eingeschränkt für kleinere Unternehmen. Bei mittelgroßen und großen Unternehmen kehrt sich das Verhältnis um. Unternehmen dieser Größenklassen haben in Baden-Württemberg einen unterdurchschnittlichen Facharbeiteranteil (LAY 1995; KERST/STEFFENSEN 1995). Zudem sind viele Facharbeiter im Fahrzeugbau unterhalb des Ausbildungsniveaus eingesetzt worden. Auch stellte sich heraus, daß selbst im Maschinenbau der flexible und ausbildungsgerechte Personaleinsatz sich in Grenzen hielt (KERST/STEFFENSEN 1995). Dominierend waren auch hier starke Funktionsdifferenzierungen, nach Berufsgruppen und Fachorientierungen abgeschottete Aufgabenstrukturen. Einer relativ starken horizontalen Arbeitsteilung entsprach auch eine starke vertikale Arbeitsteilung. Die weithin durchgehaltene Trennung von Kopf- und Handarbeit engte die Nutzung der Facharbeiterqualifikationen ziemlich ein.

Der duale und regionalisierte Technologietransfer (FRAUNHOFER-Gesellschaften für die großen Unternehmen, STEINBEIS-Transferzentren für die kleinen und mittleren Unternehmen, verteilt über die Fläche) wirkte hauptsächlich beschleunigend und verstärkend auf dem Entwicklungspfad, den die Firmen im relativ stabilen und nach außen abgeschotteten Geflecht lokaler und regionaler Liefer-Leistungs-Beziehungen eingeschlagen hatten. Eine besondere Leistungsfähigkeit dieses Transferkonzepts kann man daran ablesen, daß der Maschinenbau in Baden-Württemberg im Vergleich zu anderen Bundesländern sich durch eine höhere Durchdringung mit C-Technologien auszeichnet und daß die Firmen dieses Landes überdurchschnittlich stark an öffentlichen Förderprogrammen partizipieren (LAY 1995; KERST/STEFFENSEN 1995). Die Leistungsgrenzen des Verstärkerkonzeptes wurden jedoch in jüngster Zeit erkennbar, als sich zeigte, daß das hohe Niveau von Prozeßautomatisierung die Umstellungsprobleme noch zu verschärfen schien, und als von der Beratungs- und Transferseite kaum überzeugende Anregungen und Unterstützung zur Erschließung neuer Märkte und zur Entwicklung neuer Produktlinien kamen.

Ausbalancierte Macht- und Einflußzonen innerhalb und zwischen der mittelständischen Industrie und Finanzdienstleistern sind von Kennern der Situation als entscheidende Voraussetzung für offene und wechselseitige Information und horizontale Kooperation angesehen worden (HERRIGEL 1993). Abgesehen davon, daß die empirischen Belege hierzu spärlich geblieben sind und neuere Erkenntnisse eher den Zweifel an der These stützen (COOKE 1995), ließe sich ein zum Technologietransfer vergleichbares Argument entwickeln. Von dem Moment an, wo die gemeinsame Basis des relativ gesichert erscheinenden Marktes abhanden kommt, verrauchen auch die Tugenden der bereitwilligen Information und vertrauensvollen Kooperation ziemlich rasch. Die vielgeschätzte Vernetzung der regionalen und lokalen Finanzdienstleister mit den umliegenden Firmen erscheint unter den veränderten Wettbewerbsbedingungen in neuem Licht. Die eingeleiteten Maßnahmen zur organisatorischen Restrukturierung der Firmen und die eher global orientierten Markt- und Niederlassungsstrategien werfen einen beachtlichen Finanzierungsbedarf auf, dem die Banken überwiegend eine erhöhte Risikobewertung gegenüberstellen. Gerade in der Phase der Umorientierung erwächst aus der lokalen und personellen Nähe der Banken zum potentiellen Investor nicht das gleiche Maß an Unterstützung wie in den zuvor langanhaltenden Perioden eines stabilen und halbwegs berechenbaren Entwicklungspfades.

Die Tarifparteien in Baden-Württembergs Metallindustrie standen in dem Ruf, mit einer innovativen Gestaltung der Arbeitsbedingungen und einer kompromißbetonten Konfliktregulierung das anhaltende Wirtschaftswachstum unterstützt und flankiert zu haben (KERN 1994). Allerdings zeigte sich, daß die Reformansätze zur Umgestaltung der Arbeitsbedingungen in den siebziger und achtziger Jahren kaum den Veränderungen auf den Märkten angepaßt worden waren, sondern vielmehr auf die Anforderungen ausgelegt wurden, die aus primär technikgetriebenen Rationalisierungen und ehrgeizigen Automatisierungen erwuchsen. Die Anpassungsfähigkeit der Firmen dürfte unter dem Regime dieser neuen Arbeitsformen nicht nennenswert gesteigert worden sein. Auch in der Lohn- und Arbeitszeitpolitik suchten die Tarifparteien nach Abschlüssen in der Linie der Kontinuität. Es blieb ihnen aber schon zu Beginn der neunziger Jahre nicht erspart, zunächst vereinzelt und dann zunehmend auf betriebsindividuelle bzw. unternehmensbezogene Regelungen zuzusteuern bzw. an deren Zustandekommen mitzuwirken, wodurch eine von beiden Seiten nicht erwünschte Spannung zwischen allgemein geltendem Flächentarifvertrag und besonderem Einzeltarifvertrag entstand. Immerhin muß festgehalten werden: Weder die Gestaltung der Arbeitsbedingungen noch die an allgemeingültigen Maßstäben orientierte Konfliktregulierung wiesen in der neuen Konjunktur- und Strukturkrise erkennbare Vorteile für die Unternehmen des Landes auf.

Die Wirkungsbeziehung zwischen einer unterstützenden und befähigenden Politik der Landesregierung gegenüber den ansässigen Unternehmen in der dominierenden Industriestruktur (Fahrzeugbau, Maschinenbau, Elektrotechnik/Elektronik) und der Wohlfahrtsentwicklung im Lande (HEINZE, SCHMID 1994) wird allmählich aufgelöst. Zwei Gründe sind hierfür ausschlaggebend. Einerseits verliert der industrielle Kern seine bisherige regionalwirtschaftliche Bedeutung und andererseits koppelt sich die einzelwirtschaftliche Entwicklung von den regionalwirtschaftlichen Bedarfslagen durch Globalisierung, Outsourcing, Subcontracting ins Ausland usw. zunehmend ab. Es sieht so aus, als ob - zumindest unter Fortschreibung der institutionellen Rahmenbedingungen - die Landespolitik nur noch sehr eingeschränkte Möglichkeiten zur Stimulierung wirtschaftlichen Handelns zur Befriedigung der vorhandenen und der neuen regionalwirtschaftlichen Bedarfslagen hat.

Es fällt schwer, an der Vorstellung festzuhalten, daß das Produktions- und Innovationsregime Baden-Württembergs wegen seiner vermeintlichen anti- oder gar postfordistischen Ausrichtung weniger krisenanfällig war und die Firmen besonders anpassungsfähig gemacht hätte. Unterstellt, die Modellkonstruktionen waren für die siebziger Jahre empirisch fundiert. Dann kann nur insoweit von einer relativen Überlegenheit des Produktions- und Innovationsregimes im Vergleich mit anderen fordistischen Spielarten gesprochen werden. Aber schon die neue Konstellation von Globalisierung und Regionalisierung, wie sie beispielhaft von AMIN/THRIFT (1992) vor Augen geführt worden ist, kann das ehemals erfolgreiche Regime an seine Grenzen geführt haben.

Die Beobachtungen und Befunde über die jüngeren Entwicklungen in Baden-Württemberg sind eher interpretierbar, wenn man der Annahme folgt, das regionale Produktions- und Innovationsregime sei eine Spielart des Fordismus. Man hat die Optionen der Massenproduktion variantenreicher genutzt, das gilt aber nur zur Marktseite hin. Die Produktionsseite ist in wesentlichen Punkten fordistisch ausgeprägt. Deshalb verengte sich die Anpassungsfähigkeit der Firmen in der Konjunktur- und Strukturkrise, und deshalb kam es zu einer fast schockartigen Konfrontation mit dem Modell der *Lean Production* (WOMACK, JONES, ROOS 1991). Zwischen Fordismus und Lean Production bestehen Gemeinsamkeiten und fundamentale Unterschiede. Darüber herrscht in der gegenwärtigen Debatte immer noch viel Konfusion. Deshalb sollen die hauptsächlichen Unterschiede nachfolgend herausgestellt werden.

3. Fordismus versus Lean Production

Inzwischen liegt eine Fülle von Fachbeiträgen und populären Aufsätzen zur Beschreibung der japanischen Produktionsweise vor, die von WOMACK, JONES & ROOS (1991) als *Lean Production* bezeichnet worden ist. Vornehmlich wird auf spezifische Formen des Arbeitseinsatzes, der Leistungsregulation und auf Gestaltungselemente der Fertigung, Montage und Konstruktion wie lebenslange Beschäftigung, Gruppenarbeit, Just-in-time, kontinuierliche Verbesserung, simultaneous engineering hingewiesen (JÜRGENS 1991, 1994; WEBER 1994; DASSBACH 1994). Mir kommt es auf einen Umstand an, der für das Verständnis der organisatorischen Restrukturierung in den Firmen entscheidend ist. Das ist der Modus der Steuerung und Koordination wirtschaftlichen Handelns und Entscheidens. Vom Standpunkt des betrieblichen Koordinationsregimes könnten die Unterschiede zwischen Fordismus und Lean Production nicht größer sein.

Taylorismus und Fordismus kennzeichnen jeweils ganz bestimmte Strukturtypen, nach denen betriebliche Akteure die Arbeitsteilung festlegen, den Personaleinsatz gestalten, die Produktions- bzw. Prozeßtechnik einsetzen, die Leistungsbereitschaft der Mitarbeiter stimulieren und die Leistung entgelten sowie Koordinations- und Kontrollformen etablieren. Taylorismus und Fordismus stellen demnach in sich kohärente und eigenständige Konzepte der Gestaltung von Arbeitssystemen und Organisationsstrukturen dar (BRAVERMAN 1978; EDWARDS 1981). Lean Production ist dagegen ein relationaler Begriff. Lassen wir dessen alltagssprachliche Oberflächlichkeit beiseite. Dem gemeinten Sinn nach wird mit der Bezeichnung Lean eine Vergleichsaussage beansprucht, etwa: *besser* (im Hinblick auf die Qualität eines Produktes), *schneller* (ein Produkt entwickeln), *weniger* (Ressourcen verbrauchen). Es kommt erschwerend hinzu, daß wir es mit mehrdeutigen Vergleichsgesichtspunkten zu tun haben. Vom Standpunkt eines bestimmten Betriebes aus gesehen kann sich *besser*, *schneller*, *weniger* auf die Vorgehensweise von fordistischen Konkurrenzunternehmen beziehen, auf die Praxis von Konkurrenzunternehmen, die auch nach dem Modell der Lean Production gemanagt werden, auf die Produktionsweise von Unternehmen, mit denen unser Betrieb kooperiert, und schließlich auf interne Referenzen dieses Betriebes selbst - etwa darauf, bestimmte Operationen zu optimieren (BRACZYK, SCHIENSTOCK 1994).

Taylorismus und Fordismus verengen die Optimierung des Verhältnisses von Input und Output auf die Rationalisierung der Arbeit innerhalb strukturell vorgeprägter Handlungsspielräume. Hier gibt es beispielsweise Spezialisten für die Optimierung, Spezialisten für die Planung, Spezialisten für die Ausführung, Spezialisten für die Kontrolle usw. Diese Strukturierung ist wiederum auf grundlegende Prämissen über das menschliche Verhalten und das wirtschaftliche Handeln zurückzuführen. Dazu zählen beispielsweise: Alle relevanten Variablen von Arbeitssystemen sind vorherbestimmbar und können von Spezialisten mit geeigneten Managementtechniken planvoll gestaltet und optimiert werden. Je größer die Arbeitsteilung und je stärker die Spezialisierung, um so größer ist die Leistung. Die Summe dieser individuellen Leistungen ergibt den größten Gesamtnutzen. Weil jeder nur auf seinen Eigennutz bedacht ist, braucht man besondere Instanzen für die Planung, Steuerung und Kontrolle der Einzelarbeiten. Den Ausführenden muß genauestens gesagt werden, was sie und wie sie es zu tun haben.

Lean Production muß dagegen vom Prinzip der permanenten Selbstoptimierung her verstanden werden. Selbstverständlich kennt Lean Production auch Funktionsspezialisten. Aber im Hinblick auf Optimierung gilt jeder im Betrieb als Spezialist, und die einzig wichtigen strukturellen Vorkehrungen der Lean Production betreffen das Ziel, daß diese Spezialisten ihre Optimierungsbeiträge möglichst ungehemmt aber gleichwohl aufeinander abgestimmt leisten können.[3] Dem Lean-Konzept unterliegen Prämissen, die den o. g. entgegengesetzt sind: Komplexität und rasche Veränderungen von Arbeitssystemen verhindern, daß alle relevanten Variablen von Arbeitssystemen von Experten vorherbestimmt und mit geeigneten Managementtechniken planvoll gestaltet und optimiert werden können. Jeder muß in die Planung, Steuerung und Kontrolle der Einzelarbeiten eingebunden werden. Indem jeder hierbei seinen Eigennutz verfolgt, trägt er zugleich zur Optimierung seines Arbeitssystems bei.

3 Das macht übrigens den Hintergrund für die eklatanten empirischen Produktivitätsdifferenzen zwischen fordistischen Unternehmen und solchen aus, die nach der sogenannten japanischen Produktionsweise verfahren.

Während Taylorismus und Fordismus im Kern Strukturkonzepte darstellen, repräsentiert Lean Production ein Prozeßkonzept (BRACZYK, SCHIENSTOCK 1994). Unter einem fordistischen Regime ist es beispielsweise wesentlich, daß Kopf- und Handarbeit voneinander getrennt und verschiedenen Abteilungen zugeordnet werden; dagegen ist es unter dem Regime von Lean Production wesentlich, daß die Integration von Hand- und Kopfarbeit möglichst friktionslos gelingt. Lean Production ist notwendig wesentlich offener für unterschiedliche Arbeitsformen und organisatorische Strukturelemente. Es ist deshalb gar nicht überraschend, wenn manche Firmen Lean Production praktizieren und tayloristische oder fordistische Arbeitseinsatzformen damit verbinden. Diese Koinzidenz hat manchen klugen Beobachter von dem entscheidenden Unterschied zwischen den Produktionsweisen abgelenkt. Die Differentia specifica liegt in der Koordinationsweise und nicht in den Arbeitsformen.

Mit dem Prozeßkonzept Lean Production können deshalb beachtliche Produktivitätssteigerungen erreicht werden, weil die überall vorhandenen und verdeckten Reserven (*Redundanzen*) schonungslos aufgelöst werden. Diese Reserven können im bisherigen Strukturkonzept der fordistischen Produktionsweise gar nicht vermieden werden. Sie kommen einmal ganz absichtlich zustande, weil die Organisation vom Prinzip fachlich und funktional spezifizierter Leistungen her aufgebaut ist und in den einzelnen Bereichen und Fachabteilungen Reserven vorhalten muß, um unvermeidbare Fluktuationen der Leistungserwartungen auszugleichen, die selbst unter Bedingungen der standardisierten Massenproduktion vorkommen (DASSBACH 1994). Zum anderen sind die Reserven auch eine nicht beabsichtigte Folge der fachlichen und funktionalen Differenzierung. Die Akteure in den Fachabteilungen und Funktionsbereichen werden immer bestrebt sein, Sicherheitspolster zu bilden. Das trifft auf den Leistungslöhner in der Fertigung und Montage genau so zu wie auf den Konstrukteur, den Planer usw. Das ist Ausdruck einer rationalen Strategie. Von jedem, der involviert ist, von jeder Abteilung wird wegen des übergeordneten Anspruchs auf Berechenbarkeit und Planbarkeit aller Operationen eine berechenbare Leistung erwartet, und das heißt im Grunde: eine zu jeder Zeit ausreichende Leistung. Was liegt dann näher, als sich für Wechselfälle zu wappnen und im eigenen (persönlichen, abteilungsbezogenen) Leistungspotential ausreichende Reserven vorzuhalten? Jeder ist daran interessiert, die Grenzen seines Leistungsvermögens zu verbergen.

Mit Lean Production will man nicht nur diesen Redundanzen ans Leder. Weil Lean Production die Dinge vom entgegengesetzten Grundsatz her anpackt, nämlich von der Einsicht in Grenzen der Berechenbarkeit und Planbarkeit, werden alle Beteiligten dazu ermuntert, immer wieder bis an die Grenzen des eigenen Leistungsvermögens vorzustoßen und diese offen zu legen. Von dieser tendenziellen Überdehnung des Leistungsanspruchs an die einzelnen Arbeitssysteme erhofft man sich, jeweils Schwachstellen zu erkennen, diese abzustellen und auf ein höheres Leistungsniveau zu gelangen. Von einer solchen Position aus müssen all die Reserven, von denen oben die Rede war, selbstverständlich als Verschwendung angesehen werden (WOMACK,

JONES, ROOS 1991; CLARK, FUJIMOTO 1992). Auch das ist wichtig. Denn es gibt kein absolutes oder allgemeingültiges Konzept von Verschwendung. Es kommt auf den Betrachtungswinkel an.

4. Organisatorische Restrukturierung

Lean Production kann nur als ein Prozeßkonzept verstanden werden. Dies in zweierlei Hinsicht: Erstens, nur in einem mehrjährigen Zeitraum können es die betrieblichen Akteure in ihrer Firma verwirklichen. Zweitens, Lean Production ist, wie schon gesagt, selbst wesentlich Ausdruck für einen permanenten Optimierungsprozeß.[4] Dieser hat - zumindest für die Zwecke der Darstellung hier - einen entscheidenden Anfangspunkt, von wo aus alles weitere, was dann geschieht, überhaupt nur verständlich wird. Der Anfangspunkt ist der Preis für ein bestimmtes Produkt, den mindestens zwei Kontrahenten am Markt, ein Kunde und ein Produzent, miteinander vereinbaren. Um den Gehalt dieses Vorgangs deutlich zu machen, setzen wir zusätzlich voraus, daß es dieses Produkt noch gar nicht gibt und daß der Kunde all jene Eigenschaften auf sich vereinigt, die die Firmen Baden-Württembergs von nun an immer wichtiger nehmen müssen: Er weiß nicht nur, was für ein Produkt er haben will, sondern auch sehr genau, wofür er es braucht und welche technischen Spezifikationen dafür ausreichen; er hat sehr klare Vorstellungen davon, welchen Preis er dafür zahlen will und wann er spätestens beliefert werden möchte; und er ist ein Kunde, der durchaus den Vorzug zu nutzen versteht, daß sich viele Hersteller um seinen Auftrag reißen. Es gibt also eine ziemlich hohe Bereitschaft, seine Wünsche, und sei es noch so schmerzhaft, zu erfüllen. Diese Bereitschaft weiß der Kunde noch dadurch zu steigern, daß er dem Produzenten eine langfristige Geschäftsbeziehung in einem - für den Hersteller - attraktiven Volumen in Aussicht stellt und sich dazu, im Falle der Einigung über den Preis, auch durchaus vertraglich verpflichtet. Auch sonst ist der Kunde großzügig und lädt den Hersteller dazu ein, an seinen künftigen Produktentwicklungen mitzuwirken, wie er umgekehrt dem Hersteller sein Know-how insbesondere in der Prozeßoptimierung anbietet. Ziemlich kleinlich ist der Kunde eigentlich nur, wenn es um den Preis geht. Und obwohl auch ihm bekannt ist, daß doch die Kosten überall ständig steigen, verlangt er von seinem Hersteller das Gegenteil. Der vereinbarte Preis gilt selbstverständlich nur für dieses Jahr. Für jedes weitere Jahr der Zusammenarbeit, die man zunächst auf fünf Jahre mit einer Option auf weitere fünf Jahre festgelegt hat, verlangt der Kunde einen Preisnachlaß und man fixiert diesen im Vertrag als einen Prozentanteil vom diesjährigen Preis. Der Hersteller willigt ein, weil er den Auftrag braucht. Damit behält er den Kunden, und er bekommt noch etwas dazu: ein Problem. Denn im Moment weiß er nicht, wie er die Ziele erreichen soll, auf die er sich soeben verpflichtet hat.

4 TOYOTA gilt als Erfinder der Lean Production. Mehr als vierzig Jahre hat man dort für die Entwicklung und Verfeinerung dieses Prozeßkonzepts gebraucht.

Er weiß aber sehr genau, daß er es nicht schafft, wenn er alles so macht wie bisher. Die technischen Planer in der Firma erkennen bei diesem Großauftrag einen enormen Investitionsbedarf. Dringend müsse ein höheres Automatisierungsniveau mit vernetzten Einzelmaschinen erreicht werden, wenn die geforderten Toleranzen und Bearbeitungsfeinheiten erreicht und von menschlichen Eingriffen unabhängig gemacht werden sollen. Die Investitionsrechner ermitteln hierfür den Kapitalaufwand. Er liegt um eine dreistellige Millionensumme über den Finanzierungsmöglichkeiten des Unternehmens. Die Kalkulatoren garantieren bereits, daß die tatsächlichen Kosten des Produkts erheblich über dem vereinbarten Preis ankommen werden. Einen Gewinn würde der Produzent ohnehin nicht erzielen. Seine Konstrukteure schlagen die Hände über dem Kopf zusammen und sind überzeugt, daß mit den vereinbarten technischen Spezifikationen das Produkt am Ende gar nicht funktionieren könne. Das widerspräche jeder Erfahrung und im übrigen auch den ehernen Grundsätzen für gutes Konstruieren. Vom Einkaufsleiter muß er sich sagen lassen, daß die Zukaufteile von den Lieferanten, mit denen man seit Generationen vertrauensvoll zusammenarbeite, weder zu den erforderlichen Terminen noch zu den niedrigen Preisen zu beschaffen seien. Der Fertigungsleiter spielt mit dem Gedanken, sich nach einem anderen Job umzusehen, denn der aberwitzig kurze Liefertermin sei selbstverständlich selbst dann nicht zu halten, wenn diesmal alles gut ginge, was wiederum von der Erfahrung nicht gedeckt sei, und wenn alle rund um die Uhr und auch mal wochenends schafften. Der Betriebsrat hat von der Sache Wind bekommen. Dieser weiß aus der gewerkschaftlichen Weiterbildung, daß Überstunden und Nachtarbeit aus gesundheitlichen und arbeitsmarktpolitischen Gründen strikt zu verweigern sind. Irgend jemand steckt dem Hersteller, daß der Betriebsrat schon Bescheid weiß und schon mal vorsorglich die Ortsverwaltung der Gewerkschaft informiert haben soll.

Was nun? Der Hersteller bleibt hartnäckig und will sein Ziel erreichen. Er hat registriert, daß aus dem Verkäufermarkt ein Käufermarkt geworden ist. Die Folgen für die Preisfindung sind ihm auch bereits klar. Wenn er die Herstellkosten addiert, die Gemeinkosten dazu tut und noch einen Gewinnsatz draufrechnet, schießt er weit übers Ziel hinaus. Er muß geradezu anders herum vorgehen. Den Endpreis kennt er ja bereits. Auch weiß er, daß die Summe der Herstellkosten deutlich darunter bleiben muß. Folglich erklärt er die einzelnen Summanden zu Variablen. Er kann auch theoretisch zulässige Höchstwerte der einzelnen Variablen bestimmen, denn deren Addition darf die feststehende Endsumme nicht überschreiten. Er kann aber nicht, zumindest nicht ohne fremde Hilfe, den möglichen erreichbaren Wertebereich jeder einzelnen Variablen vorherbestimmen. Selbstverständlich ist er in jedem Fall an den jeweils niedrigen Werten besonders interessiert. Die errechnen ihm auch nicht die Kalkulatoren und Kostenrechner. Denn die müssen sich auf diejenigen Ausgangsdaten beziehen, die sie aus den einzelnen Funktionsbereichen erhalten, und die repräsentieren den status quo. Mit dem ist aber nichts zu machen. Soll er jetzt seine Direktoren und Hauptabteilungsleiter und Abteilungsleiter anweisen, bestimmte Dinge fristgerecht unter Einhaltung von Kostenobergrenzen zu erledigen, die er selber nicht kennt, in einer Situation, in der ihm seine Führungskräfte ohnehin kaum noch folgen wollen?

Der Produzent geht einen anderen Weg. Er lädt seine Konstrukteure zu einer offenen Diskussion ein, um mit ihnen am Ende eine Vereinbarung abzuschließen. Dabei orientiert er sich an den Spielregeln, nach denen er sich mit seinem Kunden auseinanderzusetzen hatte. Sehr hartnäckig setzt er seine Vorstellungen über die technischen Spezifikationen durch. Nur daran sei er interesiert, über das Wie könnten die Konstrukteure selbst entscheiden. Die Konstrukteure wittern hier eine gute Chance, endlich einmal abweichend vom immerwährenden Trott neue Wege auszuprobieren, die ihnen schon oft durch den Kopf gegangen waren. Einige von ihnen ahnen zudem, daß die Sache sehr ernst ist und deswegen auch ihr Arbeitsplatz gefährdet sein könnte. Sie sagen zu, daß sie nach Lösungen suchen und auch sicher welche finden werden. Nur müßten sie von der bisherigen Philosophie des Hauses und den beruflichen Standards für gutes Konstruieren abweichen dürfen. Untereinander einigen sie sich darauf, den Gesamtumfang der Konstruktionsaufgabe in drei Unteraufgaben zu gliedern. Hierfür teilen sie sich in drei Teams auf. Für die Dauer dieses Projektes bestimmen sie drei Teamleiter, die gemeinsam mit dem Konstruktionschef für die Koordination des Projektes einstehen müssen. Um aber ganz sicherzugehen, daß sie nicht an den Kundenwünschen vorbei konstruieren, wünschen sie sich eine enge Zusammenarbeit mit einigen Experten des Kunden. Sie wollen einen direkten Kontakt, ohne Umweg über den Vertrieb und den Kundendienst, wie es üblich ist. Diesem Wunsch wird entsprochen. In der weiteren Unterredung stellt man fest, daß ein ähnlich enger Kontakt zu den Zulieferern, die einige wichtige Werkzeuge herstellen und Komponenten für das Produkt liefern müssen, schon zu Beginn der Konstruktionsphase sehr nützlich wäre; die könnten sich dann schon in die Aufgabe hineinversetzen und vielleicht auch konstruktive Vorschläge machen. Nach weiterem Nachdenken darüber, wie die Entwicklungs- und Konstruktionszeit verkürzt werden könnte, fällt den Konstrukteuren ein, wie es sonst immer war. Wenn sie ihre tollen Konstruktionen fertig hatten, mußten sie sich regelmäßig Derbes vom Fertigungsleiter anhören. Mit seinen Leuten und Maschinen könne er so etwas gar nicht herstellen, hieß es dann. Oft setzte er nachträglich Konstruktionsänderungen durch. Das steigerte die Kosten und verlängerte die Lieferzeit, außerdem war es der Eleganz der Konstruktion abträglich. Diesmal wollen die Konstrukteure das vermeiden und wollen sich deshalb mit dem Fertigungsleiter schon in der frühen Konstruktionsphase über dessen Wünsche an eine fertigungsgerechte Konstruktion verständigen. Am Ende der ertragreichen Diskussion glauben Produzent und Konstrukteure, daß sie einen vertretbar niedrigen Wert für die Variable Entwicklungs- und Konstruktionskosten erreichen können. Den notieren sie und erklären diesen Wert als das Ziel, das sie soeben miteinander vereinbart haben.

Der Produzent setzt dieses Spiel mit den Mitgliedern der übrigen Funktionsbereiche fort. Aus seinem Oberziel, das er mit seinem Kunden vereinbart hat, findet er im Dialog mit den Leuten aus den jeweiligen Fachabteilungen Unterziele, auf die sie sich dann jeweils verpflichten. Dabei fällt auf, daß er auf viele der Spezialisten aus den Planungsabteilungen, auf die Terminjäger und sonstigen Stäbler verzichten kann. Er findet die Lösungen jeweils im direkten Dialog mit denjenigen, die für ihren Aufgabenbereich meistens am besten wissen, wie man etwas optimieren kann. In der Fertigung gehören dazu auch die Arbeiter selbst. Sie finden heraus, daß der Maschinenpark gänzlich neu konfiguriert werden muß, wenn die Durchlaufzeit wesentlich verkürzt werden soll. Eine Vielzahl von kleineren Veränderungen in der Disposition und der Logistik sowie in der Bearbeitungsweise und -reihenfolge gehen ihnen durch den Kopf. Bevor sie diese Dinge aber als konkrete Vorschläge unterbreiten und damit aus der Hand geben, wollen sie ihre Arbeitssituation verändern. Der Produzent merkt, daß die Arbeiter auf dem richtigen Weg sind, und gesteht ihnen weitreichende Kompetenzen zu. Sie dürfen von nun an ihren Arbeitseinsatz selbst disponieren, wenn sie die Verantwortung für die vereinbarten Mengen und Qualitäten und Termine übernehmen, die für die Einhaltung des Oberzieles gebraucht werden. Was sie machen sollen, ist ihnen klar, wie sie es tun, wollen sie möglichst selbst entscheiden. Man kommt darin überein, die Fertigungsbereiche in Arbeitsgruppen neu zu gliedern. Die Arbeitsgruppen wählen einen Sprecher, der die Kommunikation zu anderen Arbeitsgruppen, zum Meister usw. gestaltet. In all diesen Fällen führte eine strikte Anweisung an nachgeordnete Instanzen nicht weiter. Wer jetzt noch etwas zu sagen beansprucht, muß von der Sache auch wirklich etwas verstehen.

Der Produzent hat nun mit allen in Frage kommenden Bereichen solche Ziele vereinbart, und er ist ganz zuversichtlich, daß das Produkt zeit- und kostengerecht entsteht. Alle sind an die Arbeit gegangen. Nach einiger Zeit stellt sich heraus, daß die Geschichte mit den Zielvereinbarungen weitreichende Konsequenzen hat. Damit die Arbeiter möglichst in Echtzeit erkennen können, wo sie im Augenblick wert- und zeitmäßig mit ihrem Arbeitspaket stehen und welche Alternativen der Bearbeitung ihnen im Falle von Maschinenausfällen oder Materialengpässen offen stehen, brauchen sie Informationen. Das ist einleuchtend. Jede Arbeitsgruppe erhält einen Computeranschluß, und bei Bedarf können die Arbeiter sich die benötigten Informationen auf den Bildschirm holen. Das Betriebsgeschehen wird für die Arbeiter transparent. Sie können allmählich selbst sehen und beurteilen, welche Stellung sie im betrieblichen Wertschöpfungsprozeß haben. Auch können sie unmittelbar die Auswirkungen von Fehlern erkennen, die ihnen doch einmal unterlaufen. Sie merken aber auch, daß sie andere informieren sollten, wenn alles reibungslos funktionieren soll. Sie halten engen Kontakt mit den Instandhaltern, der Lagerverwaltung usw. Wenn sie ihren Arbeitsprozeß optimieren, stellen sie fest, daß auch andere im Betrieb von den Veränderungen unterrichtet werden sollten, damit sie auf den neuesten Stand gebracht werden. Die direkte, horizontale Kommunikation wird wichtiger

Bestandteil der Arbeitsaufgabe. Es dauert nicht sehr lange, bis die Arbeiter bemerken, daß viel Zeit gespart und Reibungen vermieden werden können, wenn manche Dinge anders geregelt würden. Sie wollen die Werkzeug- und Materialausgabe für ihren Bereich selbst übernehmen. Inzwischen sind sie so eingefuchst, daß sie die Wochen- und Monatsplanung für ihre Maschinen an sich ziehen möchten. Bearbeitungspläne ergänzen und modifizieren sie. Sie finden heraus, daß sie die Belieferung mit Hilfsstoffen und Vormaterialien selbst in die Hand nehmen sollten. Mit ihren wichtigsten Lieferanten vereinbaren sie eine punktgenaue Anlieferung der benötigten Teile und Mengen in dem Moment, in dem sie in der Fertigung gebraucht werden, eben Just in time. Plötzlich bemerken sie, daß sie zunehmend Arbeiten mit wachsender Selbstverständlichkeit erledigen, die bislang der Arbeitsvorbereitung, der Materialplanung und -wirtschaft, der Wartungs- und Instandhaltungsabteilung, der Personalverwaltung usw. vorbehalten waren. Indem sie ihren eigenen Abschnitt im gesamten Prozeß der Produktherstellung optimieren, wirken sie daran mit, die vordem eherne Trennung zwischen Kopf- und Handarbeit, zwischen Planung und Ausführung aufzubrechen. Auch die klaren Abgrenzungen zwischen den Fachbereichen verschwimmen zusehends. Alles, was geschieht, wird vom Standpunkt der Prozeßgestaltung und -optimierung aus beurteilt. Dabei erscheint manche Einrichtung und Aufgabenstellung auf einmal ziemlich unbedeutend, die bislang als etwas ganz besonderes galt. Die Mitglieder der Arbeitsgruppen, die Gruppensprecher, die Meister und andere entdecken, daß der Gesichtspunkt der Prozeßintegration für den reibungslosen und raschen Ablauf entscheidend ist. Weniger förderlich und eher hemmend wirken dagegen die alten, fein gestaffelten und geschachtelten Zuständigkeiten irgendwelcher Funktionsspezialisten.

Die Arbeiter haben das Ziel zwar deutlich vor Augen, das sie vor einiger Zeit mit dem Produzenten vereinbart haben. Aber sie glauben, daß sie jetzt Unterstützung brauchen. Der Grund ist, daß nur wenige Mitglieder in den Gruppen alle Aufgaben sehr gut beherrschen, die in ihrem Prozeßabschnitt anfallen. Außerdem hat es einige technische Neuerungen gegeben, mit denen noch nicht alle vertraut sind. Schließlich wollen die Mitglieder der einen Gruppe mehr Instandhaltungsarbeiten in ihren Aufgabenbereich integrieren. Dazu brauchen sie aber zusätzliche Kenntnisse. Sie werden mit der Geschäftsführung einig, daß sie die benötigte Unterstützung erhalten. Gleich neben der Maschinenstrecke in ihrem Arbeitsbereich wird ein kleiner Raum eingerichtet, worin einige Meister und Ingenieure in kurzen und regelmäßigen Abständen auf ihre Bedürfnisse zugeschnittene Kurse beruflicher Weiterbildung geben. Das geschieht teilweise in und teilweise außerhalb der Arbeitszeit. Sie merken, daß der erlernte Beruf nicht mehr ausreicht. Immer öfter erledigen sie Aufgaben, die jenseits der Grenzen ihres Berufes liegen. Anfänglich macht ihnen das psychologisch einige Schwierigkeiten. Immerhin haben sie kein Patent dafür, sich auch in anderen Gewerken zu tummeln. Aber es geht nichts schief. Und der dauerhaften Prozeßoptimierung kommt es zugute. Daraus beziehen sie Bestätigung und auch eine gewisse Beruhigung wegen der ständigen Grenzüberschreitungen.

Die Arbeiter haben sich gut in die neuen Aufgaben eingefunden und ganz allmählich an die Arbeit in Gruppen gewöhnt. Überwiegend schätzen sie die Vorteile der Gruppenarbeit. Zwar weiß mancher von ihnen noch sehr genau, daß er im alten System, als jeder noch ein auf sich gestellter Einzelkämpfer war, mehr geleistet und manchmal auch mehr verdient hat als jetzt. Er sieht jetzt aber sehr deutlich, daß seine und die Arbeit der anderen Kollegen in einem klaren und wohl abgestimmten Verhältnis zur betrieblichen Gesamtarbeit steht und daß deshalb die starke Einzelleistung manchmal sogar auf den Gesamtertrag drücken kann. Und stillschweigend gesteht er sich ein, daß in der Gruppe sogar diejenigen Kollegen, von denen er vorher gar nicht so viel gehalten hat, für ihn einspringen und aushelfen, wenn er mal nicht so gut drauf ist. In der Gruppe, so stellen alle fest, kommen mehr Ideen hoch zur Verbesserung des Prozesses, und allein die Tatsche, daß man regelmäßig in den Gruppensitzungen über Probleme und Lösungen sprechen kann, trägt zur Sicherheit und zu anhaltender Innovationsfähigkeit bei.

Jetzt haben sich die Gewichte deutlich verschoben. So wichtig sind die Leute aus den Büros nicht mehr, seit die Arbeiter denen so manche Aufgabe abgenommen haben. Denen sind auch schon einige Privilegien gestrichen worden. So große soziale Abstände wie früher gibt es im Betrieb nicht mehr. Alles in allem hat sich die neue Koordinationsweise ganz gut eingelaufen. Man ist schon eine Weile dabei, das jeweils erreichte Optimierungsniveau zu sichern und als Startgrundlage für weitere Verbesserungen zu nehmen. Jetzt optimiert man die betriebliche Weiterbildung und errichtet ein eigenes Schulungszentrum. Trainer und Beschäftigte glauben, daß sie damit noch effektiver werden. In diesem Zusammenhang gehen die Meister der Fertigung dazu über, die Auszubildenden schon nach kurzer Zeit aus der Lehrwerkstatt herauszuholen und in die Fertigungslinien mit Echtaufträgen zu integrieren. Auch verkleinern sie die Lehrwerkstatt und stellen einige Maschinen von dort in die Linien der Fertigung. Die Azubis werden jetzt viel rascher und sehr direkt an die künftigen Aufgaben herangeführt. Übrigens stellt sich schon bald heraus, daß man jetzt in der Fertigung keine Angst mehr zu haben braucht, unter dem erworbenen Ausbildungsniveau eingesetzt zu werden. Im Gegenteil. Die Anforderungen hinsichtlich Niveau und Breite nehmen eher zu.

Die meisten im Betrieb gehen ziemlich couragiert zur Sache, damit sie die Ziele auch erreichen können, zu denen sie sich verpflichtet haben. Zunächst schien es ihnen fremd, und einigen war auch recht mulmig dabei, daß sie in der Erledigung ihrer Angelegenheiten nicht immer, und in der Folge immer seltener, den an sich vorgeschriebenen Instanzenweg eingehalten haben. Aber der Erfolg gab ihnen schließlich recht. Statt einen Wunsch den einen Instanzenweg über Vorarbeiter, Meister, Abteilungsleiter, Hauptabteilungsleiter hinauf und im Nachbarressort spiegelbildlich wieder herunter zu schicken, wo er dann so entstellt ankommt, daß der Mann am anderen Ende guten Grund hat, den Wunsch abzulehnen, geht man jetzt direkt zu ihm - es sind ohnehin nur wenige Meter in gerader Linie - und spricht die Dinge mit ihm persönlich durch. Das klappt schon deshalb sehr gut, weil es kaum noch Mißverständnisse und keine Übertragungsfehler mehr gibt. Viele haben sich an das neue Verfahren gewöhnt, und irgendwie paßt es auch besser dazu, weil man jetzt vieles selbst zu entscheiden hat.

Allerdings ist es gar nicht so einfach, selbst zu entscheiden. Es ist nicht nur die Umstellung darauf, daß man nicht mehr wartet, bis ein anderer entschieden hat. Jetzt übernimmt man selbst Verantwortung und muß dabei immer das Ziel vor Augen behalten, das man mit dem Manager vereinbart hat. Das spitzt die Entscheidungssituation immer auf einen bestimmten Punkt zu. Hierzu sind Disziplin, Ausdauer und Geschick nötig. Meistens liegen nämlich irgendwelche Steine im Weg.

Weil die operativen Leute zahlreiche dispositive Aufgaben mit übernommen haben, ist ihnen nicht mehr einsichtig, weshalb viele im Betrieb nichts anderes zu tun haben, als zu überprüfen, ob die Kollegen ihre Arbeit richtig machen, ob die Mengenangaben über die angelieferten Vormaterialien stimmen, ob auch verladen wird, was produziert worden ist. Der ganze Kontrollaufwand, so stellt sich ihnen die Sache dar, kostet mehr, als er einbringt. Wenn die vereinbarten Ziele erreicht werden sollen, ist das nicht mehr vertretbar. Die Arbeiter haben selbst das Zählen gelernt, und was eine qualitativ gute Arbeit ist, wissen sie auch. Seitdem sie über ihre Arbeitspläne selbst entscheiden und ihren Personaleinsatz managen, muß die Firmenleitung ihnen ohnehin vertrauen. Man verständigt sich darüber, nur noch an den Stellen spezielle Kontrollen durchzuführen, die aufgrund von gesetzlichen Vorschriften bzw. ausdrücklich vom Kunden verlangt werden. Auf das wechselseitige Vertrauen legt auch die Firmenleitung großen Wert. In regelmäßigen Abständen treffen sich die Führungskräfte und kleinere Belegschaftsgruppen zu Wochenendseminaren, auf denen aktuelle Probleme besprochen und das Gefühl der Zusammengehörigkeit und der Zugehörigkeit zur Firma gestärkt wird.

Seitdem fast alles anders läuft, funktioniert das Leistungslohnsystem in der Fabrik nicht mehr. Die Prämierung der Einzelleistung und der Anreiz zur Mengensteigerung steuern in die falsche Richtung. Denn eine Prozeßoptimierung wird davon nicht unterstützt. Die Gruppensprecher, Meister und die Geschäftsleitung erdenken ein Gruppenentgelt, in dem verschiedene Komponenten wichtig sind. Wer alle Aufgaben in seinem Prozeßabschnitt beherrscht, erhält den höchsten Grundlohn. Für das Verhalten in der Gruppe (Kommunikation, wechselseitige Abstimmung und Hilfestellung, Ordnung und Sauberkeit usw.) werden Punkte vergeben, die in Geld umgerechnet werden. Im Gruppenlohn werden nur die sogenannten Gutteile bezahlt, Fehlerhaftes geht auf Rechnung der Gruppe. Wer an Weiterbildung im Betrieb mit Erfolg teilnimmt, erhält eine Extrazahlung. Wenn alles gut geht, kommt noch ein monatlicher Bonus dazu. Alle sind bemüht, die Bezahlung so dicht wie möglich an die erbrachte Wertschöpfung der Gruppen zu binden.

Der Betriebsrat hat die neue Koordinationsweise nach anfänglichen Bedenken unterstützt. Er weiß, daß im Zusammenhang damit neue Arbeitsformen entstehen können, insbesondere Gruppenarbeit in Fertigung und Montage. Wegen der höheren Qualifikationsanforderungen gibt es hierbei berufliche Chancen und bessere Verdienstmöglichkeiten für die Kollegen. Dem neuen Entgeltsystem stimmt er für die Dauer einer Testphase zu, nachdem er sich bei der Gewerkschaft rückversichert hat. Der Betriebsrat sieht voraus, daß sich die Kollegen im kontinuierlichen Verbesserungsprozeß nicht immer konform zum geltenden Tarifvertrag und den bestehenden Betriebsvereinbarungen verhalten dürften. Deshalb will er bei allen Abweichungen und faktischen Neugestaltungen der betrieblichen Praxis, insbesondere bei der Regelung der Arbeitszeit, der Leistung, der Veränderung der Arbeitsbedingungen, gehört werden und Neuerungen von seiner Zustimmung abhängig machen. Die Interessenvertretung und Konfliktregulierung im Betrieb läuft nun aber gänzlich anders. Unstimmigkeiten in den Gruppen regeln deren Mitglieder selbst. Hierbei fungiert der Gruppensprecher als Moderator. Kommt man nicht weiter oder handelt es sich um einen Konflikt mit Akteuren aus anderen Gruppen oder Bereichen, dann bemühen sich die jeweiligen Gruppensprecher bzw. Bereichsleiter um eine Beilegung. Scheitert das auch, wird der nächsthöhere Vorgesetzte eingeschaltet und dann auch oft der Betriebsrat. Im Regelfall nehmen die Gruppen ihre Angelegenheiten selbst in die Hand. Wenn sie sich ein bestimmtes Ziel gesetzt haben, etwa die Auslieferung eines eiligen Teils zu einem Termin, der ohne Überstunden und Wochenendarbeit nicht einzuhalten ist, dann wollen sie das auch durchsetzen, unabhängig davon, ob der Betriebsrat dagegen ist. Seit die Gruppen viel mehr Verantwortung übernommen haben, fühlen sie sich von manchen gut gemeinten Schutzbestimmungen und -maßnahmen eingeengt. Auf der anderen Seite erhalten sie kaum Hilfestellung vom Betriebsrat für die Weiterentwicklung des neuen Arbeitssystems. Nach wenigen Monaten schon haben sich Gruppen und Gruppensprecher einerseits und Betriebsrat andererseits einigermaßen auseinandergelebt, sie sind einander ein wenig fremd geworden. Viele Dinge des neuen Alltags sind derart speziell, daß sie sich weder für den Wiederholungsfall noch stellvertretend für andere regeln lassen. Oftmals muß man sich mit mündlichen Vereinbarungen begnügen.

Die Strategie des Produzenten geht auf. Mit der neuen Koordinationsweise sind enorme Produktivitätsreserven erschlossen worden. Er kann den vereinbarten Preis halten und das Produkt mit Gewinn herstellen. Der Anstoß, den er zunächst von "oben" gegeben hat, ist "unten" angekommen. Aber nichts ist mehr wie vorher. Von "unten" kommen jetzt laufend Vorschläge und Erwartungen, die zumeist vernünftig sind, aber die dann mitunter doch arg weit gehen. Die Gruppen und Bereiche wollen mehr Mitwirkungsrechte und Entscheidungskompetenzen. Jede Einheit betrachtet sich als Unternehmen, und sie sehen einander wechselseitig als Kunde und Auftragnehmer. Sie verhalten sich eigentlich auch wie am Markt. Daraus resultieren Spannungen. Die einen holen sich dezentral Aufträge vom Markt herein, um eine zwischenzeitliche Unterauslastung auszugleichen. Die anderen wollen vom Vorbereich keine bearbeiteten Teile mehr abnehmen, seit sie herausgefunden haben, daß ein Unternehmen in der Nachbarschaft das Gleiche genau so gut, aber billiger macht. Die Arbeitsgruppen wollen ein Budget zur freien Verfügung für ihre Optimierungsanstrengungen haben. Der Leiter Bereich X beansprucht Investitionsmittel für seinen Bereich im Verhältnis zum Ertrag, der in seinem Bereich erwirtschaftet worden ist. Zumindest will er an der bevorstehenden Investitionsplanung und an den Erörterungen über die Gewinnverwendung substantiell mitwirken. Der Arbeitgeberverband und die Gewerkschaft kommen mit dem einheitlichen Entgelttarif nicht nach. Seitdem drei ehemalige Terminjäger und ein Techniker in die Fertigung versetzt und in eine Gruppe integriert worden sind, müssen wegen geltender Tarife für Arbeiter und Angestellte für gleiche Arbeit unterschiedliche Entgelte gezahlt werden. Einige Mitglieder des mittleren Führungskreises werden unzufrieden, weil es jetzt viel weniger Aufstiegspositionen gibt. In einigen Bereichen ist die Produktivität derart drastisch gesteigert worden, daß eine ganze Gruppe und ein Meister überflüssig geworden sind. Sie werden auch nicht an anderen Stellen im Betrieb gebraucht, es sei denn, das Unternehmen expandiert.

Nichts von dieser Geschichte ist erfunden! Ich habe sie aus Einzelteilen verschiedener Firmengeschichten zusammengestellt. Komplizierte Wechselbeziehungen, Rückschläge, Blockaden usw., die in der Praxis selbstverständlich dauernd vorkommen, habe ich der Klarheit wegen ausgelassen. Man braucht nicht viel Phantasie, um einerseits die Sprengkraft und Dynamik zu erahnen, die freigesetzt werden, wenn sich alle an die neuen Spielregeln der Koordination wirtschaftlichen Handelns halten. Aber das ist der Punkt. Hierfür gibt es nämlich keine Garantie! Jeder kann sich leicht ausmalen, an welchen Stellen der Schilderung der Prozeß aufgehalten werden und scheitern kann.[5] Und weil es in diesem Spiel Gewinner und Verlierer gibt, kann man erst gar nicht erwarten, daß sich jemand mit Begeisterung den eigenen Ast absägt, auf dem er sitzt. Und jetzt ist es überhaupt nicht mehr erstaunlich, daß viele in der Wirtschaft - und selbstverständlich nicht nur dort - ein ›eigenes‹ Verständnis von Lean Production haben, daß unter der Überschrift Lean Production in Baden-Württemberg wie auch andernorts höchst verschiedene und merkwürdige Dinge gemacht worden sind und daß es bisher nur ganz wenige Firmen gibt, die ihre Koordinationsweise so konsequent umgestellt haben wie soeben beschrieben.

5. Wirkungen und Konsequenzen

Der Lean-Prozeß hat vieles angestoßen und zu starker, auch produktiver Verunsicherung beigetragen. Es hat sich auch einiges verändert. Freilich kann nicht behauptet werden, daß dadurch das baden-württembergische Produktionsmodell umgestaltet worden wäre. Überwiegend trifft wohl zunächst einmal nur zu, daß dem etablierten Produktionsmodell Neues hinzugefügt worden ist. Nicht in gleichem Umfang sind

5 Siehe hierzu vor allem ORTMANN 1995.

Elemente des alten Produktionsmodells verschwunden. Es ist wahrscheinlich richtig zu sagen: Der Wandel findet in der Kontinuität statt, und er führt - nur - potentiell auf einen Umbruch zu. Die bemerkenswerteste Auswirkung des bisherigen Prozesses dürfte gegenwärtig mehr in einer ernsthaften, an die Substanz gehenden Herausforderung des betrieblichen Ordnungsrahmens, der gesellschaftlichen und betrieblichen Sozialstruktur und eines guten Teils des für die Wirtschaft relevanten Institutionensystems liegen, als darin, daß eine Mehrheit von Unternehmern, Managern, Beschäftigten und ihren Betriebsräten die hinter der Herausforderung liegende Grundidee der diskursiven Koordinierung in ihre Zielvorstellungen, Handlungsorientierungen und vor allem in ihre tatsächlichen Handlungsweisen mit Selbstverständlichkeit übernommen hätten. Die wenigen bereits vollzogenen Veränderungen dürfen jedoch nicht deshalb verkannt werden und unbeachtet bleiben, weil sie vielfach mit dem Alten einhergehen, weil die dem Lean-Prozeß innewohnende Tragweite erst am Beispiel ganz weniger Firmen nachgewiesen werden kann und ansonsten die Inkonsistenz, Halbherzigkeit und auch die Rückwärtsbewegungen dominieren. Ich glaube nicht, daß der Prozeß gänzlich umkehrbar ist. Die weitere Entwicklung kann jedoch nicht prognostiziert werden; noch überwiegen die Suchprozesse, wohingegen normative, strukturelle und institutionelle Fixierungen kaum stattgefunden haben. Schon deshalb muß man einen offenen Ausgang des weiteren Geschehens unterstellen. Immerhin aber reicht die Einsichtnahme in den bisherigen Verlauf der Restrukturierung dafür aus, einige Thesen zu den Auswirkungen und vermutlichen Folgen zu riskieren.

Zu beachten ist übrigens ein Sachververhalt, der aus verschiedenen Gründen Aufmerksamkeit verdient: Lange Zeit befanden sich Sozialstruktur und Institutionen in einer Korrespondenz zu den vorherrschenden Eigenschaften des fordistischen Produktionsmodells: Standardisierung, Strukturierung, Vorherbestimmung, Berechenbarkeit. Nunmehr kann eine Korrespondenz zu der Prozeßcharakteristik der Restrukturierung festgestellt werden: Unbestimmtheit und Offenheit.[6] Beispielhaft illustrieren dies die folgenden Merkmale: Regulierung versus Deregulierung; Normalarbeitszeit versus Arbeitszeitflexibilisierung; Arbeitszeit versus Betriebszeit; Anweisung versus Aushandlung; Mißtrauen versus Vertrauen; Vernutzung versus Weiterbildung; Hierarchie versus Selbstorganisation; Segmentation versus Kooperation; Arbeitsteilung versus Integration; Solidarität versus Eigennutz usw. Mit dieser Aufzählung, die nicht einmal erschöpfend oder systematisch ist, wird deutlich: Während das Alte relativ unbedeutender, schwächer, weniger prägend und verbindlich wird, aber bestehen bleibt, kommt Neues hinzu, das oftmals durch inselhafte Praxis, teilweise auch durch stärkere Verbreitung bedeutsamer wird. Mit der Deregulierung verschwindet die Regulierung nicht, mit der Arbeitszeitflexibilisierung die Normalarbeitszeit nicht, mit der Vertrauensorganisation die Mißtrauensorganisation nicht, mit der Selbstorganisation nicht die Hierarchie usw. Aber es verschwinden die Ein-

6 G. SCHMIDT (1995) sagt: »Kontingenz, Unsicherheit und Selbststeuerung.«

deutigkeiten. Was zuvor Standard war, ist es jetzt nicht mehr unbedingt. Zum zuvor einzig richtigen Weg kommen nun gangbare Alternativen hinzu. Wenn Standards allmählich durch die Praxis einiger Akteure aufgelöst werden, heißt das nicht, daß sich andere Akteure zeitgleich neue Orientierungen und Wertvorstellungen zulegen. Man muß sogar damit rechnen, daß die Standards auch dann noch verteidigt werden, wenn sie kaum noch eine empirische Basis haben. Am besten kann man das am Abwehrkampf vorwiegend der mittleren Manager in den Betrieben und der Defensivpolitik der Verbände und Gewerkschaften erkennen. Die Gewerkschaften hat es in diesem Prozeß vermutlich von allen am schwersten getroffen. Ihre Traditionen, ihr Selbstverständnis, ihre Funktionsweise, ihr historischer Erfolg, ihre Durchsetzungsstärke und vermutlich ihre Organisierungskapazität beruhen auf der Möglichkeit der Standardbildung. Was wird aus den Gewerkschaften, wenn diese Möglichkeiten zunehmend schwinden?

Die folgenden Thesen zu den Auswirkungen des Lean-Prozesses müssen in dem Sinne verstanden werden, daß mit der Fortexistenz und in vielerlei Hinsicht auch mit der Dominanz des Alten zu rechnen ist. Die Auswirkungen des Lean-Prozesses sind Ausdruck von neuen Akzentsetzungen und auch von -verlagerungen im alten Produktionsmodell, das auf diese Weise allmählich verändert wird. Ich beschränke mich auf ausgewählte Bereiche der Sozialstruktur.[7]

Es gibt Anlaß für die Annahme, daß das Konzept des Arbeitnehmers, wie es sich in der deutschen Nachkriegsgeschichte allmählich herausgebildet und gegen Kategorien der Klassengesellschaft schließlich durchgesetzt hatte, im Lean-Prozeß seine Konturen verliert und der semantische Gehalt mit den neuen Erwartungen an die Gruppenarbeit und mit den Selbstbildern ihrer Mitglieder sowie der Logik der diskursiven Koordinierung schwer in Übereinstimmung gebracht werden kann. Auch die Bedeutung des Wortes Arbeitsplatz geht verloren. Die soziale Kategorie des Berufes wird von der Dynamik und den Ergebnissen des Lean Prozesses stark berührt. Nicht das Berufssystem wird gefährdet; aber die oftmals strenge Ausrichtung an der Fachberuflichkeit wird im Lean-Prozeß zum Problem. Manager und Meister sind hinsichtlich Selbstverständnis und Rollendefinition besonders stark von den Veränderungen betroffen. Im Lean-Prozeß entwickelt sich eine gänzlich andere Anforderung an das Management.

Arbeitnehmer

Der Lean-Prozeß verändert die soziale Stellung von Beschäftigten in Betrieb und Beruf sowie das Verhältnis von Erwerbsarbeit und anderen Lebensformen.[8] Die innere Differenzierung der Arbeitnehmer wird verstärkt und beschleunigt. Schon die

7 Institutionelle Auswirkungen und Konsequenzen werden derzeit ebenfalls erkennbar. Siehe hierzu BRACZYK, SCHIENSTOCK 1995.

8 Selbstverständlich ist der Prozeß nicht Subjekt der Handlung. Er steht hier abkürzend für die wirklichen Handlungen, Akteure und Akteurskonstellationen, durch welche ein Vorgang des Wandels überhaupt nur zustandekommen kann.

Analyse der modernen Rationalisierung zeigte eine Auffächerung der Arbeitnehmer in Gewinner, Dulder, Verlierer und vom Beschäftigungssystem Ausgeschlossene.[9] Der Lean-Prozeß gibt dieser Tendenz zusätzlichen Auftrieb. Die interne Differenzierung der Arbeitnehmer wird zunehmen. In der Industrie werden vor allem diejenigen Arbeitnehmer weniger zahlreich vertreten sein, an die geringe Qualifikationsanforderungen unter Bedingungen hoher Arbeitsteilung und Spezialisierung (was hier Einengung heißt) gestellt werden. Sie dürften von besser ausgebildeten Fertigungs- und Montagearbeitern verdrängt werden, die auf die neuen Arbeitsanforderungen ausreichend vorbereitet werden, ohne aber zwingend einen Facharbeiterabschluß dafür zu brauchen, geschweige denn eine darüber hinausgehende Schulung. So wird die Annahme, der Bedarf an höher qualifizierten Berufsanfängern steige, in den Firmen durchaus kritisch beurteilt. Nicht selten fällt das Wort von der Überqualifizierung. Man könne, so wird argumentiert, in Baden-Württemberg nicht ausschließlich Arbeitsplätze für hochqualifizierte Beschäftigte schaffen. Das heißt, eine generelle Tendenz zur Höherqualifizierung dürfte realistischerweise nicht erwartet werden. Die gut und sehr gut ausgebildeten und permanent an Weiterbildung teilnehmenden Beschäftigten werden die Schlüsselkräfte der modernen industriellen Fertigung stellen. Aber sie werden eine Minderheit unter den Industriebeschäftigten bilden. Mindestens für diese Gruppen ändert sich der Sinngehalt der Worte Arbeitsplatz und Arbeitnehmer.

In der restrukturierten Fertigung ist der Arbeitnehmer einem Aufgabenfeld, einem Prozeßabschnitt der Fertigung zugeordnet. Er wird Mitglied eines Expertenteams (Gruppe), das als solches die kleinste soziale Einheit des Unternehmens bildet. Diese trägt Züge eines Subunternehmers, wenn sie auch damit nicht identisch wird.[10] Aber weil in der Gruppenarbeit das persönliche Einkommen mit dem Unternehmensertrag viel enger in Beziehung gesetzt wird als zuvor, weil die Handlungen und Entscheidungen in der Gruppe auf der Grundlage von eigener Ressourcenverantwortlichkeit, Initiative und von verbindlichen Zusagen an andere (Zielvereinbarungen) erzeugt werden, verschiebt sich die ursprüngliche Bedeutung des Wortes Arbeitnehmer. Die Mitglieder der Gruppen bleiben Arbeitnehmer und somit vom Unternehmen abhängig, aber es wird nicht mehr wie vorher klar ersichtlich, daß sie ihre Arbeitskraft fremder Disposition unterstellen. Sie gehen eine Leistungsbeziehung ein, die ihre Rationalität vom Ertrag des Arbeitsergebnisses her bezieht.[11] Wenn die klare Distinktion zwischen Arbeitskraft des Arbeitnehmers und dem Dispositionsrecht des

9 Anfang der achtziger Jahre: KERN, SCHUMANN 1984; BRANDT 1990; neuerdings verstärkend hinsichtlich der Ausgeschlossenen: KRONAUER 1995.

10 Es kommt zum Beispiel vor, daß die Arbeitsgruppen die Zahl der Mitglieder selbst bestimmen und möglichst auf eine kleinere Einheit hinwirken, um Kosten zu sparen und ihre Verdienstmöglichkeiten zu steigern.

11 Damit erhält die alte Debatte über die Unbestimmtheit des Arbeitsvertrages eine neue Qualität. Einen interessanten theoretischen Beitrag im Lichte der aktuellen Diskussion hat küzlich KLAUS SEMLINGER [SEMLINGER 1994] geleistet. - Von einem bestimmten Punkt der Veränderung des Arbeitsverhältnisses wird die Kategorie Arbeitsvertrag vermutlich untauglich.

Arbeitgebers wegen der neuen Funktionsgestaltung im Unternehmen zunehmend Fiktion zu werden droht, muß darüber nachgedacht werden, was denn den Arbeitsvertrag noch konstituiert. Je mehr die Disposition über die Arbeitskraft der Autonomie der Gruppe selbst anheimfällt, um so brüchiger wird das konventionelle Konzept von Arbeitnehmer und Arbeitsvertrag. Hinzu kommt, daß diese Abhängigkeitsbeziehung auch für das Unternehmen gilt. Die prozeßspezifische Expertise der Gruppe ist nicht ohne weiteres über den Arbeitsmarkt disponibel zu machen.

Beruf

Die Berufsstruktur dürfte in dem Maße von diesen Veränderungen betroffen werden, wie sie mit den neuen Anforderungen der Verantwortlichkeit für Prozeßabschnitte im Rahmen von Gruppenarbeit unvereinbar wird. Damit wird die Fachlichkeit der beruflichen Organisation des Wissens kritisch. Die benötigte Expertise für Prozeßabschnitte bündelt Wissen aus verschiedenen beruflichen Fächern, die weiterhin klar gegeneinander gegliedert sind. Auch die klare Unterscheidung zwischen gewerblichen und verwaltenden sowie kaufmännischen Berufen wird vermutlich verwischt. Die Gruppenorganisation erfolgt von den Prozeßanforderungen her und bricht die fachberufliche Strukturierung des Wissens auf. Die Facharbeiter- und die Ingenieurberufe werden von diesen Veränderungen am meisten betroffen sein.

Manager

In dem Maße, wie die organisatorische Binnenkoordination und das betriebliche Ordnungsmodell umgestaltet werden, unterliegen die Anforderungen an das Management erheblichen Veränderungen. Das betrifft keineswegs nur den sozialen Status und die Privilegien. In der öffentlichen Debatte über den Lean-Prozeß sind vornehmlich diese Statusfragen und die mit der Abflachung von Hierarchien verbundenen Freisetzungen von Managern sowie allenfalls noch die Implikation zur Sprache gekommen, daß man wohl künftig relativ weniger Manager brauchen würde. Abgesehen von diesen Äußerlichkeiten und Fragen der Quantität: Die Funktion des Managements selbst, die Qualität erhält ein neues Profil.

Zu allen Bemühungen um Berechnung, Vorausbestimmung, Standardisierung kommen nunmehr die Anstrengungen hinzu, deren jeweilige Grenzen sowohl hinsichtlich des Machbaren als auch hinsichtlich des Durchsetzbaren zu erkennen und zu respektieren. Diskursive Koordinierung erfordert den Ausgleich zwischen bzw. die Balance von Anweisung und Aushandlung, von Determination und Unbestimmtheit, von Führen und Laufenlassen, von harten und weichen Daten, von Zielfixierung und Ungewißheit über die Mittel, von Gesamtzusammenhang und Bereichsautonomie usw. Management läuft auf die Moderation von Aushandlungsvorgängen unter Beachtung harter Oberziele hinaus, verbunden mit der schwierigen Aufgabe, gemeinsam mit den Sprechern von Funktionseinheiten (Bereichen, Arbeitsgruppen) jene Teilziele zu operationalisieren, die für das am Markt fixierte Oberziel passend sind, die Zielerreichungen abzusichern, die ungleichen und unvorhersehbaren Beiträge zur kontinuierlichen Verbesserung rechenbar und verstetigbar zu machen und den dynamischen Prozeß stets mit der Zielverträglichkeit in Abgleich zu bringen. Management wird - vielleicht sogar mehr als früher - Prozeßwissen voraussetzen, aber es wird vermutlich nicht die Expertise jener übersteigen, die in den Prozeßabschnitten selbst aktiv sind. Die Moderations- und Verhandlungsaufgabe verlangt die inzwischen oft zitierten sozialen Kompetenzen. Man könnte außerdem annehmen, daß in Zukunft stärker zu unterscheiden sein dürfte zwischen Managementfunktionen und der separierten Arbeitsrolle eines Managers. Die meisten Arbeitsrollen in den Funktionsbereichen der Betriebe dürften mit Managementfunktionen angereichert werden.

Meister

Der Wandel der Meisterrolle vom Vorgesetzten zum Trainer stellt vor allem in sozialer Hinsicht hohe Anforderungen an den Inhaber. Hier zeigt sich, daß viele Meister einem solchen Wandel nicht gewachsen sind. Neben Managern der mittleren Ebene sind es deshalb vor allem Meister, von denen sich Betriebe im Zuge organisatorischer Restrukturierung trennen. Denn die Meister kontrollieren eine ganz besonders anfällige Schnittstelle im Lean-Prozeß und können erhebliche Blockierungen des Neuen auslösen. Der Meister übernimmt die Verantwortung für eine angemessene Ausbildung und Fortbildung der Gruppenmitglieder. Er muß herausfinden, was ihnen fehlt, und für sie wohlabgestimmte Weiterbildungen organisieren. Er wird zudem Mittler zwischen den Gruppen und anderen betrieblichen Stellen. Bezüglich einer kontinuierlichen Verbesserung, die auch Betriebsmittelplanung, Entwicklung und Konstruktion einschließt, hat der Meister die schwierige Aufgabe, die Kommunikation zwischen den Gruppen und den Expertenstäben überhaupt herzustellen und in einen wechselseitig fruchtbaren Dialog zu überführen.

Sozialer Aufstieg

Die Verschiebungen in der Berufsstruktur, die inneren Differenzierungen und Veränderungen der Beschäftigtenstruktur als Folge der Restrukturierung bedeuten noch etwas, was für die Sozialstruktur und die soziale Kohäsion im deutschen Sozialmodell bislang ziemlich entscheidend war. Die gegenwärtige organisatorische Restrukturierung schneidet unzweifelhaft Wege zum beruflichen und sozialen Aufstieg ab, jedenfalls in dem vorherrschenden Verständnis. Damit verblaßt vermutlich die Motivation in der Facharbeiterschaft, den mühsamen Weg der beruflichen Weiterbildung, entweder hin zum Techniker bzw. Ingenieur oder zum Meister, einzuschlagen. Vom gegenwärtigen Standpunkt aus kann man das natürlich als einen Verlust beklagen und befürchten, daß auch die soziale Integration der Arbeiter in der Gesellschaft gefährdet sein könnte. Vom Standpunkt des Lean-Prozesses hingegen könnte man diesen vermutlichen Motivationsverlust und die eingeschränkte Möglichkeit des beruflichen Aufstiegs auch als Segen auffassen. Damit erlahmt nämlich auch eine wesentliche Kraft der Reproduktion der alten Verhältnisse. Sozialer Aufstieg findet dann durch den erhöhten Respekt gegenüber der Gruppe statt, die ihren Mitgliedern im Betrieb und in der Gesellschaft entgegenzubringen ist. Der neue Typus sozialen Aufstiegs, so eigenartig das klingen mag, ist mit weniger und nicht mit mehr sozialer Differenzierung verknüpft.

Rechtliche und ethische Aspekte der Informationstechnik und der Informatik: Eine Einführung

BRITTA SCHINZEL UND NADJA PARPART

IM letzten Kapitel werden rechtliche und ethische Probleme in der Verschränkung mit den Innovationen der Informationstechnik behandelt. Der erste Beitrag schließt an Überlegungen zum Strukturwandel der Wirtschaft an, indem der Einfluß des Rechts auf die Diffusion der Technik diskutiert wird. Der zweite Beitrag beschäftigt sich mit Datenschutzaspekten der neuen Information Highways, die bereits in KLAUS BRUNNSTEINs Artikel erörtert wurden. Im dritten Beitrag beschreibt der damalige Präsident der Gesellschaft für Informatik, ROLAND VOLLMAR, die 1994 verabschiedeten ETHISCHEN LEITLINIEN der GESELLSCHAFT FÜR INFORMATIK aus dem Blickwinkel des Teilnehmers an dem vorbereitenden Diskurs und den Gesprächen innerhalb der GI.

Durch die gesellschaftlichen Auswirkungen der Informationstechnik ist das Recht in hohem Maße herausgefordert. Nicht nur müssen rechtliche Festlegungen angepaßt werden, wie etwa die Definition des Diebstahls, die vom Verschwinden des Diebesgutes durch den Diebstahl ausging, aber für Software nicht mehr zutrifft. Die neuen durch technische Artefakte eröffneten Möglichkeiten der Kommunikation und Organisation erfordern auch neue rechtliche Regelungen, um Schäden von Gesellschaft und Individuum abzuwenden. Wie schwierig sich die Sicherung der informationellen Selbstbestimmung und der Schutz vor kriminellen Eingriffen durch eine unzuverlässige Technik anläßt, wurde bereits in K. BRUNNSTEINs Beitrag deutlich.

Umgekehrt kann aber auch bestehendes Recht die Ausbreitung der Innovationen behindern. Wie sich schon im letzten Kapitel zeigte, bedarf die aktuelle Wirtschaftskrise struktureller Maßnahmen. Eine Möglichkeit dazu wird in der Förderung informationstechnischer Innovationen gesehen, um durch Rationalisierung die Wettbewerbsfähigkeit der Produktion zu gewährleisten. Doch kann man diese Möglichkeit nicht isoliert betrachten. Die Innovation darf nicht nur Produkte und die Konjunktur der Produktion betreffen, sondern muß auf verschiedenen Ebenen ansetzen: der ökonomischen, der sozialstrukturellen und der technologischen.

REINHARD STRANSFELD untersuchte in seinem TA-Projekt ›Innovationshemmnisse durch Recht‹ des VDI/VDE den ambivalenten Stellenwert politisch-rechtlicher Intervention. Dem Staat steht ein breites Instrumentarium an politischen Maßnahmen zur Impulsgebung zur Verfügung. Allerdings können politische Interventionen und die Fülle existierender Regelungen der Diffusion der Technologie hinderlich sein. Das Recht antwortet mit großer Verzögerung auf die Innovationen, so daß wegen der Dynamik der informationstechnischen Neuerungen neue Regelungen schnell veraltet sein können. Die Produkte der Informationstechnik müssen sowohl von der Seite der Entstehung wie der Anwendung in den Blick genommen werden. Die Beziehungen zwischen Innovation, Informationstechnik und Recht ergeben ein komplexes Geflecht, bei dem der Stellenwert des Rechts ambivalent bleibt. Eine wichtige Rolle spielt das Recht zum Beispiel im Wettbewerb zwischen In- und Ausland: Unterschiedliche rechtliche Handhabungen können zu Wettbewerbsverzerrungen führen. Hemmend wirkt dabei oft nicht das Recht selbst, sondern die Art und Weise seiner behördlichen Ausführung.

Der Befund, daß für das Feld der Informationstechnik keine eindeutigen Aussagen über den Stellenwert des Rechts gemacht werden können, wird an einzelnen Beispielen demonstriert: Im Bereich des Datenschutzes, des Urheberschutzrechts, des Patentrechts, des Produkthaftungsrechts, des Betriebsverfassungsgesetzes, der Normung, der Zulassungs- und Prüfungsverfahren, des Telekommunikationsrechts und sonstiger Rechtsbereiche (z.B. Bankenrecht und Gesundheitsstrukturgesetz), die in die Anwendungsgebiete fallen.

Ein weiterer Problemschub kommt mit den neuen Information Highways auf das Recht zu.

Die politischen Wege zur Datenautobahn sind in Europa wie in den USA bereitet, und sie werden bereits befahren. Daß die technischen Voraussetzungen für die Datenautobahn, zumindest was die Sicherheitsaspekte betrifft, noch nicht genügend vorbereitet sind, war aus K. BRUNNSTEINs Beitrag zu erfahren. Rechtliche Regelungen fehlen weitgehend, und ihre Entwicklung gestaltet sich auch deshalb schwierig, weil der Umgang mit weltweiten Netzen vor allem internationaler Vereinbarungen bedarf. Lokale nationale und kulturelle Eigenarten des Rechts müßten über einen Kamm geschoren werden, ein kaum durchsetzbares Unterfangen (wiewohl bezüglich des Datenschutzes von der OECD und dem Europarat in Gang gesetzt). Eher ist zu erwarten, daß die neuen Wege zur Umgehung nationaler Kontrollen und Hoheiten führen werden und damit zu einer weiteren Internationalisierung vieler Strukturen.

Dabei sind eine Reihe von Persönlichkeits- und Hoheitsrechten gefährdet und bedürfen der sorgfältigen Beachtung. In Deutschland existiert seit dem Volkszählungsurteil das Recht auf informationelle Selbstbestimmung als ein vom Grundgesetz geschütztes Gut. Dazu gibt es eine Reihe von Geboten für den Umgang mit personenbezogenen Daten, wie das Zweckbindungsgebot, das Gebot der Normenklarheit, den Verhältnismäßigkeitsgrundsatz, das Gebot der Erforderlichkeit, der Transparenz, den Grundsatz der informationellen Gewaltenteilung sowie organisatorische und verfahrensrechtliche Vorkehrungen.

Das Bundesdatenschutzgesetz von 1990 hat Regelungen geschaffen für die Datenerhebung, die Datenverarbeitung außerhalb von Dateien, Sicherheitsmaßnahmen, Schadensersatz, die Rechte der Betroffenen auf Auskunft, Berichtigung, Löschung oder Sperrung von Daten, Datenschutzkontrolle und die Datenverarbeitungspraxis in speziellen Bereichen, wie Nachrichtendiensten, Straßenverkehr oder Telekommunikation. Dennoch bleiben eine Reihe von Bereichen des Datenschutzes ungeregelt, wie z.B. der Arbeitnehmerschutz, Auskunfteien und Detekteien, Ausländerzentralregister und das gesamte Strafverfahren.

Weitgehend ungeregelt ist das Recht auf informationelle Selbstbestimmung noch in bezug auf die Datenautobahnen und Informationsinfrastrukturen wie Telearbeit, Fernstudienzentren, Netzwerke für Universitäten und Forschungszentren, Telematik-Dienste für Unternehmen, Verkehrsleitsysteme, Luftverkehrssysteme, Vernetzung im Gesundheitswesen, der öffentlichen Verwaltung und im Privatgebrauch.

SIMONE FISCHER-HÜBNER und KATHRIN SCHIER behandeln die Datenschutzproblematik der nationalen und internationalen Informations-Infrastruktur-Programme und den Einsatz von Chipkarten, vor allem im Hinblick auf Verkehrsleitsysteme und das Gesundheitswesen.

Für diese ungeheuren Programme werden kaum erfüllbare soziale Ansprüche an Zugang für alle, Sicherheit, Datenschutz und Urheberschutz gefordert und politisch versprochen. Doch schon allein der Datenschutz ist gefährdet. Zunächst fehlen die technischen Möglichkeiten für einen ausreichenden Datenschutz (Vertraulichkeit, Verfügbarkeit und Integrität personenbezogener Daten). Zudem werden viele Zugänge erleichtert: Personenbezogene Daten können leichter gespeichert werden; Kommunikations-, Bewegungs- und Verbraucherprofile können hergestellt werden. Ungeklärt bleibt oft, was überhaupt unter den Datenschutz fallen soll (z.B. die electronic mail).

Zwar gäbe es Konzepte für Kommunikationssysteme, die die Anonymität ihrer Benutzer gewährleisten könnten, doch sind sie nicht realisiert. Lösungen sieht man stattdessen in Verschlüsselungsverfahren, die jedoch für Zwecke der Strafverfolgung entschlüsselbar sein sollen. Diese Ansprüche erzeugen wieder Gefahren für den Datenschutz.

Die Autorinnen diskutieren Anforderungen für eine datenschutz- und sozialverträgliche Gestaltung der Informationsgesellschaft. Sie beginnen mit der (nicht erfolgten) demokratischen Mitwirkung aller Beteiligten und erörtern technische Möglichkeiten zum Datenschutz.

Eine sehr aktuelle Diskussion ist mit der Chipkarten-Technologie und den damit verbundenen Datenschutzproblemen im Bereich des Gesundheitswesens angesprochen. Solche Chipkarten sind als Krankenversichertenkarten bereits im Einsatz, aber sie existieren auch in Form elektronischer Rezepte, Nachsorgekarten, Notfallkarten für spezielle Krankheiten und als Patientenchipkarte, wobei letztere für den Datenschutz am problematischsten ist. Dies fängt bei der Transparenz für den Patienten an, geht mit der Sicherung der Vertraulichkeit bei Verlust der Karte, der Frage der Zugriffsberechtigungen, der Sicherung der Integrität der Einträge weiter und hört beim möglichen Einfluß des Patienten auf die Eintragungen und ihre Zugänglichkeit auf.

Auch hier wurde die demokratische Mitwirkung der Betroffenen bei der technischen und rechtlichen Gestaltung versäumt. Dabei sind viele Möglicheiten eines besseren Layouts offen.

Es wird in allen diesen Zusammenhängen deutlich, in welch großem Feiheitsraum sich Gestaltungen informationstechnischer Artefakte bewegen. Da das Recht meist erst im Nachhinein reagiert, sind andere gesellschaftliche Verantwortlichkeiten und Korrektive gefordert. Demokratischer Legitimierung bedarf diese Technologie nicht erst nach Fertigstellung der Artefakte, sondern bereits beim Entstehungsprozeß. Das Argument, Entwickler stellten nur technische Hilfsmittel bereit, die zum Guten oder Bösen verwendet werden könnten, ist aus verschiedenen Gründen unsinnig: Zu viele Mittel fließen in die Entwicklung, als daß die Gesellschaft sich eine Option auf Verwendung oder Nichtverwendung offen halten könnte; zu offen ist die konkrete Ausgestaltung und zu sehr von Auftraggebern und Entwicklern abhängig, als daß ihre Festlegung nur aus einem einzigen Interessenkreis heraus kommen dürfte.

Da das Verständnis der meisten Auftaggeber, wie in Kapitel II deutlich wurde, gegenüber dieser fremden Technik sehr beschränkt ist, sind die Entwickler in ihrer Eigenverantwortung gefordert. Die Gesellschaft für Informatik hat dies erkannt und mit einem Verantwortungsdiskurs reagiert, der zur Verabschiedung *Ethischer Leitlinien in der Informatik* führte. ROLAND VOLLMAR, damaliger Präsident der GI und Teilnehmer des Diskurses zur Verantwortung in der Informatik, zeichnet den Stellenwert der Ethik in der Informatik in Anlehnung an diese Leitlinien nach.

Nach diesen Leitlinien ist zunächst vor allem zu berücksichtigen, daß die Informatik nicht isoliert steht, sondern sich in Wechselwirkung mit unterschiedlichen sozialen Normen der Gesellschaft befindet. Im Hinblick darauf sind ethische Leitlinien im Sinne starrer Handlungsanweisungen unangebracht. Angesichts der informatischen Durchdringung der Gesellschaft sind verantwortliche Entscheidungen nur unter Einbezug der Handelnden und Betroffenen zu treffen.

Mit dem Rekurs auf Verantwortung bleiben die Inhalte ethischer Normen offen. Die GI strebt gerade an, diese Inhalte an die Herstellung von Konsens im Diskurs zu binden. Die Leitlinien der GI stehen im Zeichen einer unter Akteuren jeweils konkret zu entwickelnden und gemeinsam zu tragenden Ethik, womit die Bedingungen beschrieben werden, auf deren Grundlage die Definition von Normen im Diskurs stattfinden kann.

Zum einen werden dabei die Anforderungen an die einzelnen Mitglieder (auch als Diskursteilnehmer) formuliert. Jedes Mitglied muß sich durch Kompetenz ausweisen: Durch Fachkompetenz im Bereich der Informatik (Art.1), durch Sachkompetenz im Bereich der Anwendungen und vor allem im Hinblick auf die Betroffenen (Art.2) sowie durch juristische und kommunikative Kompetenzen (Art.3 und 4). Sofern es in ihrem Kompetenzbereich liegt, müssen Mitglieder darüber hinaus Verantwortung übernehmen für die Arbeitsbedingungen der Informatikerinnen und Informatiker (Art.5), für die Betroffenen der Informatiksysteme (Art.6) sowie für die Herstellung von Organisationsstrukturen, innerhalb derer das Wahrnehmen von Verantwortung überhaupt möglich ist (Art.7). Sie (vor allem auch Mitglieder in Lehre und Forschung) nehmen daneben eine Vorbildfunktion im Sinne der Erziehung der Lernenden zur Verantwortung wahr (Art.8).

Weiter wird expliziert, inwiefern die Gesellschaft für Informatik einen Rahmen des Diskurses schaffen kann: Indem sie in Konfliktsituationen Mitglieder zur Zivilcourage ermuntert (Art.9) und Vermittlungsdienste anbietet (Art.10), indem sie ein Forum des interdisziplinären Austauschs über ethische Konfliktlagen bietet (Art.11) und nicht zuletzt dadurch, daß sie eine Sammlung moralischer Konfliktfälle und ihrer Lösungsmöglichkeiten erstellt (Art.12). Dieses Archiv kann als Grundlage der individuellen wie diskursiven Auseinandersetzung mit ethischen Problemen dienen und kann bei der Lösung ethischer Konflikte Orientierung bieten.

Ethische Konflikte entstehen durch den Einsatz von Informationstechnik, weil hier mehr und mehr Kontroll- und Steuerungskompetenzen, die bisher dem Menschen vorbehalten waren, von Maschinen übernommen werden, durch Sicherheitsrisiken aufgrund fehlerhafter Software oder durch die ambivalenten Wirkungen bei der Software-Anwendung. So führen zum Beispiel viele informatische Problemlösungen zur Produktivitätssteigerung, aber gleichzeitig auch zur Dequalifikation von Mitarbeitern oder zu einer Verminderung von Arbeitsplätzen. Die Informatisierung überbetrieblicher Zusammenhänge erhöht zwar die Effizienz der Informationsflüsse, aber auch die Machtkonzentration. Die weltumspannende Automatisierung von Informations- und Kommunikationsflüssen führt zum Fall von Barrieren und Grenzen, was gesamtökonomisch vorteilhaft ist, aber auch zum Schaden soziokultureller und wirtschaftlicher Autonomien, Minderheiten und Schutzräume gereicht. Des weiteren entstehen ethische Konflikte in Zusammenhang mit der Umstrukturierung der Gesellschaft und der Umdeutung des Menschen im Zuge der Entwicklung der Informationstechnologien und der neuen Medien. Sie bewirken gleichzeitig eine Individualisierung der Kommunikation und eine Entindividualisierung von Wissen.

Jede technische Substitution ist ethisch bedeutsam, weil sie Arbeitsabläufe und Entscheidungen aus der Hand der Menschen nimmt und damit einen Verlust an Verantwortung, an ethischer Dimension mit sich bringt.

Die Informationstechnik öffnet aber mit der Vernetzung auch Zugänge und schafft neue Verantwortungsbereiche. In jedem Fall haben Entwickler ethische Lasten schon bei der Planung und Herstellung von Software zu tragen. Die Antizipation möglicher Risiken und Gefährdungen kann allerdings kaum umfassend und vollständig von den Entwicklern allein geleistet werden. Sie muß im Diskurs mit Kollegen, Nutzern und Betroffenen eruiert werden, um ihnen gegensteuern zu können.

Der Computereinsatz wirft die Frage nach der Zuverlässigkeit und Sicherheit von Computern auf. Probleme ergeben sich um so mehr, je umfassender und komplizierter Software-Systeme werden und je stärker sie in organisatorische Abläufe integriert sind. Daher müssen Systeme von ihren Grenzen her gedacht und für die Unterstützung der Menschen erschlossen werden, anstatt in eine Hybris des technisch Möglichen zu verfallen.

Die Nutzung von Computern und Software sollte an soziale Zweckbestimmungen gebunden werden, und der Werkzeugcharakter der Technik sollte erhalten bleiben.

Innovationshemmnisse durch Recht?

Regelungen zur Informationstechnik und ihre Auswirkungen auf Innovationen[1]

Reinhard Stransfeld

1. Einführung

Sinkende Exportüberschüsse verweisen auf den härter gewordenen internationalen Wettbewerb, zunehmende Arbeitslosigkeit beschwört Gefahren für den sozialen Frieden herauf, und wachsende Defizite der öffentlichen Haushalte, nicht zuletzt durch die Kosten der Wiedervereinigung verursacht, schwächen die zukunftsgerichtete Handlungsfähigkeit des Staates. Zusammengenommen sind dies beunruhigende Signale dafür, daß die Rahmenbedingungen der Wirtschaft und damit auch der sozialen Prosperität in Deutschland nicht mehr in einem stabilen Gleichgewicht sind. Es zeichnet sich ab, daß es sich nicht lediglich um konjunkturelle Erscheinungen handelt, die durch die ›Selbstheilungskräfte‹ der Märkte allein kompensiert werden können, sondern daß es strukturell wirksamer Maßnahmen bedarf. In den heftiger werdenden Debatten zielen die Argumente inzwischen bis zur Ebene der Wirtschafts- und Sozialordnung.

Was kann getan werden? Wichtige Aufgaben liegen zweifellos darin, wirtschaftliche Aktivitäten zu beleben und die Rahmenbedingungen ihrer Wirksamkeit

1 Der vorliegende Text beruht auf einer Studie, die im Auftrag des BMFT durchgeführt wurde (Autoren: Reinhard Stransfeld, Ronald Vopel). Der vollständige Bericht ist erhältlich bei VDI/VDE Technologiezentrum Informationstechnik, 14513 Teltow.

zu verbessern. Produkte und Fertigungsprozesse zeichnen sich heute maßgeblich durch ihre technischen Qualitäten aus. Impulse zu geben bedeutet daher vor allem auch, technologische Forschung und Entwicklung anzustoßen bzw. freizusetzen, die zu neuen, im internationalen Wettbewerb durchsetzungsfähigen Produkten führt - also technische Innovation zu initiieren.

Technische Innovation kann in vielfältigen Gestaltungsformen auftreten: als Produktinnovation oder als Prozeßinnovation oder als Kombination von beidem, als Basisinnovation (Erschließung neuer technologischer Ansätze) oder als Anschlußinnovation im Rahmen bereits eingeführter Techniken. Angesichts der unscharfen Verwendung des Begriffs erscheint es zweckmäßig, die lediglich inkrementelle Verbesserung eines bereits bekannten Produktes oder beherrschten Prozesses nicht als Innovation zu bezeichnen. Dem Innovationsbegriff ist u.E. das Moment des deutlichen Wandels zugehörig.[2]

Frühere Untersuchungen begründeten die Annahme, daß ›Innovation‹ ein wesentliches strategisches Instrument zur Erzielung von Produktivitätsfortschritten und von Wirtschaftswachstum sei.[3] Neuere Aussagen relativieren allerdings die zentrale Bedeutung der Innovationsfähigkeit für die Wirtschaftskraft[4]. Bereits die Alltagserfahrungen eines jeden beispielsweise am Arbeitsplatz rechtfertigen es aber, gerade in der Informationstechnik dem technischen Wandel eine erhebliche Bedeutung beizumessen. Man wird sich aus unterschiedlichen Positionen heraus auf die plakative Formel verständigen können: Innovation ist nicht alles - aber ohne Innovation ist alles nichts! Dies meint nichts anderes, als daß Innovation sozusagen als Mindestvoraussetzung zur Teilnahme am internationalen Wettbewerb befähigt, ohne daß damit etwas über den Erfolg gesagt und ein Wachstum garantiert wäre.

Wie können nun Impulse in die gewünschte Richtung gegeben werden? Dem Staat steht ein breites Instrumentarium zur Verfügung: förderpolitische, ordnungspolitische, fiskalische Maßnahmen und natürlich auch Maßnahmen im rechtlichen Bereich. Letzteres hat seit einiger Zeit in der Debatte um (tatsächliche oder vermeintliche) Hemmnisse in der Gentechnologie durch rechtliche Rahmenbedingungen in Deutschland eine zentrale Rolle gespielt. Handlungsverbote sowie die aufwendigen und langwierigen Beantragungsverfahren würden, so hieß es, die heimische Forschung und Entwicklung in diesem Feld hemmen und zu Standortverlagerungen der F&E führen. Mit den beabsichtigten Änderungen, inbesondere auf der Verfahrensseite, sollen nun derartige Hemmnisse ausgeräumt werden.

Nicht zuletzt durch die Diskussion um die Gentechnologie ist die Aufmerksamkeit auf weitere Technikfelder gelenkt worden: Gibt es (auch) in anderen perspektivi-

2 Andere Autoren setzen Innovation praktisch mit Weiterentwicklung gleich (z.B. BECHER u.a. 1993(a), 21).

3 In einer früheren internationalen Studie über die Verbreitung von Produktionsverfahren wurden 90 % des Produktivitätsfortschrittes in den USA, 60 % des Wirtschaftswachstums in Deutschland seit dem 2. Weltkrieg auf den technischen Wandel zurückgeführt (NABSETH/RAY 1978, S. 2).

schen Technologiebereichen Hemmnisse rechtlicher Natur, deren Änderung oder Beseitigung das inländische Innovationsgeschehen beleben könnten? Ist die Frage einmal aufgeworfen, rückt die Informationstechnik (Informationstechnik) in den Brennpunkt. Angesichts ihrer schlüsseltechnologischen Bedeutung und hohen Innovationsgeschwindigkeit sind die erkennbar gewordenen Rückstände der deutschen und europäischen Industrie in diesem Feld besonders prekär. Seit vielen Jahren weist Deutschland/Europa in diesem Sektor eine negative Handelsbilanz auf. Auch der Telekommunikationssektor, der in Deutschland bis vor kurzem noch positiv bilanzierte, hat sich inzwischen in den Negativtrend eingereiht. Kritisch ist diese Situation deshalb einzustufen, weil die Informationstechnik selbst dort, wo ihre Marktvolumina absolut betrachtet nicht spektakulär erscheinen (z.B. mikroelektronische Bauelemente), wegen deren Schlüsselfunktion in nahezu allen hochtechnischen Industriebereichen Entwicklungsaktivitäten und Wirtschaftsvolumina in mehrstelligen Milliardengrößen tangiert.

Rasche Abhilfe tut not. Angesichts eines verbreiteten Unbehagens aufgrund der unüberschaubaren Fülle von rechtlichen Regelungen, der häufig selbst für den Fachmann schwer verständlichen Texte und der zuweilen widersprüchlichen Einzelregulierungen war die Untersuchung bereichsspezifischer Hemmnisse zweckmäßig. Dies mit dem Ziel herauszufinden, welchen Beitrag gegebenenfalls Maßnahmen im Bereich der rechtlichen Regelungen für das Feld der Informationstechnik leisten könnten. Diese Vorüberlegungen und die daraus resultierenden Fragen hatten eine Untersuchung angestoßen, die im Jahr 1993 durchgeführt wurde.

2. Zum Verhältnis von Recht – Innovation – Informationstechnik

Rechtliche und soziale Regelungen und Normen sind Fundament des gesellschaftlichen Zusammenlebens. Sie gewährleisten dauerhafte Handlungssicherheit und sind somit auch Voraussetzung für die wirtschaftliche Prosperität. In diesem Rahmen entfalten sich individuelle bzw. unternehmerische Initiativen; durch deren Eigendynamik werden zuweilen die durch Regelungen gegebenen Grenzen berührt oder verletzt. Somit stellt sich der technische, ökonomische und soziale Status einer Kultur stets auch im Spannungsfeld von gesellschaftlicher Ordnung und individueller Freiheit dar. Unterschiedliche Lösungen in diesem Feld führen zu verschiedenartigen kulturellen Profilen mit spezifischen Merkmalen - Stärken und Schwächen[5].

4 »Die Hypothese, daß Innovationstätigkeit ein zentraler Faktor für die Wettbewerbsfähigkeit ist, bestätigt sich ... nicht« (MEYER/KRAHMER 1989, 219). Für das japanische Wirtschaftswachstum von durchschnittlich 4,8% in den letzten beiden Jahrzehnten wird in einem jüngst veröffentlichten MITI-Bericht ein Anteil des technologischen Fortschritts von ca. einem Drittel unterstellt (BMFT 1993, S.38). Der Nobelpreisträger für Wirtschaft des Jahres 1993, ROBERT W. FOGEL, beziffert die Wirkung der Einführung der Eisenbahn in den USA auf das Wachstum des BNP auf weniger als drei Prozent (TSP v. 13.10.93).

Im Verhältnis von Innovation und Recht sind vornehmlich zwei Konfliktpotentiale aufzuzeigen:

- *Der Dynamikkonflikt*
  Technik ist inzwischen entscheidender Faktor gesellschaftlicher Aktivität und Entwicklung geworden. Als Ausfluß individueller oder unternehmerischer Initiative führt sie zu immer wieder neuen Herausforderungen an die Elastizität der gesellschaftlichen Regelwerke; diese wirken gleichzeitig als orientierender und regulierender Rahmen der Technikentwicklung. Die Erfolgswirksamkeit von Technik liegt nicht zuletzt in ihrer großen innovativen Dynamik; daraus ergeben sich komparative Vorteile gegenüber vormals angewendeten Wegen und Verfahren. Die gesellschaftlichen Regelwerke wirken demgegenüber vergleichsweise statisch. Auf diese Weise kann sich ein Innovationsgefälle zwischen den Erfordernissen technisch-organisatorischer Innovation und den bestehenden gesellschaftlichen Regelwerken bilden. (Die daraus resultierenden Anpassungszwänge sind in ihrer Verhältnismäßigkeit, wie z.B. Sozial- und Umweltverträglichkeit, Gegenstand der Technikfolgenabschätzung.)
- *Der Wertekonflikt*
  Rechtliche und sonstige Schutzvorschriften zugunsten des Individuums, der Umwelt usw. stehen häufig in einem Spannungsverhältnis mit widersprechenden Interessen und Erfordernissen, beispielsweise ökonomischer Art. Dabei stellt sich die Frage nach dem Ausgleich. Schutzvorschriften können zu schwach, aber auch überzogen sein und nützliche Initativen hemmen. Sie können durch technische Entwicklungen überholt sein oder sollen vor vermuteten Risiken schützen, die sich in den realen Entwicklungen nicht einstellen. Ferner können Interpretationsprobleme in der Anwendung rechtlicher Vorschriften im konkreten Fall Entscheidungen verzögern.

Die einleuchtend erscheinende Eingangsfrage nach möglichen Hemmnissen weckt die Erwartung nach eindeutigen Aussagen und ggf. Handlungsempfehlungen für politische Entscheidungsträger zur Beseitigung solcher Hemmnisse. Sie nötigt jedoch zu einer differenzierteren Sicht.

Beispielsweise ist zu berücksichtigen, daß durch die verschiedenen Technologiebereiche und Organisationsweisen hindurch in den modernen Gesellschaften ein dichtes Wirkungsgeflecht zwischen technischem Handeln und normativen Rahmenbedingungen entstanden ist. Ein Eingreifen (z.B. zum Abbau von Innovationshemmnissen) in einem Bereich kann sich u. U. in anderen Bereichen als kontraproduktiv erweisen.

Ferner ist die besondere Rolle der Informationstechnik unter den verschiedenen Technikfeldern zu betonen. Anders als bei anderen Technologien ist ihre originäre

5 Beispielsweise gelten die Japaner in den Produktionstechnologien, die US-Amerikaner im Bauelementebereich und die Deutschen in der Systemtechnik als führend. Dies wird nicht zuletzt als Ausfluß kultureller Ausprägungen interpretiert.

Wirkweise immaterieller Natur: die Handhabung und Manipulation von Informationen. Das bedeutet nicht, daß ihre materialtechnische Seite zu vernachlässigen wäre. Im Gegenteil - Materialien wie Galliumarsenid oder auch viele Hilfsstoffe (Säuren) sind hochgradig toxisch; daher sind sowohl für die Produktion wie auch für die Entsorgung Regelungen erforderlich. Jedoch sind Innovationen in diesem Feld im Kern eher durch abstrakte Begriffe wie Geschwindigkeit, Struktur, Integration, System und Komplexität gekennzeichnet als durch physikalisch-materielle Aussagen.

Zudem handelt es sich bei der Informationstechnik um einen Bereich mit sehr hoher Innovationsgeschwindigkeit. Auf diese Weise entstehen immer wieder ungeregelte Situationen, was einerseits unternehmerischer Kreativität großen Spielraum läßt, andererseits aber auch Unsicherheiten über längerfristig gültige Anforderungen schafft. Der Bedarf nach Regelung wird so u.U. gerade durch Innovation geweckt.

Ein Blick auf die Landschaft des Rechts zeigt nun, daß es einzelne Rechtsbereiche gibt, die die Informationstechnik als spezifisches Regelungsobjekt haben, wie z.B das Datenschutzrecht, das Halbleiterschutzgesetz, das Telekommunikationsrecht. Es gibt jedoch im Recht keine annähernd geschlossene oder auch nur zusammenhängende Domäne, die der Informationstechnik in der Gesamtheit ihrer Erscheinungen in einem konsistenten Ansatz gegenübergestellt wäre - ein derartiges umfassendes Informationsrecht wird es wohl auch nie geben. Vielmehr stellt sich dem Blick ein ›Patchwork‹ rechtlicher Regelungen dar, die in unterschiedlicher Nähe und Ausrichtung zur Informationstechnik stehen[6].

In einem schematischen Überblick fügen sich diese Aspekte zu folgendem Bild:

In dieser Betrachtung bildet sich ein recht begrenztes Feld (schraffiert) direkter Beziehungen von Informationstechnik und Informationstechnik-Recht, in dem rasch und gezielt, d.h. ohne weiterreichende Erörterungen, überhaupt Maßnahmen ergriffen werden könnten. In allen anderen Feldern wären Güterabwägungen unterschiedlichster Art zu treffen, die eine zügige und spezifisch wirksame Entscheidung zugunsten einer Freisetzung innovativen Potentials in der Informationstechnik nicht zulassen.

Aus diesen Überlegungen heraus erweist es sich bereits als zweckmäßig, den Untersuchungshorizont nicht zu starr auf kausale Beziehungen von Recht und Informationstechnik einzuengen, sondern einem breiten Feld wechselwirkender Faktoren zu öffnen.

Wurde die Informationstechnik bisher als ›black box‹ behandelt, gilt es nun auch hier, Differenzierungen vorzunehmen. In einer noch groben Auflösung stellt sich Informationstechnik bereits als ein Bereich vielfältiger Einzeltechniken dar. Neben

6 Solche ›patchwork‹-Lösungen haben den Vorzug einer größeren Flexibilität; anders als konsistente Systeme setzen sie keinen total vorgängigen Lernprozeß voraus, sondern ermöglichen, daß sich in den verschiedenen Bereichen schrittweise Lernprozesse vollziehen. Ihre Nachteile bestehen darin, daß notwendigerweise Lücken bleiben, die Gegenstand von späteren nachgeschobenen Teilregelungen werden müßten (BRINCKMANN 1991, 15).

der durchgängigen Unterscheidung von Hardware und Software, also materiellen und immateriellen Anteilen, sind folgende Teilbereiche zu betrachten:

- Bauelemente/Komponenten
- Programme
- Rechner (Geräte/Systeme)
- Peripheriegeräte
- Netzwerke
- Telekommunikationsinfrastrukturen
- Telekommunikationsendgeräte

Auf den ersten Blick ist einsichtig, daß es kaum übergreifende Aussagen über Folgen eines spezifischen oder gar *des* Rechts auf Innovation geben kann, sondern daß es sich zumeist um spezielle Wirkungszusammenhänge handeln wird.

Es tritt ein weiteres Differenzierungserfordernis hinzu, das an den Entstehungsphasen von Technik zu orientieren ist. Das *Integrierte Produktlebenszykluskonzept* [STAUDT/HORST 1989] unterscheidet drei produktseitige Hauptzyklen, zu denen eine anwendungsseitige Sicht treten muß, die spätestens zeitlich parallel zur Markteinführung einsetzt. Denn die Wirkung von Datenschutzregelungen, des BetrVerfG oder tarifvertraglicher Bestimmungen läßt sich weniger auf dem Markt als vielmehr in den innerbetrieblichen bzw. -organisatorischen Diskussionen zur Technikeinführung wahrnehmen.

Somit ist auch die Frage aufgeworfen, ob und inwieweit rechtliche Regelungen auf die verschiedenen Entwicklungsstadien der Informationstechnik, von der basistechnologischen Entwicklung bis zur Diffusion in die Anwendungsbereiche, ggf. unterschiedlich wirken.

Des weiteren müssen die verschiedenen Rechts- und Regelungsformen ausdifferenziert werden. Gesetzliche Regelungen aus legislativen Akten sind von untergesetzlichen Regelungen zu unterscheiden. Beispielsweise unterscheiden sich Gesetze und Normen deutlich hinsichtlich ihrer Geltungsstrenge und des dahinterstehenden Sanktionsapparates. Gesetze können Verbote setzen. Technische Normen stellen Vereinbarungen dar, denen man nicht folgen muß. Sie wirken allerdings durch Kompatibilitätszwänge und damit durch die Macht des Faktischen. Generell ist zu unterscheiden zwischen

- EU-Richtlinien und -Verordnungen,
- Gesetzen (auf der Grundlage legislativer Akte),
- Rechtsverordnungen (im Sinne der administrativen Durchführungsvorschrift innerhalb eines gesetzlichen Rahmens)
- Verwaltungsvorschriften,
- Technische Normen (Konventionen zur Wahrung technischer Einheitlichkeit und qualitativer Standards),
- Industriestandards (monopolartige Durchsetzung bestimmter Produktkonzepte eines oder mehrerer Hersteller am Markt: MS-DOS, CD, VHS usw.).

Somit ergeben sich Differenzierungserfordernisse unter vier verschiedenen Aspekten:
I. nach der Nähe des Rechts zur Informationstechnik und nach dem Umfang sowie dem Charakter erforderlicher Güterabwägungen,
II. nach der Geltungsstrenge und damit der möglichen Verhinderungsmacht des Rechts,
III. nach den Teilbereichen der Informationstechnik,
IV. nach den Realisierungsstadien der Technik.

3. Stand des Wissens

Die Antworten auf die untersuchungsleitende Frage werden sich aus den wie auch immer gearteten Verknüpfungen der Teilaspekte, die mit den Begriffen Recht, Innovation und Informationstechnik gekennzeichnet sind, ergeben müssen. Hinzu tritt die Ökonomie. Auf den ersten Blick läßt sich feststellen: Fast alles ist mit allem verknüpft. Ein Blick in den Katalog einer Bibliothek bestätigt dies. Auch eine Datenbankrecherche in JURIS stützt diesen Befund.[7] Die zentrale Frage zur Beziehung von Recht und Innovation hat bisher jedoch noch keinen der Dokumentation werten Niederschlag gefunden. Das gilt natürlich um so mehr für die zusätzliche Verknüpfung zur Informationstechnik.

Die bisher geringe gesellschaftliche Beachtung dieser Fragestellungen zeigt sich in der geringen Forschungskapazität mit kaum einem halben Dutzend Lehrstühlen in diesem Feld.

Eine Sichtung der einschlägigen Literatur zur Innovationsthematik zeigt denn auch, daß die Aufmerksamkeit bisher auf andere Probleme gerichtet war. Gegenstände waren

- politische Rahmenbedingungen von Innovation, z.B.
  - Steuer-, Finanzpolitik, Strukturpolitik, Außenhandelspolitik und technische Bereichspolitiken (BECHER u.a. 1990),
  - Förderpolitik des Staates im Bereich industrieller Innovation (MEYER-KRAHMER 1989),
- ökonomische bzw. organisatorische Sichten auf Innovation, z.B.
  - Innovationsfähigkeit in ihrer Beziehung zur Unternehmensgröße (ACS/AUDRETSCH 1989),
  - Kooperationsstrukturen in ihren Beiträgen zu Innovationseffekten (STAUDT 1990; SCHMIDT 1993),
  - F&E in Unternehmen und deren marktwirksame Dynamik (BECHER 1993(b); WIEANDT 1993),
  - Innovationsökonomie und Technologiepolitik (MEYER-KRAHMER 1993),

7 Die wenigen in der Schnittmenge der Suchbegriffe aufgefundenen Titel erwiesen sich zudem im Hinblick auf die Untersuchungsfragen größtenteils als irrelevant. Andererseits waren beispielsweise die Beiträge von A. ROSSNAGEL zur Thematik nicht in den Ergebnissen enthalten, was eine gewisse Erfassungsproblematik bei Titeln abseits des juristischen *Mainstreams* vermuten läßt.

- Innovation im Lichte von Regulierungen, z.B.
  - Übersicht staatlicher Aktionsmöglichkeiten (BECHER u.a. 1993(a)),
  - Gesetzesfolgenabschätzung im Umweltbereich (STAUDT 1991).

Den spezifischen Techniken gegenüber bleiben diese Schriften weitgehend indifferent, insbesondere die Informationstechnik wird kaum thematisiert. Wird die Telekommunikation als technisches Einzelgebiet angesprochen (BECHER u.a. 1990), dann als TK-Politik im Rahmen der Deregulierungsfrage. Stärkere Bezüge zur TK-Technik sind zum Teil in den Arbeiten aus dem WIK gegeben, in dem man sich intensiv mit der Regulierungsthematik zur Telekommunikation beschäftigt.

Von der rechtlichen Seite her kommend, war die Aufmerksamkeit bisher wesentlich auf die Rolle der materiellen Techniken in ihrer Sozial- und Umweltverträglichkeit gerichtet (z.B. LAWRENCE 1989).

Schließlich sind die durchaus zahlreichen Veröffentlichungen zum Verhältnis von Informationstechnik und Recht (mit einem Schwerpunkt beim Datenschutz) nicht auf den Innovationsaspekt ausgerichtet (z.B. JUNKER 1988; GOEBEL 1990; KILIAN/HEUSSEN 1993). In diesem Dreieck bewegen sich bisher erst sehr wenige Ansätze: die in Verbindung mit dem BMFT-Diskursvorhaben ›Rechtliche Beherrschung der Informationstechnik‹ entstandenen Diskursprotokolle (VDI/VDE-IT, 1990-91; ferner LUTTERBECK/WILHELM 1992), sowie die Arbeiten von STEINMÜLLER (1993) und ROSSNAGEL (u.a. 1990; 1993). Im übrigen waren bisherige Gesetzesfolgenabschätzungen auf andere Technologiebereiche gerichtet: auf die Gentechnologie (FhG-ISI, HOHMEYER u.a.) und auf die Chemie sowie die Abfallbeseitigung (IAI, Staudt). Insofern wird mit der vorliegenden Untersuchung in ihrem breit angelegten Ansatz weitgehend Neuland betreten.

4. Hypothesen und Vorgehen

Auf dieser Grundlage wurden folgende Hypothesen gebildet (deren Bedeutung durch Hinweise auf unterschiedliche Technikfelder sichtbar wird):

(1) Technische Innovation kann durch rechtliche bzw. rechtswirksame Regelungen, z.B. aufgrund von Handlungsverboten, gehemmt werden. → *Gentechnik*

(2) Technische Innovation kann durch Regelwerke (Normen, Standards) beispielsweise wegen der Gewährleistung der Qualitäts-, Sicherheits- sowie Kompatibilitätsanforderungen und der insgesamt langfristig gültigen Orientierungen begünstigt werden. → *Datenkommunikation*

(3) Technische Innovation kann durch wettbewerbsbeschränkende Wirkungen von Normen und Zulassungsverfahren im Außenverhältnis (Importerschwernis) faktisch gehemmt werden, weil für inländische Produzenten Schonräume entstehen, die gegen komparative Innovationsvorteile ausländischer Mitbewerber geschützt sind. → *Kfz-Technik (auf EU-Ebene)*

(4) Importbeschränkende Regelungen können innovationsfördernd wirken für anspruchsvolle Systementwicklung, insbesondere im Infrastrukturbereich, weil die

systemische Optimierung der Einzelkomponenten geleistet werden muß. Dies braucht zur Ausreifung ›günstige Milieus‹, was durch Importe billiger (aber wenig systemverträglicher) Einzelkomponenten gestört werden kann. → *Telekommunikation*

(5) Technische Innovation kann durch Regelwerke produktiv umgelenkt werden, was dazu führt, daß neue Technikfelder erschlossen und frühzeitig besetzt werden. Damit entstehen insbesondere Wettbewerbsvorteile, wenn es sich um weltweite Regelungstrends handelt, also andere Staaten mit ähnlichen Regelungen nachziehen (müssen). → *Umwelttechnik*

(6) Technische Innovation kann durch Regelwerke gehemmt werden, die Großtechnologien und in ihrer Folge monopolistische/oligopolistische Strukturen begünstigen, welche dann ihre Vorteile weniger durch Innovation als vielmehr aufgrund von Markt- oder institutioneller Macht wahrnehmen. → *Energietechnik*

(7) Technische Innovation kann durch Interpretationsprobleme rechtlicher Vorschriften und die daraus resultierenden Entscheidungsverzögerungen gehemmt werden. → *Umwelttechnik*

(8) Technische Innovation soll nicht zu einem unverträglichen Innovationsgefälle in der Gesellschaft führen. Daher kann die Einführung innovativer Techniken mit Infrastrukturaufgaben nicht allein marktwirtschaftlichen Verfahren überlassen bleiben. Vielmehr ist der Staat gefordert, durch ordnungspolitische Maßnahmen die Teilhabe aller an den Möglichkeiten des infrastrukturtechnischen Fortschritts zu gewährleisten. → *Bildungstechnologien, Telekommunikation*

(9) Durch die Internationalisierung der wirtschaftlichen und politischen Beziehungen ist ein Abgleich der Regelwerke und die technische Standardisierung erforderlich. Die funktionelle Bewältigung des grenzüberschreitenden Austauschs und die erheblichen investiven Erfordernisse der Hochtechnologien nötigen zu Innovationsstrategien, die über den Binnenmarkt hinausreichen. → *Datentechnik, Telekommunikation*

(10) Technische Innovation kann aufgrund fehlender oder unzureichender Sachinformation über Wirkungszusammenhänge gehemmt werden. Es ist daher häufig zweckmäßig, frühzeitig Verfahren der Technikfolgenabschätzung durchzuführen, um Handlungssicherheit zu gewährleisten. → *Mobilkommunikation*

(11) Es ist zwischen Innovationshemmung und Investitionshemmung zu unterscheiden. Wenn bereits an bestimmten Standorten erprobte Techniken an einem anderen Standort durch Einsprüche scheitern, handelt es sich in technologischer Sicht um Investitions-, nicht aber um Innovationsblockaden. → *Müllverbrennung*

Anhand dieser Hypothesen wurde eine schriftliche Befragung durchgeführt, die durch eine persönliche bzw. fernmündliche Nachfrage bei allen Teilnehmern intensiviert und ergänzt wurde. Wenn auch der explorative Charakter der Untersuchung betont werden muß, ist doch die Annahme vertretbar, daß die wesentlichen Tendenzen angemessen wahrgenommen und dargestellt werden konnten.

5. Ergebnisse

Es gibt, und in diesem Sinne ist die zugespitzte Zentralhypothese zu verwerfen, keine eindeutigen Wirkungstrends. Vielmehr gibt es mehr oder weniger ausgeprägte Ambivalenzen, deutlich am Beispiel der Normung festzumachen. Zwischen den Polen *hemmend* und *fördernd* bildet sich eine facettenreiche Landschaft, auf die die Teilnehmer der Befragung auf der Grundlage ihrer Erfahrungen und Interessen aus spezifischen Blickwinkeln schauen, mit entsprechend unterschiedlichen Wahrnehmungen. Dennoch verlieren sich die Ergebnisse nicht in einer Beliebigkeit. In der Verdichtung und Interpretation anhand von Plausibilitäten liefern sie sehr wohl deutliche Hinweise. Generell ist festzustellen, daß rechtliche Regelungen dann, wenn sie objektiv gegebene und anerkannte Rechtsgüter schützen und nicht lediglich einseitigen Interessen (z.B. der Konkurrenzabwehr) dienen, tendenziell auch innnovationsfördernde Wirkungen haben.

5.1 Allgemeine Feststellungen

I. Technischerseits sind mögliche Betroffenheiten durch Informationstechnik-Recht zu bewerten. Auf der basistechnologischen Ebene konnten sowohl im Hardware- wie im Softwarebereich *keine hemmenden Beeinflussungen* aufgrund Informationstechnik-rechtlicher Regelungen festgestellt werden (wohl aber aufgrund tariflicher Vereinbarungen → *Arbeitszeitregelungen*).
Für anwendungsnahe Aktionsfelder und somit die marktnahe Produktentwicklung sind Hinweise auf alles in allem *schwach hemmende Wirkungen* gegeben worden.
Aus dem *weiteren Technikrecht* und sonstigen Rechtsfeldern sind Hinweise auf Hemmnisse durch das Patentrecht und insbesondere durch das Telekommunikationsrecht gegeben worden.

II. Durch Anforderungen an Qualität und Anwendungssicherheit gewinnt das Informationstechnik-Recht und das weitere technische Recht oft eine *fördernde Wirkung* für die technische Entwicklung, die dem Entwickler und Anbieter, der sich den Anforderungen stellt, verbesserte Wettbewerbschancen bietet. Das gilt insbesondere für das Datenschutzrecht und das Produkthaftungsrecht. Ebenso schafft der inzwischen verbesserte Urheberschutz im Softwarebereich günstigere Innovationsbedingungen durch Investitionsschutz. Ferner bewirken beispielsweise Regelungen im Umweltbereich eine produktive Umlenkung von Innovationen.

III. Spürbare *Innovationshemmnisse* ergeben sich nach verschiedenen Aussagen aus dem *Fehlen moderner,* den Bedingungen der Informationstechnik und im besonderen der elektronischen Kommunikation angepaßter *rechtlicher Regelungen.* Dies betrifft zum einen Regelungen, die die Formgültigkeit elektronischer Signaturen und die Beweiseignung elektronisch signierter Dokumente sicherstellen. Für die sichere Zuordnung zwischen elektronischer Signatur und signierender Person ist das Zertifikat eines ›vertrauenswürdigen Dritten‹ notwendig, für den zu regeln ist, wie seine Vertrauenswürdigkeit technisch, organisatorisch und rechtlich sichergestellt werden kann. Rationalisierungs- und Vorgangsbeschleunigungspotentiale der elektronischen Kommunikation können in den Organisationen und Verwaltungen nur wirksam genutzt werden, wenn die Integrität (Unverletzlichkeit des Dokumentes) und die Authentizität (Identität des Absenders/Empfängers), beweiswirksam gesichert werden kann.

Andererseits müßte durch die Einführung kryptographischer Verfahren die *Geheimhaltung von Kommunikationsinhalten* gewährleistet werden. Solange derartige Voraussetzungen nicht geschaffen sind, werden, so die Experten, die Herausbildung von telekommunikativen und telekooperativen Organisationsformen und die darauf bezogenen informationstechnischen Dienste ernsthaft behindert[8]. Von Seiten des Bundesjustizministeriums wird allerdings gegenwärtig noch kein Handlungsbedarf gesehen, man sieht vielmehr die Technikentwicklung in einer ›Bringschuld‹[9]. In einer ganz anderen Hinsicht werden Innovationsschübe durch das Fehlen einer bindenden *Regelung zum Elektronikschrott* gehemmt.

IV. Hinweise auf *Hemmnisse* haben sich in Verbindung mit *Zulassungs- bzw. Genehmigungsverfahren* ergeben. Dies betrifft insbesondere die Verfahrensdauer. Angesichts der hohen Innovationsgeschwindigkeit in diesem Technikfeld und der sich daraus ergebenden kurzen Produktlebenszyklen können Verfahrensdauern von einigen Monaten bereits zum Problem werden. Zumal dann, wenn im Ausland für die dort ansässigen, konkurrierenden Hersteller der Marktzutritt rascher möglich ist und damit schneller Rückmeldungen für den nächsten Innovationsschritt gewonnen werden können.

In diesem Zusammenhang ist auf Zulassungshemmnisse zu verweisen, die nicht informationstechnikspezifisch sind, sondern sich gegen Großanlagen (Kraftwerke, Abfallbeseitigung etc.) richten. Informationstechnik nimmt als eine integrierte Systemtechnik inzwischen teilweise über 10% des gesamten Investitionsvolumens derartiger Anlagen in Anspruch, und zwar mit schlüsseltechnologischer Bedeutung für Modernität, Leistungsfähigkeit und Umweltfreundlichkeit, also mit hoher Innovationswirksamkeit. Investitionsblockaden in diesen Feldern können daher zu Innovationshemmnissen im Bereich der anwendungsnahen Informationstechnik-Entwicklung führen, weil der *Know-how*-Gewinn im Regelbetrieb als Hintergrund für Weiterentwicklungen und der Mittelrückfluß beim Informationstechnik-Hersteller für die Finanzierung nächster Innovationsschritte ausbleibt. Im übrigen fehlen auch die erfolgreichen Demonstrationsobjekte für Verkäufe ins Ausland.

V. In der Befragung wurde immer wieder darauf hingewiesen, daß es nicht rechtliche Regelungen sind, die Innovationen hemmen. Vielmehr entspringen Handlungsunsicherheiten und Blockaden potentieller Investoren den für sie nicht absehbaren *Akzeptanzproblemen*. Dies gilt insbesondere für Investitionen und Wirkungszusammenhänge im öffentlichen Raum (*Telekommunikation*), aber auch für die betriebliche Einführung von Informationstechnik-Systemen. Aktuell wird auf die

Diskussion zur EMV-Problematik (*elektromagnetische Verträglichkeit*), zu den geplanten Maut-Systemen und auf Chipkartensysteme im Gesundheitswesen hingewiesen. Neben dem Fehlen spezifischer Regelungen (siehe III.) werden Verfahren eingefordert, die zum einen objektivierte Informationsstände über tatsächliche oder vermeintliche Risiken schaffen (*Technikfolgenabschätzung*), zum anderen kommunikative Verfahren, in denen denkbare Konfliktpotentiale offengelegt und soweit als möglich konsensual befriedet werden[10]. Derartige Verfahren sind als *Diskurs*, *Mediation* und *Bürgergutachten* bekannt und inzwischen erprobt (STRANSFELD 1991; 1993a). Durch eine Einführung als Regelverfahren, die auf die Belange der Informationstechnik zugeschnitten sind, könnten durch Erarbeitung verständigungsmöglicher Lösungswege spätere Konflikte und Gerichtsverfahren vermieden werden.

Es sind gerade Versäumnisse dieser Art, die entweder zu aufwendigen Fehlinvestitionen führen (Datenschutz im ISDN vgl. VDI/VDE-IT 1991/V-1) oder zu zunächst lokalen, möglicherweise aber weiterreichenden Innovationsblockaden (Elektro-Smog vgl. VDI/VDE-IT/V-2). Andererseits kann der frühzeitige Einbezug der Öffentlichkeit in angemessenen Formen langzeitliche Sicherheit erbringen und damit Innovation fördern. Als ein Beispiel kann die US-amerikanische Informationspolitik im Umweltbereich dienen (FR v. 25.8.93, 12).

Es gibt allerdings auch Aussagen, daß sich in derartige Verfahren als ›professionelle Bedenkenträger‹ bezeichnete Teilnehmer drängen, denen es nicht um Lösungen, sondern um Konflikte ginge. Die Sicherung der Urteilsfähigkeit solcher Gremien verdient daher einige Aufmerksamkeit.

Der *FOI-Ansatz* (*Freedom of Information*), also der Rechtsanspruch der Bürger auf Akteneinsicht gegenüber der Verwaltung, kann ebenfalls zur Vertrauensbildung und darüber hinaus durch den Legitimierungsdruck zur erhöhten Rationalität öffentlicher Investitionsentscheidungen beitragen. Auf europäischer Ebene im Jahr 1990 formuliert, ist der Ansatz, was bisher wenig beachtet wird, wegen fehlender rechtlicher Umsetzung im Bundestag seit dem 1.1.93 zum unmittelbar bindenden Recht geworden.

8 Die Probleme der Güterabwägung in dieser heiklen Frage werden angesichts der Drogen- und Wirtschaftskriminalität offensichtlich, die in ihren Dimensionen die verfassungsmäßige Ordnung bedrohen könnte (Großer Lauschangriff). Andererseits muß man sich darüber im klaren sein, daß man mit diesem Argument nicht nur ein Schlupfloch für den von Kritikern befürchteten Angriff auf persönliche Freiheitsrechte schafft, sondern darüber hinaus die eigene Position in der internationalen Diskussion schwächt. In den USA hat die Regierung ihre Haltung bekräftigt, der Wirtschaft einen Kommunikationschip (den sog. *Clipper Chip*) aufzunötigen, der dem Geheimdienst die Abhörmöglichkeit sichert (IHT v. 7.2.94, S.3). Sollte aufgrund US-amerikanischer Dominanz in den Mikroelektronik-Märkten und dem Zwang zur internationalen Standardisierung dieser Chip auch in Deutschland zum Einsatz gelangen, wäre die Kontrolle über Abhörmöglichkeiten nicht mehr durch die inländische Legislative definiert und durch die Exekutive gesichert.

VI. Zum Innovationshemmnis in einem allgemeinen Sinne können die *rechtlichen und tariflichen Rahmenbedingungen im Beschäftigungssystem* werden. Der einerseits erwünschte soziale Schutz des Individuums zur dauerhaften Sicherung von Existenz und Status vermindert im F&E-Bereich die notwendige Flexibilität angesichts der sich beschleunigenden Innovationen. Auf diese Weise ›veraltet‹ mit den Know-how-Trägern das betriebliche Wissenspotential, die Anpassung an das zur Innovation notwendige Know-how erfolgt nicht rasch genug (Äußerungen von Vorstandsmitgliedern aus der chemischen und der pharmazeutischen Industrie legen nahe, daß u. a. dies und nicht die vorgeblich langwierigen Genehmigungsverfahren die entscheidenden Gründe für die Auslagerung von F&E-Kapazitäten in der Gentechnologie beispielsweise in die USA sind. Die dortigen Verhältnisse erlauben den sehr viel rascheren Aufbau - und Abbau - von Strukturen und Arbeitsplätzen).

VII. Weitgehend übereinstimmend werden *monopolistische Strukturen*, die gegebenenfalls durch rechts- oder ordnungspolitische Maßnahmen des Staates hergestellt oder begünstigt werden können, als Problem für die Innovationsfähigkeit angesehen. Dies galt in der Vergangenheit insbesondere für den Telekommunikationssektor. Es gibt die pointierte Aussage, daß Förderung, die in derartige Strukturen hineingeflossen ist, zu keinerlei auf dem Weltmarkt konkurrenzfähigen Innovationen geführt hätte[11]. Andererseits ist zu bedenken, daß die Durchsetzungsfähigkeit auf dem Weltmarkt entsprechende Unternehmensgrößen fordert. Auf EU-Ebene wurden deshalb mit der *Europäischen Fusionskontrollordnung* von 1990 und der Verordnung zu Vereinbarungen über F&E, Know-how u.w. die Voraussetzungen für EU-weite Kooperationen verbessert. So entsteht der nicht leicht auflösbare Widerspruch, daß Unternehmensgrößen, die auf dem Weltmarkt erforderlich sind, auf dem Binnenmarkt zur Kartell- bzw. Monopolproblematik führen können. Damit stellt sich die Frage, ob nicht Technologieansätzen, die durch Verkleinerung und Kostenreduzierung von Produktionsanlagen von *economies of scale*-Zwängen freimachen, erhöhte Aufmerksamkeit geschenkt werden sollte, weil sich dadurch erheblich mehr Akteure in einem Technikfeld behaupten können und somit der Wettbewerb gesichert bleibt (HEITMANN 1993).

VIII. Durch *EU-Recht* wurden in vielen Bereichen der im deutschen Recht und in der Rechtsprechung vorhandene Immobilismus überwunden und den besonderen

9 Es wird die Forderung erhoben, langfristig durch DIN-Normen allgemeinverbindliche technische Sicherheitsstandards zu entwickeln, die das ›Problem der spurlos möglichen Manipulation‹ überzeugend ausschalten.

10 Es fällt dem Gesetzgeber immer noch schwer, von einer instrumentellen zu einer partizipativen Technikregulierung zu gelangen, dies zeigt der Hinweis seitens des FhG-ISI in der Anhörung zur Novellierung des Gentechnik-Gesetzes. Auch im neuen Anlauf »scheint leider... das Problem der notwendigen Akzeptanz der Gentechnik und ihrer möglichen Anwendungen durch die deutsche Öffentlichkeit nicht hinreichend berücksichtigt worden zu sein«. (HOHMEYER/HÜSING/REISS 1993, 7).

Bedingungen der Informationstechnik angemessene Regelungen geschaffen: Halbleiterschutzrichtlinie, Softwareschutzrichtlinie, Produkthaftungsrichtlinie, demnächst eine Datenbankschutzrichtlinie usw.. Die deutsche Gesetzgebung ist dadurch zur Anpassung, d.h. zur Modernisierung deutschen Rechts genötigt worden. Gewisse hemmende Wirkungen könnten, zumindest für die KMU, mit der seit 1.1.1993 gültigen europaweiten Ausschreibungspflicht für öffentliche Aufträge über DM 200.000 (bzw. DM 500.000 im Bausektor) wegen des hohen formalen Aufwandes und der erforderlichen Mehrsprachigkeit einhergehen.

IX. Abschließend ist noch einmal hervorzuheben, daß keines der spezifischen Informationstechnik-Rechte spürbare Innovationshemmungen bewirkt. Vielmehr bewegt man sich immer im Bereich diffiziler Güterabwägungen sowohl mit anderen Rechtsgütern wie auch mit anderen Techniken. Daher sind aus den Ergebnissen der Untersuchung im Sinne einer ›Deregulierung‹ keine raschen und spezifischen Maßnahmen für den Bereich der Informationstechnik herzuleiten. Vielmehr sind Anpassungen und Erweiterungen vorhandenen Rechts bzw. die Regelung bisher noch nicht geregelter Anwendungszusammenhänge der Informationstechnik erforderlich (z.B. *Mobilfunk*).

5.2 Einzelne Rechtsbereiche

Im folgenden werden schwerpunktmäßig die im zweiten Abschnitt der Befragung angesprochenen Einzelrechte behandelt.

(1) *Datenschutzrecht*

Nicht unerwartet schieden sich am Datenschutz die Geister. Wurden hier - nicht einhellig, aber doch deutlich überwiegend - von der Industrie hemmende Wirkungen festgestellt, wiesen insbesondere die rechtswissenschaftlichen Experten auf die innovationsfördernde Bedeutung des Datenschutzes hin. Datenschutzmaßnahmen seien im wohlverstandenen Interesse der Anwender im Sinne von Mißbrauchsschutzmaßnahmen. Gerade in dieser Frage wurde die Zweckmäßigkeit der gestuften Befragung erkennbar. Viele der Befragten, die "hemmend" angekreuzt hatten, konnten in der Nachfrage dies nicht mit Beispielen belegen. Sie hatten sich im Sinne allgemeiner Vermutungen geäußert.

Die wenigen genannten Beispiele waren zudem kaum als Innovationshemmung zu interpretieren. So ging es zum Beispiel um bestimmte Auswertungsmöglichkeiten von Datenmaterial, die nicht zugelassen sind, also um Anwendungsmöglichkeiten, und nicht um die Softwarekonzepte als solche. In einem anderen Fall, der Verhin-

11 Monopolistische Strukturen wirken insofern schädlich, als ihre Anstrengungen mehr auf die Niederhaltung neu entstehender Konkurrenz als auf die Erreichung von Vorsprüngen durch Innovation gerichtet sind. Andererseits wirken technische Innovationen konkurrenzfördernd (durch Substitution, Diversifikation, Modularisierung, Diffusion durch Verkleinerung). Technische Innovation wirkt somit monopolzerstörend und wird daher unterdrückt, z.B. durch Sperrpatente (vgl. EUCKEN 1990, 227ff.,237f.). Unsere Befragung hat gleichlautende Hinweise erbracht.

derung der Entwicklung von Bilderkennungsverfahren, war deutlich, daß hier ein innerbetriebliches Konfliktpotential entstanden war, das durch die Wahl externer Versuchspersonen (anstelle des eigenen Personals) leicht zu überwinden gewesen wäre. So ist auch bei verschiedenen Hinweisen auf eine Hemmung der Organisationsentwicklung durch den Datenschutz von außen schwer einzuschätzen, inwieweit objektive Wirkungszusammenhänge gegeben sind, oder ob klimatische Verhältnisse zwischen Arbeitgeber und Arbeitnehmern ausschlaggebend für Hemmnisse sind. Kennzeichnend für die Situation in der Frage des Datenschutzes ist zusammengenommen die Aussage eines Softwareentwicklers: »Datenschutz ist oft ein vorgeschobenes Argument für Dinge, die man nicht kann oder nicht will«.

In den Zertifizierungsrichtlinien des BSI stellt sich die Einhaltung des Datenschutzes als eine Anforderung unter anderen an die Anwendungssicherheit von Software dar. Innerhalb einer Funktionshierarchie von F1 bis F6(10) belegt der Datenschutz die Klassen F1 und F2. Er stellt somit die unterste Ebene im Spektrum der Sicherheitsanforderungen dar, beispielsweise ist ›Vertraulichkeit‹ bereits eine übergeordnete Anforderung (F3/4). So gewinnt die Aussage an Plausibilität, daß die Erfüllung der Datenschutzanforderungen Innovation herausfordert, die als Qualitätskriterium im Wettbewerb hervorgehoben werden kann.

(2) *Urheberschutzrecht*

Das frühere deutsche Urheberschutzrecht erwies sich unter der zielführenden Frage in dem Sinne als kritisch, als es dem Charakter der Software nicht ausreichend Rechnung getragen hatte. Durch höchstrichterliche Rechtsprechung waren vielmehr unangemessene Anforderungen an die ›Erfindungshöhe‹ gestellt worden, was faktisch zu einem rechtsfreien Raum geführt hatte - mit negativen Folgen für Innovationen in diesem Feld. Durch die aufgrund der *EU-Softwareschutzrichtlinie* erzwungene Novellierung wird nunmehr den Spezifika der Software Rechnung getragen und den Programmen der notwendige Schutz gewährt. In der Industrie wurde die Anpassung des Rechts an die technischen Erfordernisse der Informationstechnik daher positiv aufgenommen[12]. Zur Durchsetzbarkeit in der praktischen Rechtssprechung wird gegenwärtig allerdings auch Skepsis geäußert.

Eine vergleichbare Wirkung ist von der *Datenbankschutzrichtlinie* zu erwarten. Zum *Halbleiterschutzgesetz* liegen keine greifbaren Erfahrungen vor.

(3) *Patentrecht*

12 »Der Verband der Softwareindustrie Deutschlands e.V. (VSI) begrüßt ausdrücklich das neue Urheberrechtsgesetz, das am 23. Juni 1993 in Kraft getreten ist. Dem neuen Gesetz prophezeit der VSI weitreichende Konsequenzen für Anwender und Industrie, da sich die Softwarehersteller endlich des gesetzlichen Schutzes ihrer Produkte sicher sein können. Die Verluste der Softwareindustrie durch Raubkopien werden allein in Deutschland 1992 auf bis zu 1,3 Mrd. DM geschätzt.« (KES 1993/4, S. 7)

In der neueren wissenschaftlichen Literatur wird dem Patentrecht eine insgesamt eher fördernde Rolle im Innovationsgeschehen zugebilligt (AUDRETSCH 1993; SCHMOCH 1990)[13]. In unserer Befragung wurde allerdings Kritik im Hinblick auf die Verfahrensdauer von 2 bis 4 Jahren und auf die Gebühren, die für mittelständische Unternehmen eine erhebliche Hemmschwelle darstellen, vorgebracht[14]. Als Hauptproblem wurden jedoch Wettbewerbsverzerrungen genannt, die durch andere Strukturen und Verfahrensweisen im Patentrecht, besonders in Japan und in den USA, bewirkt würden.

Nach Aussagen von Experten liegen die Gebühren international auf eher unterdurchschnittlichem Niveau. Im übrigen gelten die Aufwendungen für den Patentanwalt als das eigentliche Problem. Hinsichtlich der Verfahrensdauer liegt Deutschland in einem Mittelfeld zwischen den USA (mit sehr kurzen Fristen) und Japan (mit langen Fristen). Unterstellte Benachteiligungen ausländischer Anmeldungen in den USA im Hinblick auf die Verfahrensdauer konnten in einer statistischen Auswertung der US-amerikanischen Patentanmeldungen durch das FhG-ISI (SCHMOCH) nicht verifiziert werden. Eine Benachteiligung bei der Patentanmeldung in Japan (bei gleichzeitiger Ausforschung) kann natürlich im Einzelfall nicht ausgeschlossen werden. Vielfach scheitern aber gerade KMU an der außerordentlich hohen formalen Strenge und den anderen Formstrukturen des japanischen Patentantragswesens, was eine vollständige Umstrukturierung eines beim deutschen Patentamt eingereichten Antrages erforderlich macht. Beispielsweise führten bereits Übersetzungsfehler ins Japanische zur endgültigen Rückweisung eines Patentantrages[15].

In der EU liegt seit 1975 ein Patentgemeinschaftsabkommen vor, das jedoch bis heute nicht in Kraft getreten ist[16]. Es gibt zwar die Möglichkeit einer zentralen Anmeldung beim Europäischen Patentamt. Das erteilte Patent muß jedoch in jedem einzelnen Land umgewandelt werden, was wegen der Übersetzungs- und Anwaltskosten zu einem erheblichen, für kleinere Unternehmen kaum tragbaren Aufwand führt. Als ein gravierendes Problem wird nach wie vor der fehlende Patentschutz für Software gesehen. Mittels des Urheberrechtsschutzes seien, so eine skeptische Stimme, Schutzansprüche schwer durchsetzbar, weil klare, geschützte Merkmale fehlten.

Ein generelles, weltweites Problem liegt in den angesichts sich verkürzender Innovationszyklen zu langen Verfahren. Patente sind dadurch nicht selten überholt, weil die Entwicklung am Patent vorbeigegangen ist. Aus diesem Grund ver-

13 W. EUCKEN hatte das Patentrecht allerdings in einer Behinderungsrolle gesehen (EUCKEN 1990).

14 Dies kann allerdings auch als ein notwendiger Schutz vor offensichtlich unbegründeten Anträgen diskutiert werden. Ob die jüngst geplante Erhöhung der Gebührensätze um 20% noch mit diesem ›pädagogischen‹ Argument begründbar ist, muß offenbleiben. Der Präsident des Deutschen Patentamtes hat sich jedenfalls, insbesondere mit Blick auf die kleinen und mittleren Unternehmen, gegen diese von der Bundesregierung angestrebte Erhöhung ausgesprochen (VDI-N v. 6.8.93).

zichten Unternehmen teilweise auf eine Patentierung. Durch die veränderten Rahmenbedingungen der Technikentwicklung geht das Patentrecht somit tendenziell seiner Schutzaufgabe verlustig.

Darüber hinaus sind hier auch Kulturspezifika wirksam. Wenn japanische Unternehmen gegenüber deutschen teilweise ein Vielfaches von Patentanmeldungen vorweisen, bedeutet dies nicht unbedingt, daß in Deutschland weniger erfunden wird. Vielmehr genießt das Patentrecht trotz des größeren formalen Aufwandes in Japan einen deutlich höheren Stellenwert (ausgenommen die deutsche pharmazeutische und chemische Industrie). Das zeigt sich an der hierarchischen Einstufung. In deutschen Unternehmen sind Patentierungsfragen durchgängig dem mittleren Management zugewiesen, wo man, zumeist ohne eigenen Etat, jede Ausgabe rechtfertigen muß. In Japan ist hingegen der Leiter des Patentbereichs Mitglied des oberen Managements mit Zugang zur Konzernspitze. Dadurch sind in den großen japanischen Unternehmen die Voraussetzungen gerade zur Sicherung langfristig wirksamer Schlüsselpatente günstiger. Insofern ist ein Gefälle hinsichtlich des Innovationsmangements zu verzeichnen, was sich letztlich nachteilig auf die deutsche Wettbewerbsfähigkeit auswirken kann.

(4) Produkthaftungsrecht

Das neue Produkthaftungsgesetz wird sowohl als hemmend (im Sinne erhöhten Aufwandes zur Erfüllung von Qualitäts- und Dokumentationsanforderungen) wie auch als fördernd (Qualität als Werbeargument) eingeschätzt, teilweise von denselben Befragten. Hier gilt, was bereits allgemein festgestellt wurde: Gibt es im Sinne der Güterabwägung objektive Gründe für erweiterte Anforderungen an die technische Entwicklung, so wirkt sich dies insgesamt positiv für denjenigen aus, der die erforderlichen Anstrengungen unternimmt. So bewirkt das Gesetz einen Kompetenzwettbewerb der Anbieter und fördert damit die Innovation im Hinblick auf Qualität. Im übrigen ist anzunehmen, daß den Befragten bestimmte Konsequenzen des neuen Rechts noch nicht vertraut sind, was zur Sorge vor einer ›Amerikanisierung‹[17] führte. Rechtswissenschaftler vertreten hingegen die Auffassung, daß die rechtliche Bindung an den Stand von Wissenschaft und Technik den Entwicklern und Anbietern eine verläßliche Orientierung gibt und eine Verantwortungsentlastung anstelle der befürchteten unüberschaubaren Verantwortungsausweitung bewirkt. Weitere Handlungssicherheit gewährt die Einhaltung

15 Inzwischen hat Japan auf amerikanischen Druck die Patenteinreichung in Englisch, bei nachfolgender Übersetzung ins Japanische, sowie die nachträgliche Korrektur von Übersetzungsfehlern zugelassen (IHT v. 25.1.94).

16 In Deutschland wurde das Abkommen inzwischen ratifiziert.

17 Darunter ist die Praxis der enormen Schadensersatzgewährung durch die Gerichte in den USA zu verstehen.

der Norm ISO 9000[18] zum Qualitätsmanagement beim Hersteller, ein zertifiziertes Unternehmen hat damit eine bessere Argumentationsbasis.

(5) Betriebsverfassungsgesetz

Die Rubrik Betriebsverfassungsgesetz haben viele Teilnehmer verwendet, um darüber hinaus auch das Verhältnis der Tarifpartner generell kritisch zu betrachten. Eine durchgehende Beschwerde gilt den starren Arbeitszeitvereinbarungen auf der Basis der Tarifverträge, die eine rasche flexible Anpassung der Arbeitszeiten an Dringlichkeiten der Entwicklungsaufgaben z.B. aufgrund von Laborbedingungen (nachts und feiertags) entweder unmöglich machen oder doch sehr zeitaufwendigen Verfahren unterwerfen, was die Abwicklung von F&E-Projekten oft ernsthaft stört. Speziell die Verfahrensvorschriften des BETRVERFG und daraus resultierende Verzögerungen von Investitionen oder Strukturveränderungen waren Gegenstand kritischer Äußerungen. Es gab jedoch auch Gegenstimmen. Zwar wird die anfängliche Verzögerung auch dort eingeräumt. Ist aber erst einmal ein Konsens mit dem Betriebsrat oder dem Personalrat (in den öffentlichen Verwaltungen) zustandegekommen und die Betriebsvereinbarung abgeschlossen, dann gewährt dies Handlungssicherheit auf Dauer. Dies ist bedeutsam für die Einführung neuer Techniken, speziell der Informationstechnik, am Arbeitsplatz. Als entscheidend für blockierende oder fördernde Wirkungen gilt das Betriebsklima, also das Verhältnis und das Verhalten von Arbeitgeber und Arbeitnehmern.

(6) Normung

An der Normung hat sich, wie erwartet, die Ambivalenz von Regulierungen mit großer Deutlichkeit gezeigt. Bei den Systemtechniken der Informationstechnik und der Telekommunikation ist Normung unverzichtbar, um Kompatibilität zu erreichen und die internationale Arbeitsteilung zu gewährleisten, reduziert doch die vollzogene Normung immer wieder die Freiheitsgrade kreativer Entwicklung. Eine Forderung lautet daher, nicht zu früh zu normen, d.h. nicht bevor denkbare Alternativen einer technischen Entwicklung ausgelotet sind.

Generell gelten Normen als unverzichtbar, ihre innovationsfördernde oder gar erst ermöglichende Rolle wird oft betont. So gelten die Normen um ISO 9000 zur Qualitätssicherung als sehr innovationswirksam, wenngleich angemerkt wird, daß diese sich in ihrem Wesen von den üblichen Normen unterscheiden, weil hier weniger konkrete technische Lösungen als vielmehr Produktions- und Organisationsabläufe festgelegt werden. Damit kann, muß aber nicht, die Qualität eines technischen Erzeugnisses gewährleistet werden, und es besteht die Gefahr, daß reine Marketingaspekte in den Vordergrund treten.

18 ISO 9000 gewährt die Zertifizierung für Hersteller, die durch Organisation ihrer Betriebsabläufe und sorgfältige Dokumentation Voraussetzungen für eine hohe Produktqualität schaffen. Es wird also nicht die Produktqualität selbst zertifiziert, sondern die Bedingung ihrer Möglichkeit.

Kritik wird an den Normungsverfahren geübt, die in ihrer Aufwendigkeit mittelständischen Unternehmen und Anwendergruppen eine Beteiligung praktisch verwehren. Das Normungsgeschäft wird sozusagen zum ›Heimspiel‹ der großen Unternehmen und damit derer Interessen. Hier werden neue Beteiligungschancen gewünscht. Andererseits sind es aber die für eine breitere Beteiligung erwünschten formal gegebenen Einspruchsfristen von üblicherweise einem halben Jahr, die, auch wenn sie nicht genutzt werden, den insgesamt zeitkritischen Prozeß nicht selten störend verzögern.

(7) Zulassungsverfahren

Die wesentlichen Aspekte werden anhand der Aufgaben und Erfahrungen des VDE im Bereich der elektrotechnischen Prüfung, des BZT im Telekommunikationsbereich und des für die Zertifizierung im Informationstechnik-Bereich zuständigen BSI dargestellt. Darüber hinaus hat sich inzwischen eine umfangreiche Landschaft akkreditierter Einrichtungen herausgebildet, die (mit unterschiedlichem Verbindlichkeitscharakter) im IT- und TK-Bereich Prüfungen vornehmen.

Die Zulassungs- bzw. Prüfverfahren unterscheiden sich in ihrer rechtlichen Verbindlichkeit. Beispielsweise sind die Prüfungen durch den VDE und das BZT nicht direkt gesetzlich vorgeschrieben. Jedoch bewirkt existierendes Recht (Gerätesicherheitsgesetz, Fernmeldeanlagengesetz usw.) einen faktischen Zwang, normengerechte Geräte zu bauen und einer Prüfung zu unterwerfen. Konformitätsprüfungen sowie Zertifizierungen (BSI) sind dagegen freiwillig und werden ggf. zur qualitativen Argumentation für das Produkt genutzt. Wenn die zur Zeit im Entwurf vorliegenden ›Leitlinien für die Sicherheit beim Einsatz von Informationstechnik‹ des BMI Geltung erlangen[19], wird jedoch der Verpflichtungscharakter der BSI-Leistungen für den öffentlichen Bereich erhöht.

Die Verfahrensdauern werden in Abhängigkeit vom Technikfeld und Gerät mit einem Tag (für einen modifizierten PC) bis zu einem Jahr (Zertifizierung eines großen Betriebssystems) angegeben, üblicherweise sind es zwei bis vier Wochen. Nicht das Verfahren selbst ist somit zeitkritisch, sondern die im Vorfeld u.U. entstehende Warteschlange. Dies tritt nicht selten bei Innovationswellen auf, wenn Dutzende von Firmen mit neuen Geräten einer bestimmten Technik auf den Markt drängen. Die Prüfungseinrichtungen benötigen stets einige Zeit, um die notwendigen Kapazitäten für das spezifische Techniksegment aufzubauen (z. B. Mikrowellenherde: VDE-Prüf- und Zertifizierungsinstitut; Prüfung von ISDN-Geräten: BZT). Ein derartiger Schub wird mit einer neuen umfangreichen Norm zur Steuer- und Regeltechnik erwartet (EN 60730). Um Verzögerungen im Markteintritt zu vermeiden,

19 In Ausfüllung von § 4 Abs 2.6 und § 10 der »Richtlinien für den Einsatz der Informationstechnik in der Bundesverwaltung (IT-Richtlinie)« vom 18.8.1988.

sind die Prüfungseinrichtungen zu einer entwicklungsbegleitenden Prüfung übergegangen. Allerdings werden diese Möglichkeiten (wie es heißt, aufgrund von Planungsmängeln bei den Herstellern) nicht umfänglich wahrgenommen. Auf EU-Ebene hat man die Möglichkeit der Konformitätserklärung durch den Hersteller eingerichtet[20].

Bei der Software mit ihren rasch folgenden Releases[21] wird die Verfahrensfrage zum Dauerproblem. Wenn beispielsweise die Zertifizierung im BSI abgeschlossen ist, ist häufig schon die nächste Produktversion auf dem Markt, für die das Zertifikat nicht mehr gilt. Wenn auch in einzelnen Fällen als Werbeargument verwendet, liegt der eigentliche Nutzen der Zertifizierung hier nicht im Qualitätsnachweis des Produkts nach außen, sondern, aufgrund der Verfahrens- und Dokumentationsvorschriften, in der verbesserten Innovationsfähigkeit im Innenverhältnis. Generell bleibt es in der Zertifizierung von Informationstechnik-Systemen ein offenes Problem, daß einzelne Systemkomponenten, z.B. Rechner, Programme usw. geprüft werden, nicht aber die Systeme als Ganzes in einer echten Anwendungsumgebung.

Sollte das Zertifikat (zur Absicherung in der Produkthaftungsfrage) ein entscheidendes Verkaufsargument werden, könnte dies für kleine und vor allem junge Unternehmen, die etwa einen 10-Jahres-Support[22] nicht garantieren können, zum Innovationshemmnis werden.

Das Gerätesicherheitsgesetz (Handlungsgrundlage der VDE-Prüfung) nimmt in einem entsprechenden Verzeichnis Bezug auf Normen (z.B. IEC 950, EN 60350). Handlungsunsicherheiten für die Hersteller ergeben sich nicht selten aufgrund der Verfahrensdauer der Normung sowie deren schwerer Lesbarkeit, selbst für den Fachmann. Letzteres scheint, so Expertenmeinung, praktisch nicht überwindbar zu sein.

Wenn auch viele Prüf- und Zertifizierungsverfahren nicht rechtlich zwingend vorgeschrieben sind, werden sie jedoch z.B. im Auslandsgeschäft zur faktischen Verpflichtung. Beispielsweise lassen viele Länder den Import deutscher Elektrogeräte nur in Verbindung mit dem VDE-Prüfzeichen zu. Das kann den Markteintritt im Vergleich zu ausländischen Mitbewerbern verzögern, so daß diese einen Vorsprung im Innovationszyklus gewinnen.

Mit der Deregulierung und aufgrund von EU-Zwängen zur Vereinheitlichung von Anforderungen sind durch ›Entschlackung‹ der Prüfvorschriften frühere dysfunktionale Verfahrenshemmnisse im Telekommunikationsbereich beseitigt worden.

20 In diesem Konzept erklären die Hersteller die Normentreue ihrer Geräte und können so schnell am Markt agieren. Sie müssen allerdings dafür umfangreiche Prüfungen in der laufenden Produktion auf sich nehmen. Mit der neuen EU-Niederspannungsrichtlinie wird ab 1995 im Bereich der elektrotechnischen Sicherheit die Konformitätserklärung durch die CE-Kennzeichnung des Herstellers abgelöst, womit der ungehinderte grenzüberschreitende Warenverkehr im EU-Raum gesichert werden soll.

21 durch Modifikationen bedingter Versionswechsel: MS-DOS 5.0 - 6.0 - 6.2 usw.

Nichtsdestoweniger können die Kosten für den Hersteller spürbar werden. So können u.U. für KMU Marktzugangsbarrieren entstehen. Im übrigen müssen im Verhältnis zwischen Herstellern und BZT noch ›klimatische Erblasten‹ abgebaut werden.

(8) Telekommunikationsrecht

Durch die Monopolstellung der staatlichen Post und der um sie gruppierten Amtsbaufirmen galt der Telekommunikationssektor bis zur Deregulierung (Entmonopolisierung, Privatisierung) als der Bereich, in dem Innovationshemmungen am stärksten spürbar waren. Insbesondere ließ die Anwendungsorientierung der technischen Entwicklungen zu wünschen übrig. Wenn auch das Postmonopol (im Bereich des analogen Telefons bis 1998) aufgelöst ist, werden doch, so verschiedene Stimmen, die Strukturversäumnisse noch lange nachwirken. Das Auftragsvergabeverhalten hat sich offensichtlich aber schon deutlich verändert[23]. Als ein aktuelles Problem, das vor allem die Anwendungsentwicklung (Mehrwertdienste und Endgeräte) hemmt, gilt nach wie vor die Gebührenpolitik. Mit dem Auftreten von Konkurrenz wird vermutlich auch hier Bewegung in den Markt kommen[24], doch »zunächst droht die Telekom mit höheren Gebühren« (TSP v. 15.10.93)[25]. Es gibt den Vorwurf, daß die TK-Gebühren sowie die Zulassungsverfahren für TK-Endgeräte in einer Weise gestaltet werden, die es der Telekom erlaubt, im Bereich der Mehrwertdienste wiederum Quasi-Monopole zu errichten.

Im übrigen sind im Bereich der Telekommunikaton rechtliche und sonstige Regelungen zu treffen, um die angestrebten ›Information-Superhighways‹ funktionstüchtig zu machen.[26]

(9) Sonstiges Recht: ›Bankenrecht‹, Gesundheitsstrukturgesetz

Zu einem ernsthaften Innovationshemmnis werden für kleine Unternehmen die fehlenden Finanzierungsmöglichkeiten. Die deutschen Banken verlangen bei der Kreditvergabe Sicherheiten, die kleine und vor allem junge Unternehmen nicht aufbringen können. In der Softwarebranche tritt als zusätzliches Problem auf, daß ihre spezifische Leistung immateriellen Charakter hat und damit nicht als Pfandobjekt anerkannt wird. Allerdings gibt es keine rechtlichen Vorschriften, die den Banken eine restriktive Kreditvergabe vorschreiben. Im § 18 des Kreditwesengesetzes wird lediglich verlangt, daß die Banken bei Krediten über 100.000 DM die

22 Für bestimmte Informationstechnik-Spezialentwicklungen (z.B. Leitstände in Kraftwerken oder Schiffen) müssen die Informationstechnik-Hersteller sich für einen Zeitraum von 10 Jahren verpflichten, kompatible Ersatzteile zu liefern und das Reparatur-Know-how für diese (dann schon wieder ›veraltete‹ Technik) vorzuhalten.

23 Die Telekom sei inzwischen zu einer ›äußerst harten Vergabepraxis‹ übergegangen, was in der deutschen nachrichtentechnischen Industrie zu einer schwierigen Konsolidierungsphase führt, teilt Siemens mit (TSP v. 16.10.93).

Offenlegung der wirtschaftlichen Verhältnisse verlangen müssen, und das Bundesaufsichtsamt für das Kreditwesen bindet dies an die Vorlage neuer Bilanzen u.ä.. Den Banken werden somit bestimmte analytische Schritte abverlangt. In ihren Schlußfolgerungen für die Kreditvergabe bleiben sie jedoch frei. Hier tritt offensichtlich eine konservative Grundhaltung zutage, die die mit Innovationen verbundenen Perspektiven nicht angemessen wertet.

Ein (auf den Rahmen der technischen Förderung begrenzter) Ansatz wird seitens des BMFT im Programm TOU (Technologie Orientierte Unternehmensgründung) geleistet. Im Anschluß an die geförderte Entwicklungsphase wird den Förderungsnehmern der Zugang zu Bankkrediten (Ausgleichsbank) für die Markteintrittsphase erleichtert.

Im neuen Standortsicherungsgesetz (Bundesgesetzblatt 1993, 1569) soll durch eine erleichterte Rücklagenbildung die Investitionsfähigkeit kleiner und mittlerer Unternehmen gestärkt werden. Dies setzt allerdings bis zur Wirksamkeit eine mehrjährige ausreichende Gewinnlage und Rücklagenbildung voraus. »Innovation jetzt!«, insbesondere in neu gegründeten Unternehmen, wird dadurch nicht gefördert.

Beklagt wird auch das Fehlen eines Gesundheitsstrukturgesetzes, das datenschutzunkritische Chipkartensysteme skizziert, weil hierin ein Feld mit großem Innovations- und Marktpotential gesehen wird.

5.3 Wettbewerbsverzerrungen

In der Frage der Wettbewerbsgerechtigkeit im außenwirtschaftlichen Verhältnis befindet sich die deutsche Wirtschaftsordnung in einer *Täter-* und in einer *Opfer-*Rolle. In der Täter-Rolle dann, wenn Zulassungsregelungen für Geräte und Systeme getroffen werden, die letztlich das Ziel haben, den einheimischen Markt gegen ausländische Konkurrenz zu schützen. Im Telekommunikationssektor, im Endgerätebereich (elektrotechnische Sicherheit, Funkentstörung u.ä.) und auch in der Normung waren und sind derartige Ansätze zu finden. Die unvermeidliche Folge, dies ist die annähernd einhellige Auffassung der Befragten, ist der längerfristige Verlust der eigenen Innovationsfähigkeit aufgrund eines Verharrens auf einem bestimmten technischen Niveau. Durch Weiterentwicklungen im Ausland werden dann ehemals

24 Seit in Großbritannien die BRITISH TELECOM durch MERCURY im Fernbereich einen Konkurrenten erhielt, fielen die Tarife für Ferngespräche um 60 %.

25 Der Hinweis der Telekom auf bisherige Quersubventionierungen des Ortsbereichs aufgrund des gesetzlichen Versorgungsauftrages, die jetzt nicht mehr geleistet werden könnten, wirft angesichts der Tatsache, daß die kostenaufwendigen Kabelarbeiten im Ortsbereich bereits in den 70er Jahren weitestgehend geleistet wurden, und der Tatsache, daß das ISDN zunächst einmal eine innerbetriebliche Rationalisierungsmaßnahme der Post darstellt, Fragen auf. Das Kernproblem der TELEKOM dürfte vielmehr der überdimensionierte Personalapparat sein, der aufgrund des Beamtenrechts noch auf Jahre und Jahrzehnte mitfinanziert werden muß.

geschützte Techniken plötzlich durch Neuentwicklungen abgelöst und der Schutz gegenstandslos. Der deutschen Industrie geht dann ein Geschäftsfeld verloren.

In der ›Opfer-Rolle‹ befindet man sich in den Fällen, in denen rechtliche Regelungen im Ausland größere, der technischen Innovation günstigere Handlungsspielräume einräumen. Beim Patentrecht wurde von einigen Befragten über derartige Erfahrungen berichtet. Es ist allerdings anzumerken, daß es sich wohl nicht um generalisierbare Eindrücke handelt. Standortnachteile für die deutsche Industrie werden ferner häufig in Verbindung mit dem Umweltrecht sowie dem Arbeits- und Sozialrecht begründet. Wenn andere Staaten unter Verletzung elementarer Anforderungen für soziale Bedingungen und ökologische Fragen oder unter Mißachtung realer Kostensituationen (*Dumping*) eine aggressive Exportpolitik betreiben, ist es in der Tat notwendig, über Gegenschritte nachzudenken, z.B. über Regulierungen, die die so erreichten Kostenvorteile neutralisieren[27].

Andererseits ist eine sorgfältige Prüfung erforderlich, ob die vermuteten Benachteiligungen aufgrund eines Regulierungsgefälles tatsächlich vorliegen. So hat sich hinsichtlich der in den Diskussionen zur Gentechnologie immer wieder herangeführten Standortnachteile der deutschen Forschung aufgrund von Überregulierungen in einer internationalen Vergleichsstudie gezeigt, daß die Bedingungen in Japan und in den USA in der Summe keineswegs investitionsfreundlicher sind, in den USA aufgrund der unbeschränkten Haftungsverhältnisse eher noch riskanter als in Deutschland (HOHMEYER/ HÜSING/REISS 1993; FR v. 25.8.93). Das Argument der Überregulierung kann also durchaus auch zur Schutzbehauptung werden, die unzureichende Innovationsdynamik oder ein Abwandern aus anderen Gründen verschleiert.

Tarifäre Hemmnisse wie Zölle wurden nicht als Quelle von Hemmnissen genannt.

Zur Aufrechterhaltung von Sicherheitsstandards für Produkte wurden auf der EU-Ebene mit der *Produktsicherheitsrichtlinie* inzwischen die Händler importierter Güter dem vollen Risiko von Schadensersatzansprüchen (Produkthaftung) ausgesetzt. Auf diese Weise sollen ausländische Produzenten zur Einhaltung hiesiger Standards gezwungen werden. Gegebenenfalls könnte auf diese Weise auch die Rückverlagerung bestimmter Glieder der Wertschöpfungskette in den EU-Raum bewirkt werden.[28]

Innerhalb der EU werden jetzt Zulassungsverfahren vereinheitlicht und Zulassungen wechselseitig anerkannt. Hier werden Wettbewerbsnachteile für den Fall erwartet, daß (z.B. auf der Gefälligkeitsebene) in bestimmten Ländern die Bestimmungen weniger streng gehandhabt werden. EU-Hersteller aus diesen Ländern (aber auch

26 »It is understood that something must be done to accomodate the information superhighways. Unfortunately it seems that unless the proposed reforms make unprecedentedly speedy progress through the various legislative bodies we shall have highways without traffic signs (IHT, 15.1.94).

27 Gegenüber Außenhandelspartnern, die das Marktgleichgewicht durch ihre Rahmenbedingungen bis hin zu gezielten Dumpingmaßnahmen stören, sieht selbst W. EUCKEN, der ansonsten das Prinzip der offenen Märkte vertritt, als ultimates Mittel das Einfuhrverbot (EUCKEN 1990, 112).

deutsche Hersteller, die aufgrund entsprechender Beziehungen vor Ort die Zulassung dort erreichen können), könnten auf diese Weise Hersteller, die in Deutschland zertifizieren (müssen), selbst auf dem hiesigen Markt in Bedrängnis bringen.

5.4 Allgemeine Anmerkungen

Wenn Innovationshemmnisse auftreten, sind sie oft kaum auf der gesetzlichen Ebene zu verorten, sondern vielmehr auf der Durchführungsebene. Umständliches Formularwesen, Entscheidungsschwächen in den kommunalen Behörden, aber auch widersprüchliche Regelungsanforderungen, also die ›Malaisen des Alltags‹, sind oftmals in ihrer Summation für hemmende Wirkungen oder doch für Wahrnehmungen dieser Art verantwortlich. Dies erfordert Spurensuche im Detail und - gewiß mühsame - Abstimmungen mit Ländern und Kommunen. Daran wird einmal mehr deutlich, daß ein innovatives Klima weniger durch eine Strategie linearer, instrumenteller Techniksteuerung hergestellt werden kann, sondern durch diskursive Vorgehensweisen, die die wesentlichen Akteure einbinden. Entscheidend ist die Vermittlung eines Gesamtinteresses, das letztlich auch dem jeweiligen Eigeninteresse dient.

Somit geht es um das Erkennen gemeinschaftlicher Globalziele, um Verstehen und Motivation. Die zu bewältigenden Probleme reichen damit weit über die Geltung eines Rechtsbereiches, ja, des Rechts insgesamt hinaus - und allemal über die Gestaltungsmöglichkeiten innerhalb eines Technikfeldes.

Struktur- und Prozeßphänomene unterschiedlichster Art müssen untersucht und in ihrer Innovationsrelevanz analysiert werden. Ansätze sind vorhanden.[29] Sie müßten vertieft und in konsistente Schlußfolgerungen sowie Maßnahmen umgesetzt werden. Mögliche Verlierer der notwendigen Veränderungen werden sich allerdings mit Macht gegen einen wirklich grundlegenden Wandel sperren - seien sie in Wirtschaft oder Wissenschaft, Politik oder Administration anzutreffen. Das macht die Sache so unendlich schwierig.

28 Es könnte sich erweisen, daß der Nachweis der Produktsicherheit für im Ausland gefertigte Güter so aufwendig ist, daß sich Hersteller und Importeure entschließen, ›kritische‹ Produktionsphasen oder Bauteile im EU-Raum zu realisieren.

29 Sie sind im Beitrag »Weitere Überlegungen zur Innovationsfrage« des Berichts »Regelungen zur Informationstechnik und ihre Auswirkungen auf Innovationen«, VDI/VDE-IT, unter den Stichworten Beschäftigung, Know How, Management Wissenschaftssystem, Technikzentrierte Entwicklung, Transfer und Kooperation, Staatliche Förderung, Ordnungspolitik undKultur skizziert.

F
5
5
4674
4687

Der Weg in die Informationsgesellschaft – Eine Gefahr für den Datenschutz

SIMONE FISCHER-HÜBNER UND KATHRIN SCHIER

1. Einleitung

SCHON lange Zeit vor Einführung der Computertechnologie haben sich Sozialwissenschaftler, Juristen und Philosophen mit Datenschutzaspekten beschäftigt. Auch haben Datenschutzvorschriften wie das Arztgeheimnis, Postgeheimnis, Berufsgeheimnis, Steuergeheimnis, Statistikgeheimnis eine lange Tradition. Seit dem Einzug des Computers in unser Leben hat sich die Gefährdung des Datenschutzes vergrößert und zugleich die Relevanz von Datenschutzvorkehrungen und -konzeptionen erhöht. Die breiten Diskussionen um die letzte Volkszählung in der Bundesrepublik haben die Angst der Bürger vor einem Überwachungsstaat aufgezeigt.

Der technische Fortschritt und die Vernetzung unserer Gesellschaft mit einer zunehmenden Ansammlung von personenbezogenen Kommunikations- und Verbraucherprofil-Daten scheint unaufhaltsam. Neue Informations- und Kommunikationstechniken wie ISDN, Mobilfunktelefone, Chipkartensysteme im wirtschaftlichen Leben und im Gesundheitswesen, Road Pricing-Systeme, interaktives Fernsehen führen zu einer zunehmenden Gefährdung unserer Privatsphäre.

In den U.S.A. startete BILL CLINTON ein Nationales Informations-Infrastruktur-Programm (NII) zum Ausbau sogenannter Datenautobahnen (*Information Highways*). Auch in den europäischen Ländern werden derartige Programme erarbeitet und Pilotprojekte gestartet. Unter dem Vorsitz von EU-Kommissar BANGEMANN hat ein aus europäischen Industrievertretern bestehendes Gremium einen Bericht »Europa und die globale Informationsgesellschaft - Empfehlungen für den Rat« erarbeitet (Bangemann-Report, [BANGEMANN 1994]), der Empfehlungen sowie einen

Aktions-Plan für den Weg in die Informationsgesellschaft enthält. Der Unterschied zwischen dem im Bangemann-Report verwendeten Begriff *Informationsgesellschaft* zu *Information Highways*, wie z.B. von den Amerikanern verwendet, soll deutlich machen, daß im europäischen Kontext kulturelle, gesellschaftliche und soziale Aspekte besonders zu berücksichtigen sind [BANGEMANN 1995]. Ob diese Aspekte wirklich genügend Berücksichtigung finden, ist jedoch zweifelhaft.

Dieser Beitrag soll zunächst in die Datenschutz-Thematik einführen, Grundsätze des Datenschutzes in der Bundesrepublik Deutschland sowie in Europa darlegen und dann auf aktuelle Datenschutzfragen eingehen. Dazu werden die Informations-Infrastruktur-Programme auf ihre sozialen Auswirkungen, speziell auf ihre Datenschutzproblematik hin untersucht. Als weiteres aktuelles Datenschutzproblemfeld wird der Einsatz von Chipkarten im Gesundheitswesen diskutiert.

2. Datenschutz

2.1 Begriffsklärung

Der Begriff ›Datenschutz‹ kann mißverstanden werden, da Daten nur indirekter Gegenstand des Datenschutzes sind [GEHRHARDT 1992] und da es beim Datenschutz vielmehr genereller um den Schutz des allgemeinen Persönlichkeitsrechts bzw. des *informationellen Selbstbestimmungsrechts* (s.u.) geht. Der im englischen Sprachgebrauch übliche Begriff *Privacy* (›Recht auf Privatheit‹) spiegelt eine umfassendere Sichtweise auf diesen Bereich des Datenschutzes besser wider.

Zum ersten Mal versuchten die amerikanischen Juristen SAMUEL WARREN und LOUIS BRANDEIS *privacy* in ihrem 1890 im *Harvard Law Review* veröffentlichten Artikel ›The Right to Privacy‹ zu definieren als das Recht, alleine gelassen zu werden (*the right to be let alone*) [WARREN et al 1890]. Anlaß waren Praktiken der Presse, Sensationsgeschichten über bekannte Bürger zu veröffentlichen. Die beiden Juristen behaupteten, das *Common Law* sichere jedem Individium das Recht, regelmäßig selbst zu bestimmen, inwieweit seine Gedanken, Meinungen und Gefühle anderen mitgeteilt werden sollen (siehe auch [BULL 1984, S.77 ff.]).

Eine andere oft verwendete Definition ist die von ALAN WESTIN: *Privacy* ist der Anspruch von Individuen, Gruppen und Institutionen, selbst zu bestimmen, wann, wie und in welchem Maße Informationen über sie an andere weitergegeben werden [WESTIN 1967].

Das im Volkszählungsurteil des Bundesverfassungsgerichts (BVERFG, NJW 1984, S.419) aus Art.1 in Verbindung mit Art.2 Grundgesetz abgeleitete informationelle Selbstbestimmungsrecht, das die Befugnis des Einzelnen beinhaltet, grundsätzlich selbst über Preisgabe und Verwendung seiner persönlichen Daten zu entscheiden, stellt eine Spezialisierung von WESTINS Definition dar. Mit dieser Definition des Rechts auf informationelle Selbstbestimmung wurde das durch frühere Rechtsprechung wie den Mikrozensusbeschluß (BVERFG, NJW 1969, S. 1707) oder den Scheidungsaktenbeschluß (BerfG, NJW 1972, S.1123) herausgearbeitete allgemeine Persönlichkeitsrecht vom Bundesverfassungsgericht weiter konkretisiert.

Datenschutz hat somit in der Bundesrepublik Deutschland Verfassungsrang. In Deutschland sowie in anderen Ländern, wie in Großbritannien oder in den Niederlanden, ist Datenschutz ein individuelles Recht, das nur von natürlichen Personen wahrgenommen werden kann. In anderen Ländern, wie Frankreich, Österreich, Luxemburg, werden entsprechend der Definition von ALAN WESTIN Datenschutzrechte auch juristischen Personen zugesprochen.

Als erstes Land der Welt erließ 1970 das Bundesland Hessen ein Datenschutzgesetz. Das erste nationale Datenschutzgesetz trat 1973 in Schweden in Kraft, bevor 1977 nach langer Vorbereitungszeit das Bundesdatenschutzgesetz (BDSG) vom deutschen Bundesgesetzgeber verabschiedet wurde. Das Volkszählungsurteil vom 15.12.1983 machte eine Novellierung des BDSG erforderlich, die erst 1990 in Kraft trat.

Datenschutzprobleme des grenzüberschreitenden Datenflusses erkannte zuerst die *Organization for Economic Cooperation and Development* (OECD), die 1980 eine Empfehlung für den Schutz der Privatssphäre und den grenzüberschreitenden Austausch personenbezogener Daten vorlegte. Der Europarat hat 1981 ein Datenschutzübereinkommen zum Schutz des einzelnen unter besonderer Berücksichtigung der automatisierten Verarbeitung personenbezogener Daten ausgearbeitet, das 1985 von der Bundesrepublik Deutschland ratifiziert wurde. Zur Zeit wird ein Entwurf einer EU-Datenschutzrichtlinie zur Harmonisierung des Datenschutzes in Europa diskutiert, die wiederum in den EU-Ländern zu Novellierungen der Datenschutzgesetze führen wird bzw. die EU-Länder ohne Datenschutzgesetze (zur Zeit: Griechenland und Italien) zum Erlaß entsprechender Gesetze veranlassen soll.

2.2 Grundsätze des Volkszählungsurteils

Die wichtigsten Grundsätze des Datenschutzes wurden im Volkszählungsurteil des Bundesverfassungsgerichts vom 15.12.1983 (BVERFG, NJW 1984, S.419) formuliert. Größtenteils waren diese Grundsätze von Datenschutzwissenschaftlern, insbesondere auch von einigen der Kläger gegen die Volkszählung (WILHELM STEINMÜLLER und ADALBERT PODLECH) in wissenschaftlichen Abbhandlungen (siehe u.a. [STEINMÜLLER et al. 1971], [PODLECH 1976]) sowie in der Klageschrift selbst aufgestellt worden.

Das Volkszählungsurteil von 1983 ist nicht nur wegen der Feststellung der Verfassungswidrigkeit der damals geplanten Volkszählung von Bedeutung, sondern insbesondere auch wegen der im Urteil formulierten datenschutzrechtlichen Ausführungen und Prinzipien, die zu Novellierungen sowie zum Erlaß datenschutzrechtlicher Regelungen führen sollten. Grundsätze wie insbesondere das Zweckbindungsgebot oder Anforderungen an den technischen Datenschutz sind in vielen nationalen Datenschutzgesetzen verwirklicht bzw. in internationalen Datenschutzrichtlinien, wie in der OECD-Richtlinie, der UNO-Richtlinie und im Entwurf der EU-Richtlinie verankert.

Nach dem Volkszählungsurteil hat jeder das *Recht auf informationelle Selbstbestimmung*, das sich aus Art. 1 Abs. 1 (Grundsatz der Menschenwürde) sowie Art. 2 Abs. 1 (Grundrecht der freien Entfaltung der Persönlichkeit) ableitet. Da die Würde der Person, welche sich in freier Selbstbestimmung als Teil einer freien Gesellschaft entfalten kann, als höchster Rechtswert der verfassungsgemäßen Ordnung gilt (BVERFGE 45, S. 187 ff), gehört das informationelle Selbstbestimmungsrecht zu den höchsten vom Grundgesetz geschützten Werten. Dieses Grundrecht auf informationelle Selbstbestimmung gewährleistet die Befugnis des einzelnen, grundsätzlich selbst über die Preisgabe und Verwendung seiner persönlichen Daten zu bestimmen.

Daß die Garantie dieses Grundrechtes nicht nur für die individuellen Entfaltungschancen des einzelnen, sondern auch für die freiheitlich-demokratische Grundordnung von Bedeutung ist, wird vom Bundesverfassungsgericht folgendermaßen begründet:

»Wer nicht mit hinreichender Sicherheit überschauen kann, welche ihn betreffenden Informationen in bestimmten Bereichen seiner sozialen Umwelt bekannt sind, und wer das Wissen möglicher Kommunikationspartner nicht einigermaßen abzuschätzen vermag, kann in seiner Freiheit wesentlich gehemmt werden, aus eigener Selbstbestimmung zu planen oder zu entscheiden. Mit dem Recht auf informationelle Selbstbestimmung wären eine Gesellschaftsordnung und eine diese ermöglichende Rechtsordnung nicht vereinbar, in der Bürger nicht mehr wissen können, wer was wann und bei welcher Gelegenheit über sie weiß. Wer unsicher ist, ob abweichende Verhaltensweisen jederzeit notiert und als Information dauerhaft gespeichert, verwendet oder weitergegeben werden, wird versuchen, nicht durch solche Verhaltensweisen aufzufallen. Dies würde nicht nur die individuellen Entfaltungschancen des einzelnen beeinträchtigen, sondern auch das Gemeinwohl, weil Selbstbestimmung eine elementare Funktionsbedingung eines auf Handlungs- und Mitwirkungsfähigkeit seiner Bürger begründeten freiheitlichen demokratischen Gemeinwesens ist.«

Das Menschenbild des Grundgesetzes geht jedoch auch von einer Gemeinschaftsbezogenheit und Gemeinschaftsgebundenheit des Menschen aus (BVERFGE 45, 187 ff.). Der moderne Rechts- und Sozialstaat benötigt in großem Umfang personenbezogene Daten, um seine vielfältigen Aufgaben richtig und gerecht erfüllen zu können. Daher sind Einschränkungen des informationellen Selbstbestimmungsrechts im überwiegenden Allgemeininteresse hinzunehmen. Sie bedürfen jedoch einer verfassungsgemäßen gesetzlichen Grundlage, die insbesondere den Rechtsstaatsgeboten der Normenklarheit und der Verhältnismäßigkeit genügen muß. Aus dem Verhältnismäßigkeitsgrundsatz ergeben sich wiederum die Datenschutzgrundsätze der Erforderlichkeit, der Zweckbindung sowie der informationellen Gewaltenteilung (s.u.).

Das *Gebot der Normenklarheit* verlangt, daß die Voraussetzungen für die Einschränkung des Grundrechts und deren Umfang für den Bürger in der gesetzlichen Grundlage erkennbar geregelt sein muß.

Nach dem *Verhältnismäßigkeitsgrundsatz* muß eine Maßnahme zur Erreichung des angestrebten Zwecks geeignet und erforderlich sein, und der mit ihr verbundene Eingriff darf seiner Intensität nach nicht außer Verhältnis zur Bedeutung der Sache und zu den vom Bürger hinzunehmenden Einbußen stehen.

Das zum Verhältnismäßigkeitsgrundsatz gehörende *Gebot der Erforderlichkeit* der Erhebung und Verarbeitung personenbezogener Daten verlangt, daß es keine Alternativen geben darf, die den angestrebten Zweck ebensogut erfüllen, jedoch weniger stark in das informationelle Selbstbestimmungsrecht eingreifen. So ist z.B. diskutiert worden, ob wirklich eine Volkszählung als umfangreiche Totalerhebung mit Auskunftszwang erforderlich ist, oder ob z.B. eine auf wenige Grundmerkmale eingeschränkte Totalerhebung mit ergänzender Stichprobenerhebung oder Erhebungen auf freiwilliger Basis ebenso wirksame, jedoch schonendere Mittel darstellen.

Die Beurteilung der Verhältnismäßigkeit hängt u.a. von der Sensibilität der zu verarbeitenden personenbezogenen Daten ab. Wie vom Bundesverfassungsgericht festgestellt wird, kann das Problem, wie sensibel Daten sind, nicht allein danach beurteilt werden, wie intim die Verhältnisse sind, die sie beschreiben. Die Sensibilität ist vor allem auch vom Verwendungszweck und von den Verarbeitungsmöglichkeiten abhängig. Daher gibt es unter den Bedingungen der automatischen Datenverarbeitung kein ›belangloses‹ Datum mehr.

Werden z.B. in einem System die Aktionen der Benutzer in sogenannten Audit-Trails protokolliert, um Sicherheitsverstöße feststellen zu können, so können diese benutzerbezogenen Daten eine andere Bedeutung und Sensibilität erhalten, falls man sie zur Verhaltens- und Leistungsanalyse der Benutzer verwendet.

Aus dieser Feststellung ergibt sich als ein weiterer wichtiger Datenschutzgrundsatz das *Zweckbindungsgebot*: Danach setzt ein Zwang zur Angabe personenbezogener Daten voraus, daß der Gesetzgeber den Verwendungszweck bereichsspezifisch und präzise bestimmt und daß die Angaben für diesen Zweck geeignet und erforderlich sind. Zudem gibt es ein Verbot der Zweckentfremdung, d.h. die Verwendung der Daten muß auf diesen gesetzlich bestimmten Zweck begrenzt sein.

Eine solche bereichsspezifische Zweckbestimmung sowie ein vom Bundesverfassungsgericht geforderter amtshilfefester Schutz gegen Zweckentfremdung durch Weitergabe- und Verwertungsverbot gewährleistet zugleich den *Grundsatz der informationellen Gewaltenteilung*. Eine nach diesem Grundsatz notwendige Aufteilung der personenbezogenen Daten auf verschiedene Stellen mit dem Verbot ihrer ressortübergreifenden Zusammenführung stellt einen wesentlichen Schutz vor einer vollständigen Registrierung und Katalogisierung des Einzelnen dar.

Wie oben bereits zitiert, hatte das Bundesverfassungsgericht ausgeführt, daß mit dem Recht auf informationelle Selbstbestimmung eine solche Gesellschaftsordnung nicht vereinbar wäre, in der die Bürger nicht mehr wissen können, wer was wann und bei welcher Gelegenheit über sie weiß. Es muß daher die *Transparenz bzw. Durchschaubarkeit* der Datenverarbeitung durch die Betroffenen gewährleistet werden.

Ferner wurde vom Bundesverfassungsgericht verlangt, daß *organisatorische und verfahrensrechtliche Vorkehrungen* zum Schutze des informationellen Selbstbestimmungsrechts zu treffen sind. Dazu kann man insbesondere auch technische Sicherheitsvorkehrungen zum Schutze der Vertraulichkeit und Integrität der zu verarbeitenden personenbezogenen Daten zählen.

2.3 Datenschutzgesetzgebung

Eine Folge des Volkszählungsurteils waren vielfältige gesetzgeberische Aktivitäten. Zum einem war eine Novellierung der Datenschutzgesetze des Bundes und der Länder notwendig geworden, die in vielen Punkten nicht den Anforderungen des Volkszählungsurteils genügten. So fehlten im BDSG in seiner Fassung vom 27.1.1977 z.B. Regelungen für die Datenerhebung, für die Datenverarbeitung außerhalb von Dateien sowie eine Verankerung des Zweckbindungsgebots. Zum anderen gab es in vielen Bereichen keine gesetzlichen Grundlagen für die Datenverarbeitungspraxis, so daß datenschutzrechtliche Spezialbestimmungen geschaffen werden mußten wie z.B. Gesetze über die Nachrichtendienste des Bundes, für das Telekommunikationsrecht oder das Straßenverkehrsrecht.

Leider zielten diese neuen Gesetze, die oft in sehr langwierigen Verfahren erlassen wurden, oftmals nicht darauf ab, die Rechtsposition des Bürgers zu stärken, sondern vielmehr, die Verarbeitung personenbezogener Daten - oft über das Maß hinaus, das bislang üblich war - zu ermöglichen. Neben dieser ›Vergesetzlichungswelle‹ blieb zudem der Datenschutz in wesentlichen Bereichen ungeregelt. So gibt es z.B. bis heute auf Bundesebene keine hinreichenden datenschutzrechtlichen Vorschriften auf den Gebieten des Arbeitnehmerschutzes, des Mieterschutzes, der Arbeit von Auskunfteien und Detekteien, des gesamten Strafverfahrens oder zur Regelung des Ausländerzentralregisters (siehe auch [DS-KONFERENZ 1994a]).

Zweck des novellierten Bundesdatenschutzgesetzes vom 20.12.1990 ist es nach §1 Abs. 1 BDSG, den einzelnen davor zu schützen, daß er durch den Umgang mit seinen personenbezogenen Daten in seinem Persönlichkeitsrecht beeinträchtigt wird. Die Grundsätze des Volkszählungsurteils sind im wesentlichen verwirklicht worden. Anwendungsbereiche des BDSG sind in erster Linie die Bundesverwaltung und der nicht-öffentliche Bereich, während die Landesdatenschutzgesetze grundsätzlich für die öffentlichen Stellen der Länder zuständig sind. Das BDSG stellt allgemeine datenschutzrechtliche Grundregeln auf. Bereichsspezifische Regelungen, wie z.B. das Sozialgesetzbuch (siehe dazu 3.2.3), gehen dem BDSG vor.

Das Bundesdatenschutzgesetz enthält im ersten Abschnitt allgemeine Bestimmungen u.a. über die Zulässigkeit der Datenverarbeitung (§ 4), Schadensersatz (§§ 7,8), die Einrichtung von Online-Abrufverfahren (§ 10) sowie die zu treffenden erforderlichen technischen und organisatorischen Sicherheitsmaßnahmen (§ 9 plus Anlage).

Zudem enthält es für öffentliche und nicht-öffentliche Stellen unterschiedliche Regelungen über

- die Zulässigkeit der Datenerhebung, -speicherung, -nutzung und -übermittlung (§§ 13-17, 28-31),
- die Rechte der Betroffenen auf Auskunft, Berichtigung, Löschung oder Sperrung (§§ 19-20, 33-35)
- die Datenschutzkontrolle durch den Bundesdatenschutzbeauftragten für die öffentlichen Stellen (§§ 22-26) bzw. durch den betrieblichen Datenschutzbeauftragten (§§ 36-37) und durch die Aufsichtsbehörde (§ 38) im nicht-öffentlichen Bereich.

Mit einer erneuten Novellierung des Bundesdatenschutzgesetzes ist zu rechnen, weil nach der Verabschiedung der EU-Datenschutzrichtlinie die notwendigen Anpassungen innerhalb der Übergangsfrist von 3 Jahren vorzunehmen sind. Zu den Zielen dieser »Richtlinie zum Schutz natürlicher Personen bei der Verarbeitung personenbezogener Daten und zum freien Datenverkehr« gehört vor allem die zur Realisierung des europäischen Binnenmarktes erforderliche Erleichterung des Datenaustausches in Europa durch eine Harmonisierung des Datenschutzrechts der Mitgliedsländer. Den ersten Entwurf einer solchen Datenschutz-Richtlinie hatte die EG-Kommission im November 1990 in erster Fassung vorgelegt (BRDrucks. 690/90). Einen überarbeiteten Entwurf präsentierte die Kommission im Oktober 1992 (BTDrucks. 12/8329), nachdem das Europäische Parlament umfassende Änderungsvorschläge beschlossen hatte. Ein aktualisierter gemeinsamer Standpunkt zur EU-Richtlinie wurde vom Ministerrat der EU im Februar 1995 und vom Europäischen Parlament im Juni 1995 verabschiedet.

Der Richtlinienentwurf verwirklicht wie das BDSG ebenfalls im wesentlichen die im Volkszählungsurteil genannten Datenschutzprinzipien. Einer der bedeutendsten Unterschiede vom Richtlinienentwurf zum BDSG ist der geplante Wegfall der formellen Unterscheidung zwischen den für den öffentlichen und privaten Bereich geltenden Regeln. Das BDSG enthält bisher unterschiedliche Regeln für den öffentlichen und für den privaten Bereich, da man prinzipiell davon ausgeht, daß im öffentlichen Bereich ein Unter-Überordnungsverhältnis zwischen dem Bürger und dem Staat besteht und der Bürger Grundrechtsschutz gegenüber Eingriffen des Staates besitzt, sich im privaten Bereich jedoch gleichberechtigte Partner gegenüberstehen. Allerdings legen die Gleichartigkeit der Gefährdungen durch Datenverarbeitung im öffentlichen Bereich sowie die auch im privaten Bereich bestehenden Abhängigkeitsverhältnisse (etwa zwischen Arbeitgeber und Arbeitnehmer, Mieter und Vermieter) ähnlich restriktive Regelungen für beide Bereiche nahe. Weitere wichtige Regelungen im 4. Abschnitt der Richtlinie sehen ein grundsätzliches Verbot des Transfers personenbezogener Daten in Drittländer mit keinem angemessenen (d.h. mit niedrigerem) Datenschutzniveau vor.

Problematisch und vor allem von deutscher Seite von besonderem Interesse ist weiterhin die Frage, wie sichergestellt werden kann, daß das Datenschutzrecht der Mitgliedstaaten strengere Datenschutzanforderungen als die Richtlinie enthalten darf. Im Richtlinienentwurf ist lediglich vorgesehen, daß die Mitgliedstaaten einen ›Spielraum‹ bei der Verwirklichung der Richtlinie haben sollen.

3. Der Weg in die Informationsgesellschaft

In diesem Kapitel soll auf wichtige aktuelle Datenschutzprobleme eingegangen und gezeigt werden, daß Datenschutz bei der Konzeption und Einführung neuer technologischer Vorhaben leider keine angemessene Rolle spielt.

Wir werden dazu zum einen die Datenschutzproblematiken der Nationalen und Globalen Informations-Infrastruktur-Programme, die wahrscheinlich schon bald nachhaltig unser Leben verändern werden, untersuchen. Zum anderen werden Datenschutzaspekte beim Chipkarteneinsatz im Gesundheitswesen als weiteres aktuelles datenschutzrechtliches Problemfeld diskutiert. Chipkarten als Zugang zu den Datenautobahnen werden im Rahmen der Informations-Infrastruktur-Programme sicherlich vermehrt Anwendung finden.

3.1 Nationale und globale Informations-Infrastruktur-Programme

Eines der zentralen Ziele der amerikanischen Regierung unter BILL CLINTON ist die Entwicklung von Strategien zur Stärkung der U.S.-amerikanischen Kommunikations- und Informationstechnologie, insbesondere die Einführung sogenannter *Information Highways* (*Datenautobahnen*). Erste Vorstellungen und Konzepte einer neuen *Nationalen Informations-Infrastruktur* (NII) wurden im Februar 1993 im *White Paper »Technology for America's Economic Growth: A New Direction to Build Economic Strength«* veröffentlicht und dann im September desselben Jahres im Report »*The National Information Infrastructure: Agenda for Action*« in überarbeiteter Form herausgegeben.

Da die U.S.A. als Europas wirtschaftlicher Konkurrent bereits begonnen hatten, sich auf die neuen technologischen Herausforderungen vorzubereiten, und ein ›globaler Wettlauf‹ um die Vorherrschaft angelaufen war, sahen sich die europäischen Staaten und die Europäische Union gedrängt, ebenfalls Informations-Infrastruktur-Programme aufzustellen. Unter dem Vorsitz von EU-Kommissar Bangemann hat eine Gruppe von europäischen Industrievertretern einen Bericht »Europa und die Industriegesellschaft - Empfehlungen für den Rat« [BANGEMANN 1994] erstellt. Die Empfehlungen und der Aktionsplan dieses Berichts haben Eingang gefunden in eine Mitteilung der Kommission »Europas Weg in die Informationsgesellschaft - ein Aktionsplan«. Zudem haben weitere Staaten wie z.B. Kanada, Singapur, Japan, Schweden [Kommissionen 1994] oder Dänemark [DFM 1994] eigene nationale Strategien zur Verwirklichung einer Informationsgesellschaft entwickelt.

Ein spezielles G7-Treffen im Februar 1995 in Brüssel hatte sich mit der Verwirklichung der Informationsgesellschaft beschäftigt und sollte dazu beitragen, die Ängste hinsichtlich der Informationsgesellschaft zu beseitigen und Aktionen auf internationaler Ebene anzuregen.

Hinter diesen nationalen und globalen Informations-Infrastruktur-Programmen stehen in erster Linie wirtschaftliche Interessen. Sie sollen vor allem dazu dienen, die wirtschaftliche Wettbewerbsfähigkeit der beteiligten Staaten zu stärken, das wirtschaftliche Wachstum zu fördern und mehr Beschäftigung zu erreichen. Zudem sollen Informationstechnik-Systeme wie computergestützte Verkehrsleitsysteme, Diagnostiksysteme im Umweltschutzbereich sowie eine Vernetzung des Gesundheitswesens dazu beitragen, strukturelle Probleme wie Verkehrsstaus, Umweltverschmutzung, steigende Kosten im Gesundheitswesen zu mindern. Nach MARTIN BANGEMANN [BANGEMANN 1995] gibt es zur Informationsgesellschaft keine Alternative, da »Wissen der zentrale Wettbewerbsfaktor« und »Telekommunikation einer der bedeutendsten Wachstumsmärkte« sei und »Telematik als Hilfe bei der Bewältigung der Probleme von heute« diene.

Zudem wird angeführt, daß die neue Informations-Infrastruktur mit einem größeren Bildungsangebot, Arbeitsplatzangebot und Service der öffentlichen Stellen über die Computernetze bessere Chancen für Personengruppen wie körperlich Behinderte, geographisch abseits Wohnende und wirtschaftlich Schwächere bieten kann. Außerdem könnte mit ihr eine offenere partizipatorische Demokratie verwirklicht werden, in der die Bürger mehr Möglichkeiten erhalten, in den Netzen an politischen Prozessen teilzunehmen. Man erwartet, daß die treibende Kraft zur Verwirklichung der Informations-Infrastruktur-Vorhaben der private Sektor sein wird.

Die geplanten Projekte der verschiedenen nationalen und globalen Informations-Infrastruktur-Aktionsprogramme zeigen große Ähnlichkeiten. Innerhalb der EU sollen z.B. unter anderem folgende Initiativen vorangetrieben werden:

- *Telearbeit:* Schaffung neuer Telearbeitsplätze zu Hause und in Satelliten-Büros, von denen aus man über Netze mit der eigentlichen Arbeitsumgebung kommunizieren kann.
- *Fernstudienzentren:* Kurse und Studiengänge sollen Mitarbeitern von Firmen oder der öffentlichen Verwaltung, Schülern und Studenten über die Netze angeboten werden.
- *Netzwerk für Universitäten und Forschungszentren:* Entwicklung eines Trans-Europäischen Netzwerkes mit hoher Bandbreite für interaktive Multimediadienste, das die europäischen Universitäten und Forschungszentren verbinden soll.
- *Telematikdienste für Unternehmen:* Förderung eines breiten Gebrauchs von Telematikdiensten, wie E-mail, File-Transfer, EDI, Videokonferenzen etc. durch europäische mittelständische Unternehmen.
- *Verkehrsleitsysteme:* Einführung von Telematiklösungen für Verkehrsleitsysteme auf europäischer Basis.

- *Luftverkehrssysteme:* Einführung eines Trans-Europäischen Luftverkehrskontrollsystems.
- *Vernetzung im Gesundheitswesen:* Vernetzung von Arztpraxen, Krankenhäusern, Sozialzentren auf europäischer Basis, um Dienste wie Ferndiagnosen, Online-Reservierungen von Krankenhausdiensten zu ermöglichen.
- *Transeuropäisches Netzwerk der öffentlichen Verwaltung:* Vernetzung der öffentlichen Verwaltungsnetze in Europa für einen effektiveren und kostengünstigeren Informationsaustausch.
- *Datenautobahnen für den Hausgebrauch*: Netzwerkzugänge für private Haushalte zu Online-, Multimedia- und Unterhaltungs- sowie weiteren Diensten (z.B. *video on demand, banking, home shopping*).

Um eine Spaltung der Gesellschaft in ›Informations-Reiche‹ und ›Informations-Arme‹ zu verhindern, soll ein universeller Informationszugang zu den Datenautobahnen durch Maßnahmen wie eine entsprechende Preispolitik, Trainingsprogramme und benutzungsfreundliche Systeme sichergestellt werden.

Die verschiedenen Informations-Infrastruktur-Programme betonen zudem, daß weitere soziale und gesellschaftliche Aspekte wie die Informationssicherheit, der persönliche Datenschutz sowie der Urheberschutz zu gewährleisten sind. Inwiefern dieses gelingen wird, ist allerdings fraglich, da viele Probleme der angemessenen Berücksichtigung dieser Werte im Wege stehen können.

3.1.1 Gefahren für die Gesellschaft

Auch wenn hinter den Informations-Infrastruktur-Programmen in erster Linie wirtschaftliche Interessen stehen, kann der Erfolg dieser Vorhaben nicht allein in wirtschaftlichen Dimensionen gemessen werden. Der Erfolg wird vielmehr auch daran zu messen sein, inwiefern es gelingen wird, alle Bürger gleichermaßen an der neuen Infrastruktur partizipieren zu lassen, individuelle Rechte (wie Datenschutzrechte, Urheberrechte, Arbeitnehmerrechte) zu schützen sowie die Sicherheit und Verfügbarkeit der zugrundeliegenden Netze zu garantieren. In den offiziellen Dokumenten wird zwar erwähnt, daß auch solche Werte zu berücksichtigen sind, jedoch ist es einfacher, auf die Wichtigkeit der gesellschaftlichen und sozialen Aspekte hinzuweisen, als sie auch angemessen zu berücksichtigen. Daher ist fraglich, inwiefern diese Werte schon im Design der Infrastruktur und bei der nachfolgenden Anwendung wirklich durchgesetzt werden. Niemand möchte beim wirtschaftlichem Wettlauf den Anschluß verlieren, sondern eine möglichst führende Rolle in der Informationstechnologie einnehmen, so daß befürchtet werden muß, daß gesellschaftliche und soziale Aspekte venachlässigt werden. Neben einer Gefährdung von Datenschutzrechten durch einen zunehmenden Verkehr von sensiblen personenbezogenen Daten und dem Anfall von Verbindungs- bzw. Abrechnungsdaten auf den Datenautobahnen ergeben sich folgende weitere Risiken für die Gesellschaft (siehe auch [CPSR 1994], [WILLIAMS 1994]):

- Teilung der Gesellschaft in ›Informations-Reiche‹ und ›Informations-Arme‹: Auch wenn der Zugang zur Datenautobahn und die dafür nötige technische Ausstattung für jeden finanziell erschwinglich sein werden, wird es stets technisch uninteressierte und gering begabte Menschen geben, denen man auch durch spezielle Trainingsprogramme und bedienerfreundliche Schnittstellen den Zugang schwerlich vermitteln wird.
- Eine globale Kommunikation innerhalb einer globalen Informations-Infrastruktur könnte eingeschränkt werden, falls nationale Sicherheitsbedenken oder wirtschaftliches Konkurrenzdenken einem internationalen Datenaustausch entgegenstehen.
- Die Netze könnten von wenigen finanzstarken Anbietern dominiert werden, die zugleich die Kontrolle über die Informationsinhalte haben.
- Offene Kommunikationsstrukturen ermöglichen erfahrungsgemäß große Mengen an Datenmüll bzw. Fehlinformationen oder auch unerwünschte pornographische oder rassistische Daten.
- Ein möglichst freier Informationsfluß auf den Datenautobahnen kann Urheberschutzrechte gefährden.
- Die Schaffung von Heim-Telearbeitsplätzen kann zu einer Aushöhlung der in Betrieben geltenden Arbeitsschutzregelungen führen.
- Die organisierte Kriminalität (z.B. Drogenhandel) und terroristische Gruppierungen (z.B. rechtsradikale Szene) verwenden schon jetzt zunehmend die Datennetze.
- Die Vertraulichkeit und Integrität der Daten sowie die Verfügbarkeit der Netzdienste wird nicht absolut zu garantieren sein. Sicherheitsrisiken werden vor allem dann entstehen, wenn geeignete Sicherheitsmechanismen nicht schon im Design der Informations-Infrastruktur berücksichtigt werden.
- Eine Informations-Infrastruktur kann zu einer Abschaffung herkömmlicher ›manueller‹ Dienste führen und dadurch die zwischenmenschliche Kommunikation ersetzen und zu einer größeren Abhängigkeit von der Informationstechnologie führen.

3.1.2 Gefahren für den Datenschutz

Die neue Informations-Infrastruktur mit einer umfassenden Vernetzung des privaten und öffentlichen Lebens wird besonders die Datenschutzrechte der Benutzer und weiterer Betroffener, über die personenbezogene Daten gespeichert und kommuniziert werden, gefährden.

Die Vernetzung des Gesundheitswesens, der öffentlichen Verwaltung, Forschungszentren, Betriebe und Haushalte, ein ansteigender Gebrauch von Telematik-Diensten wird zu einem erheblichen Anstieg der Speicherung sowie einem stark zunehmenden Verkehr personenbezogener Daten (wie sensibler Gesundheitsdaten, Geschäftsdaten, privater Daten) führen.

Zudem wird es durch die Kommunikation und durch Dienste wie *Video on Demand*, *Teleshopping* oder durch *Road Pricing Systeme*, die als Teil der Verkehrsleitsysteme im Gespräch sind, zu einem starken Anfall an Verbindungs- und Abrechnungsdaten kommen, aus denen individuelle Kommunikations-, Verbraucher- oder Bewegungsprofile erstellt werden können.

Der Datenverkehr innerhalb einer globalen Informations-Infrastruktur wird international sein. Bisher gibt es jedoch noch keinerlei verbindliche internationale Datenschutz-Regelungen zum Schutz der personenbezogenen Daten auf den internationalen Datenautobahnen. Zudem herrscht ein starkes Datenschutzgefälle zwischen den verschiedenen Staaten. Auch wenn die EU-Datenschutzrichtlinie helfen wird, das Datenschutzgefälle innerhalb Europas abzubauen, werden die Datenschutzniveaus in den U.S.A., Japan sowie in anderen Nicht-EU-Staaten nicht dem der Bundesrepublik Deutschland entsprechen. Nach Art. 25 der EU-Datenschutzrichtlinie dürften dann zwar grundsätzlich keine personenbezogenen Daten in solche Länder mit nicht angemessenem Datenschutzniveau transferiert werden. Dieses wird sich jedoch für die globale Informations-Infrastruktur sowohl organisatorisch als auch technisch kaum durchsetzen lassen.

In vielen Ländern sind zur Zeit im Zusammenhang mit den Datenautobahnen wichtige Datenschutzfragen, z.B. ob *electronic mails* unter den Datenschutz fallen oder ob sie vom Arbeitgeber gelesen oder überprüft werden dürfen, bisher noch nicht zufriedenstellend geregelt. Notwendig wären international verbindliche Datenschutzregeln. Jedoch ist es fraglich, wie solche aufgrund kultureller Unterschiede erreichbar sind.

Im 40-seitigen Bangemann-Papier wird dem Thema Datenschutz lediglich eine halbe Seite gewidmet, um darauf hinzuweisen, daß ein europaweiter Datenschutzgesetzes-Ansatz erforderlich sein wird, da sonst fehlendes Vertrauen der Verbraucher einer schnellen Entwicklung zur Informationsgesellschaft entgegenstehen könnte. Deshalb sei eine schnelle Verabschiedung und Realisierung der EU-Datenschutzrichtlinie erforderlich. Konkrete Datenschutz-Konzepte um z.B. bei der geplanten Vernetzung des Gesundheitswesens die hochsensitiven medizinischen Daten angemessen zu schützen, gibt es bisher jedoch noch nicht.

In den amerikanischen NII-Papieren wird in nur wenigen Sätzen im Zusammenhang mit der zu gewährleistenden Datensicherheit auf die Wichtigkeit eines angemessenen Datenschutzes für die Benutzer hingewiesen. Jedoch hat DIE *Working Group on Privacy* der amerikanischen *Information Infrastructure Task Force* (IITF) Datenschutz-Prinzipien (*privacy principles*) entwickelt, die Leitlinien für alle Beteiligten der NII sowohl im öffentlichen als auch im privaten Bereich sein sollen [IITF 1995].

Die *Privacy Principles* gehen dabei grundsätzlich von einer gemeinsamen Verantwortung der Datenverarbeiter und der Betroffenen aus. Die Datenverarbeiter sollen nach dem *Acquisition Principle* vor jeder Erhebung personenbezogener Daten eine Folgenabschätzung von ihrem Vorhaben durchführen, dabei die Datenschutz-Interessen der Betroffenen genügend berücksichtigen und nur personenbezogene Daten in verhältnismäßigem Umfang verwenden. Nach dem *Notice Principle* sollen Betroffene über Grund und Zweck der Datensammlung, zu treffende Schutzmaßnahmen, Folgen einer Einwilligung bzw. Nicht-Einwilligung sowie über Schadensersatz-Ansprüche informiert werden. Entsprechend einer gemeinsamen Verantwortung haben die Betroffenen nach dem *Awareness Principle* die Verantwortung, sich über diese Punkte zu informieren, um das Ausmaß der Verarbeitung ihrer Daten zu verstehen. Sie sollen nach dem *Fairness Principle* durchsetzen können, daß nur in diesem Ausmaß personenbezogene Daten über sie verwendet werden. Nach dem *Redress Principle* haben sie Auskunftsrecht, Berichtigungsrecht sowie ggfs. ein Recht auf Schadensersatz.

An den *Privacy Principles* der IITF wird von deutscher Datenschutzseite vor allem kritisiert, daß sie nicht den europäischen Datenschutz-Grundsätzen und Vorstellungen entsprechen. Sie gehen grundsätzlich von der gemeinsamen Verantwortung gleichberechtigter Partner bei der Durchsetzung von Datenschutz aus. Jedoch hat die Praxis gezeigt, daß Betroffene den datenverarbeitenden Stellen keineswegs gleichberechtigt gegenüberstehen, sondern daß vielmehr oft ein Abhängigkeitsverhältnis besteht. Die Betroffenen sind oftmals auf Leistungen der datenverarbeitenden Stellen angewiesen und werden dadurch an der Durchsetzung ihrer Datenschutzrechte gehindert. Schon aus diesem Grund sind Schadensersatz-Regelungen nicht ausreichend. Vielmehr ist zusätzlich eine effektive Datenschutzkontrolle durch unabhängige Datenschutzkontrollorgane erforderlich.

Weiterhin ist fraglich, inwiefern der technische Datenschutz, d.h. insbesondere die Vertraulichkeit, Verfügbarkeit und Integrität der personenbezogenen Daten, innerhalb der Computernetze der neuen Informations-Infrastruktur gewährleistet werden kann. Das INTERNET, das mehrere tausend Computernetze mit rund 30 Millionen Benutzern verbindet und zur Zeit mitunter auch zum Ausbau der Datenautobahnen verwendet wird, ist für vielerlei Sicherheitsmängel bekannt. Unfälle, wie der Internet-Wurm, der 1988 über 5000 Unix-Rechner befallen und als Folge davon außer Betrieb gesetzt hat, und Hacker-Angriffe wie der spektakuläre KGB-Hack haben die Unsicherheit der UNIX- und der INTERNET-Technologie demonstriert. Zudem haben Angriffstechniken wie Sniffer-Attacken zum Ausspähen von Paßwörtern oder das Verfälschen von INTERNET-Protokoll-Adressen (*IP address spoofing*), das das Vorspiegeln einer falschen Identität eines Kommunikationspartners und ein Durchdringen von Firewalls ermöglicht, in letzter Zeit weitere Sicherheitslücken des Internets aufgezeigt.

Zur Verwirklichung des technischen Datenschutzes sollte von vornherein, während des Entwurfs der zugrundeliegenden Netze, Informationstechnik-Systeme und Dienste Datenschutz als Schutzziel der Sicherheitspolitik einbezogen werden. Neue Netzwerk-Dienste können, falls sie nicht unter Datenschutz-Aspekten konzipiert werden, leicht die Privatssphäre der Benutzer gefährden. Die Caller-ID stellt z.B. eine Bedrohung für den Datenschutz der Telefon-Benutzer dar, die durch ein datenschutzfreundliches Design des Telefon-Netzwerkes hätte verhindert werden können.

Seit einigen Jahren gibt es Konzepte für Kommunikationssysteme, die die Anonymität der Benutzer gewährleisten (siehe z.B. [CHAUM 1985], [PFITZMANN et al. 1990]), d.h. keine Speicherung von personenbezogenen Verbindungsdaten und Kommunikationsprofilen ermöglichen. In der Praxis werden jedoch solche datenschutzfreundlichen anonymen Kommunikationssysteme bisher noch kaum eingesetzt. Heutige sogenannte ›sichere‹ Informationstechnik-Systeme verwenden zudem meist Sicherheitsmodelle wie das BELL LAPADULA-Modell, die nicht geeignet sind, Datenschutz-Prinzipien wie Zweckbindungsgebot und Erforderlichkeitsgebot technisch durchzusetzen. Dafür geeignete technische Datenschutzkontrollen oder Datenschutzmodelle (siehe z.B. [BRÄUTIGAM et. al. 1990], [FISCHER-HÜBNER 1994]) sind bisher kaum in Systemen implementiert. Bisher gibt es auch noch keine Überlegungen, wie datenschutzfreundliche Wertkartensysteme zur Abrechung der Dienste wie *Video on Demand* verwendet werden können.

Die offiziellen Dokumente der U.S.A. [CLINTON 1993] und der EU [BANGEMANN 1994] sehen zum technischen Schutz der personenbezogenen Daten Verschlüsselungsverfahren vor. Um jedoch Handhabe gegen organisierte Kriminalität, Korruption und Terrorismus zu haben, sollen die Strafverfolgungsorgane bzw. Verfassungsschutzbehörden die Möglichkeit haben, die Verschlüsselung zu durchbrechen. Daher gibt es in verschiedenen Ländern Vorhaben zur gesetzlichen Regelung des Gebrauchs von Verschlüsselungsverfahren, die allerdings nicht nur die Kommunikationsfreiheit der Bürger einschränken, sondern auch deren Datenschutzrechte gefährden können. So wird in den U.S.A. schon seit einiger Zeit die Einführung des *Clipper Chips* (von der U.S.-Regierung entwickelter elektronischer Mikrochip für digitale Telefone) bzw. von *Capstone* (Version des *Clipper Chips* für Computer und andere digitale Geräte) diskutiert, mit denen die Telefon- bzw. Daten-Kommunikation innerhalb bzw. mit der U.S. Regierung verschlüsselt werden soll. Der zugrundeliegende *Skip-Jack*-Algorithmus soll der neue U.S.-Verschlüsselungsstandard werden. Damit die Strafverfolgungsbehörden und Geheimdienste die Möglichkeit behalten, den Datenverkehr zu belauschen, enthält dieser Verschlüsselungsalgorithmus eine Hintertür: Die Entschlüsselung ist bei Gerichtsbefehl mit zwei Schlüsseln (*escrow keys*) möglich, wobei bis dahin jeweils einer der beiden Schüssel bei einer von zwei verschiedenen Regierungsbehörden (*escrow agents*) hinterlegt wird. Der *Clipper Chip* konnte jedoch bisher noch nicht eingeführt werden, da aufgrund eines Fehlers sich die Kennung in den Datenpaketen auswechseln läßt.

In Frankreich gibt es bereits ein Gesetz, das den privaten Gebrauch von Verschlüsselungsverfahren nur dann gestattet, falls diese vorher zertifiziert wurden und falls die verwendeten Schlüssel vorher hinterlegt wurden. Am 3. April 1995 ist ein Erlaß des russischen Präsidentens in Rußland in Kraft getreten, der den Gebrauch von Verschlüsselungsverfahren und Geräten zur Verschlüsselung in Rußland (sowohl für die Datenvertraulichkeit, als auch für digitale Unterschriften) untersagt, sofern nicht ein Zertifikat von der russischen Bundesbehörde für Kommunikation und Information vorliegt. Auch der Europarat hat im September 1995 eine Empfehlung an die Mitgliedstaaten herausgegeben, nach der der Besitz und Gebrauch von Verschlüsselungsverfahren reglementiert werden sollte (Empfehlung Nr. R(95)13).

Die Kritik an diesen verschiedenen staatlichen Gesetzesinitiativen ist vor allem, daß die Möglichkeit, die Kommunikation und somit auch zu übertragende personenbezogene Daten geheimzuhalten und zu schützen, eingeschränkt wird. Falls die Schlüssel zur Dechiffrierung bei staatlichen Institutionen hinterlegt werden müssen oder keine starken Verschlüsselungsverfahren (wie z.B. das Programm *Pretty Good Privacy* - PGP) für den Privatgebrauch ein Zertifikat erhalten, damit ein ›Mitlauschen‹ durch die Geheimdienste oder Strafverfolgungsbehörden ermöglicht wird, so wird dies jedoch in erster Linie die Kommunikationsfreiheit von Nicht-Kriminellen berühren. Kriminelle oder Terroristen werden weiterhin ihre eigenen Verschlüsselungsverfahren verwenden, wobei es ihnen kaum nachzuweisen sein wird, ob sie ihre Daten verschlüsselt oder zur Übertragung in sonstiger Weise kodiert (z.B. komprimiert) haben. Außerdem wird es vielerlei Probleme bei der Anwendung solcher nationaler Gesetze für den internationalen Datenverkehr geben.

Auch wenn im Bangemann-Report, in Clinton's NII-Plänen sowie in anderen offiziellen Papieren auf die Wichtigkeit der angemessenen Berücksichtigung des Datenschutzes hingewiesen wird, läßt sich feststellen, daß die Aktionspläne zur Verwirklichung einer Informationsgesellschaft vielerlei gesellschaftliche, datenschutzrechtliche und datensicherungstechnische Probleme aufwerfen, für die es bisher noch keine angemessenen Lösungen gibt.

3.1.3 Anforderungen für eine datenschutz- und sozialverträgliche Gestaltung

Eine datenschutz- und sozialverträgliche Gestaltung der Informationsgesellschaft setzt in erster Linie ein demokratisches Mitwirken aller Beteiligten und Betroffenen bei Entwurf und Entwicklung der Informationsinfrastruktur voraus. Die Vorgehensweise der Europäischen Union war allerdings bisher ausschließlich durch eine angebotsorientierte Denkweise geprägt. Lediglich die führenden Vertreter der Informations- und Kommunikationsindustrie wurden eingeladen, ihre Wünsche und Vorstellungen darzustellen. KLAUS BRUNNSTEIN bezweifelt daher die Legitimität der bisherigen Vorgehensweise der Europäischen Union: »Obwohl man sich heute ›demokratisch legitimiert‹ nennt, ist dieses Vorgehen de facto identisch mit demjenigen der Industriegesellschaft: Die herrschende Oligarchie in Wirtschaft und Staat hat der Menschheit die heutigen Ökologie-Probleme eingebrockt. Diesmal wird die Entwicklung wegen der globalisierten Wirkung heutiger Informations- und Kommunikationswirtschaft noch nachhaltiger. Wie steht es um die Legitimität solcher Vorgehensweisen?« [BRUNNSTEIN 1995].

Damit die sozialen Aspekte genügend berücksichtigt werden, hätten schon frühzeitig auch Vertreter der Betroffenen sowie unabhängige Wissenschaftler und Juristen - die ohnehin früher oder später zur Gestaltung beitragen müssen - herangezogen werden müssen. Der Erfolg der Informations-Infrastruktur-Vorhaben wird davon abhängen, inwiefern es gelingen wird, diese Vertreter in Zukunft zu beteiligen.

Der weitere Weg in die Informationsgesellschaft sollte dann zumindest die folgenden Anforderungspunkte berücksichtigen:

- Die sozialen und rechtlichen Folgen der verschiedenen Vorhaben sollten unter Mitwirkung der Betroffenenverbände, Sozialwissenschaftler und Datenschützer frühzeitig abgeschätzt werden. Ein umfangreiches Testen des neuen Technologieeinsatzes in Pilotprojekten sowie eine umfassende Analyse der Testergebnisse ist erforderlich.
- Datenschutz- und Datensicherheitsaspekte müssen schon in der Systemkonzeption angemessen berücksichtigt werden. In erster Linie sollten datenschutzfreundliche Technologien, die z.B. eine Anonymität der Benutzer ermöglichen, eingesetzt werden.
- Vorhaben und Technologien mit wahrscheinlich kaum beherrschbaren Risiken für den Datenschutz, die Rechnersicherheit und für die Gesellschaft sollten nicht realisiert werden.
- International verbindliche sowie nationale Datenschutzbestimmungen müssen verwirklicht werden, die nicht bloß die Informations-Infrastruktur-Vorhaben ›vergesetzlichen‹, sondern ein angemessenes Datenschutzniveau für die Betroffenen zum Ziel haben.
- Die Vertraulichkeit der Kommunikation darf nicht durch gesetzliche Reglementierung von zulässigen Verschlüsselungsverfahren eingeschränkt werden.
- Die in der neuen Informationsinfrastruktur vorgesehenen Dienstleistungen, wie sie von Behörden, Banken etc. angeboten werden, sollten die entsprechenden auf herkömmliche Weise angebotenen Dienste nicht vollständig ersetzen. Ein Abbau zwischenmenschlicher Kommunikation sowie eine starke Abhängigkeit der Gesellschaft von Technologien muß so weit als möglich verhindert werden.

3.2 Chipkarteneinsatz im Gesundheitswesen

Chipkarten finden immer weitere Verbreitung in unserem Leben. Die relativ schnelle und unkritische Gewöhnung der Gesellschaft an neue Technologien erfordert jedoch eine besonders genaue Betrachtung von seiten der Wissenschaft. Speziell in Hinblick auf den Datenschutz muß der Einsatz neuer Technologien kritisch geprüft und gegebenenfalls überarbeitet werden. Auf dem Weg in die Informationsgesellschaft werden sie sicherlich in vielen Anwendungsbereichen eingesetzt werden. Beispielsweise kann die Chipkarte als Patientenchipkarte eingesetzt werden, um den Zugang zu einem medizinischen Informationssystem mit Diensten wie Ferndiagosen und Fernbehandlungen zu ermöglichen.

In diesem Teil des Kapitels soll nach einer kurzen Einführung in die Chipkartentechnologie die Patientenchipkarte bezüglich ihrer Datenschutzfreundlichkeit und Datenkonformität untersucht und bewertet werden. Es werden dabei Risiken für den

Datenschutz und für die Gesellschaft herausgearbeitet und Anforderungen an die Technologie und an den Chipkarteneinsatz formuliert.

3.2.1 Technologie

Chipkarten gleichen in Größe und Aussehen Magnetstreifenkarten, wie sie als Euroscheck- oder Kreditkarten allgemein bekannt sind. Unterschiedlich ist lediglich der integrierte Mikrochip, der anstelle des Magnetstreifens auf der Karte angebracht ist. Während Magnetstreifenkarten nur eine reine Speicherfunktionalität haben, handelt es sich bei dem Mikrochip um einen kleinen Computer mit eigenem Prozessor. Je nach Speicher- und Prozessorkombination unterscheidet man zwischen Speicherkarten (z.B. die Krankenversichertenkarte), die entweder mit einem ROM (*Read Only Memory*), einem PROM (*Programmable Read Only Memory*), EPROM (*Erasable* prom) oder EEPROM (*Electrically Erasable* PROM,) ausgestattet sind, intelligenten Speicherkarten (z.B. Telefonkarte), bei der Speicherchips mit einer zusätzlichen eigenen festverdrahteten Sicherheitslogik ausgestattet sind, und Prozessorchipkarten, die einen Mikroprozessor enthalten.

3.2.2 Anwendungen

Chipkarte als Krankenversichertenkarte

Die Einführung der Krankenversichertenkarte (KVK) begann zum 01.04.1993 in Wiesbaden und dem Rheingau-Taunus-Kreis. Geplant war die Einführung der Krankenversichertenkarte schon zum 01.01.1992. Mit dem Beitritt der neuen Bundesländer konnte der Termin jedoch nicht eingehalten werden. Der zeitweise Aufschub wurde genutzt, um von der ursprünglich geplanten Magnetstreifentechnik auf die Chipkartentechnik umzustellen. Bis Ende 1994 wurden alle Versicherten der gesetzlichen Krankenkassen mit der neuen Form des Krankenscheins ausgestattet. Die Krankenkassen versprechen sich davon eine Rationalisierung und Reduzierung der Verwaltungskosten und eine neue Transparenz im Gesundheitswesen.

Die nun eingeführte Karte, die den Krankenschein nach § 15 Sozialgesetzbuch (SGB) V ersetzt, ist mit einem Speicherchip in EEPROM-Technologie mit einer Speicherkapazität von 256 Byte ausgestattet. Dieser Chip erlaubt eine Vielzahl von Löschungen und Speicherzyklen, die z.B. bei einer Adreßänderung erforderlich sind. Die Datenstruktur des Speicherinhalts des Chips ist eindeutig definiert. Die ersten 30 Bytes beinhalten Herstellerdaten. Die eigentlichen Versichertendaten haben eine variable Länge zwischen 72 Bytes und 215 Bytes.

Im §291 SGB V ist aufgelistet, welche Daten auf der Krankenversichertenkarte gespeichert sein dürfen: Bezeichnung der ausstellenden Krankenkasse, Familienname und Vorname des Versicherten, Geburtsdatum, Anschrift, Krankenversichertennummer, Versichertenstatus, Tag des Beginns des Versicherungsschutzes, bei befristeter Gültigkeit der Karte das Datum des Fristablaufs. Andere, z.B. medizinische Daten dürfen nicht auf der Karte gespeichert werden. Der verbleibende Speicherbereich ist mit einem bestimmten Zeichen beschrieben. Diese Forderung ist von den Datenschutzbeauftragten realisiert worden und soll garantieren, daß der verbleibende Speicherbereich nicht mit zusätzlichen medizinischen Daten beschrieben werden kann (siehe [BfD 1993]).

Im Bereich des Gesundheitswesens finden Chipkarten weiterhin Anwendungen in folgenden Pilotprojekten:

Chipkarte als elektronisches Rezept

Das elektronische Rezept ist eine Prototyp-Implementierung der Gesellschaft für Mathematik und Datenverarbeitung (GMD) in einer Prozessorchipkarte [STRUIF 1992]. Der Arzt erstellt ein Rezept, welches er mit einer Signatur versieht. Als Signaturverfahren wird ein PUBLIC-KEY-Verfahren nach dem RSA-Algorithmus verwendet. Der Patient erhält neben dem üblichen Rezept in Papierform eine Chipkarte, auf der das elektronische Rezept gespeichert ist. In der Apotheke wird das elektronische Rezept auf die Authentizität der Arztsignatur hin überprüft und anschließend bearbeitet. In einer späteren Beschreibung des Projekts [STRUIF 1994] wurde festgestellt, daß die Daten auf einer solchen Karte nicht unbedingt personenbezogen sein müssen. Hier kann eine Pseudonymisierung und/oder Verschlüsselung der Daten erfolgen.

Chipkarte als Nachsorgekarte DEFICARD

Diese Karte wurde in der Kardiologie der Medizinischen Hochschule Hannover mit der Unterstützung externer Partner für die Hard- und Softwareentwicklung konzipiert [WENZLAFF et al. 1994]. Patienten, die an Herzkammerflimmern oder -flattern leiden, werden mit einem Implantat, einem automatischen Defibrillator (ICD, *implantable cardioverter defibrillator*), ausgestattet. Das Implantat beinhaltet einen Pulsgenerator und mehrere Elektroden, die bei Erkennung eines Flimmerns sofort aktiv werden und eine Serie von Herzrythmusimpulsen senden. Patienten mit diesem Implantat bedürfen intensiver Nachuntersuchungen. Die relevanten Daten für die Nachuntersuchungen, Parameter der Kontrollergebnisse sowie Gefährdungsdaten wurden in dem Pilotprojekt auf der Krankenversichertenkarte integriert. Die Akzeptanz dieser Art von Karte wird in einer Begleituntersuchung geprüft.

Chipkarte als Notfallkarte DIABCARD

Die DIABCARD ist ein europäisches Chipkartenprojekt, mit dem die Kommunikation in der Diabetesbehandlung verbessert werden soll [Engelbrecht et al 1994]. Wie im vorigen Beispiel dient auch hier die Karte als Träger des Krankenblatts. Neu ist die erklärte Absicht, über eine einheitliche Dokumentationsschnittstelle europaweit Diabetesdaten zu sammeln und zu analysieren.

Chipkarte als Patientenchipkarte

Wie oben angeführt, sind auf der Krankenversichertenkarte bisher nur die Daten gespeichert, die auf dem Krankenschein in Papierform enthalten sind. Die Speicherung dieser Daten ist gesetzlich im §291 Abs.2 SGB V geregelt. Die Aufnahme weiterer Daten in die Krankenversichertenkarte ist weder vom Wortlaut dieser Vorschrift noch von der Struktur des Sozialgesetzbuches her gedeckt. Ihr gesetzlich zugelassener Zweck erstreckt sich nicht auf die Dokumentation weiterer Patientendaten (wie z.B. Krankengeschichten, Anamnesen, Diagnosen und Therapien) oder auf die Steuerung, Überwachung oder Kontrolle medizinischer Leistungen. In diesem Sinne kann die Krankenversichertenkarte nicht zu einer umfassenden Prozessorchipkarte mit Patientendaten ausgebaut oder umfunktioniert werden. Der Bundesdatenschutzbeauftragte hat darauf bestanden (siehe auch hier [BfD 1993]), daß die Datenspeicherung auf das gesetzlich vorgeschriebene Maß zu beschränken ist.

Von den Krankenkassen und Kassenärztlichen Vereinigungen wird jedoch ein verstärkter Druck auf Ärzte und Patienten ausgeübt, der die Notwendigkeit einer umfassenden Patientenkarte verdeutlichen soll. Das Ziel ist die Kombination von den bisherigen Daten der Krankenversichertenkarte, erweitert um patientenspezifische Daten, wie Krankengeschichte, Anamnese, Diagnose und Therapie, sowie speziellen Vorsorge- und Nachsorgedaten. Die kompakte Information über einen Patienten auf einer einzigen Karte soll sowohl im Notfall als auch in täglichen Situationen eine schnellere, bessere und kostengünstigere Behandlung ermöglichen. Verfechter der Patientenchipkarte argumentieren, daß für eine optimale ärztliche Behandlung und damit für die Sicherheit des Patienten wichtig ist, daß Risikofaktoren bekannt und auch bei Betreuung durch mehrere Ärzte die letzten Meßwerte, Diagnosen und Therapiedaten archiviert und ›griffbereit‹ sind [KRUSE, PEUCKERT 1995]. Eine einzige Chipkarte könnte eine Vielzahl von Ausweisen und Daten ersetzen, wie z.B. Impfpaß, Cholesterinpaß, Röntgenpaß, Blutspendeausweis, Allergiepaß, Organspendeausweis, Dialysepaß und vieles mehr. Das spart Kosten und soll den Patienten schonen, besonders, wenn es um mehrfache Röntgenaufnahmen geht. Auch wird mit einer noch besseren Behandlungssituation geworben. Da alle patientenspezifischen Informationen überall verfügbar sein sollen, kann eine Behandlung des Patienten ortsunabhängig überall durchgeführt werden. In Notfällen soll durch die Information auf der Karte eine schnellstmögliche Behandlung garantiert werden. Als weiterer Vorteil wird die größere Transparenz für den Patienten ganannt. Es wird behauptet, daß die dem Patienten transparente Karte zu dessen informationeller Selbstbestimmung beitragen kann. Seit dem 1.7.1995 läuft ein Pilotprojekt der kassenärztlichen Vereinigung Koblenz, das die Nutzung und Akzeptanz einer medizinischen Patientenkarte testet. Die Patientenchipkarte bietet jedoch nicht nur ›Chancen‹ für die Gesellschaft, sondern birgt gleichzeitig auch erhebliche Risiken in sich.

3.2.3 Risiken für den Datenschutz und die Gesellschaft

Der Datenschutz im Gesundheitswesen hat einen besonders hohen Stellenwert und wird im Sozialgesetzbuch (SGB) unter dem Begriff ›Sozialgeheimnis‹ geregelt. Nahezu alle Daten, die ein Patient im Zusammenhang mit Sozialleistungen den Verwaltungen der Leistungserbringer oder Ärzten und Apotheken anvertrauen muß, sind Geheimnisse im Sinne des Sozialgeheimnisses. Die konkrete Ausformulierung des Schutzes dieser Sozialdaten erfolgt im zweiten Kapitel des zehnten Sozialgesetzbuches unter den Aspekten ›Geheimhaltung‹ und ›Schutz der Sozialdaten‹. Die Krankenversicherung ist nun Gegenstand des Fünften Sozialgesetzbuches. Im § 284 SGB V wird die Verarbeitung und Speicherung der Daten legitimiert, jedoch ist diese Verarbeitung an die Erforderlichkeit für die dort aufgezählten Gründe gebunden. Im schon erwähnten § 291 SGB V sind abschließend alle Daten aufgelistet, die auf der Krankenversichertenkarte gespeichert sein dürfen.

Die Risiken für die Gesellschaft, speziell für den einzelnen als ›gläsernen Patienten‹ in einem medizinischen Informationssystem, sind vielfältiger Natur und nur schwer zugänglich. Vielfältig, weil sie dem gesamten Gesellschaftsbereich entspringen, und schwer zugänglich, weil sie erst durch das Zusammenwirken von Mensch und Technik entstehen. Ein Teil der Risiken kann im Gesundheitswesen in bestehenden Strukturen gefunden werden, z.B. in der gesundheitlichen Bewertung von Menschen. Sie entstammen dem Wunsch, alles kontrollieren zu wollen. Dieser Wunsch repräsentiert sich in Vorsorgeuntersuchungen und Genomanalysen sowie der Untersuchung und Aufzeichnung von vererbbaren Krankheiten. Hinreichend bekannt für die Brisanz dieser Risiken ist die humanbiologische und humangenetische Forschung nach Verbrechern. Diese Forschungsresultate wurden zur Charakterisierung von ›guten‹ und ›schlechten‹ Menschen herangezogen. Das bekannteste Beispiel hierfür ist das ›XYY-Syndrom‹. Hierbei handelt es sich um ein ›überflüssiges‹ Y-Geschlechtschromosom. Es wurde 1961 entdeckt und stand im Verdacht, ein kriminelles Potential des Trägers zu symbolisieren. Neuere Untersuchungen belegten dagegen, daß kein kausaler Zusammenhang zwischen Anomalie und agressivem Verhalten besteht.

Wäre nun eine Patientenchipkarte im Einsatz, mit deren Hilfe ein komplettes Krankheitsbild des Patienten gespeichert würde, wären diese Daten nicht nur für das Gesundheitswesen von großem Interesse. Spezielle Informationen über die ›Güte‹ eines Menschen könnten vor allem für zukünftige Arbeitgeber interessant sein. Die Auswertung oder Darlegung einer Genomanalyse wird bereits von einigen Arbeitgebern verlangt. Dieser bedient sich der wissenschaftlichen Genomdatenbanken und erhofft sich eine objektivere Bewertung des Arbeitnehmers, als sie die zum Teil verbotenen Einstellungstests zu geben vermögen [Steinmüller 1993]. Von der Konferenz der Datenschutzbeauftragten des Bundes und der Länder wurden Anforderungen für Einsatz, Nutzung und Gestaltung von freiwilligen Gesundheitskarten gestellt (s. [DS-KONFERENZ 1994b], [DS-KONFERENZ 1995]).

Weitere strittige Punkte im Hinblick auf den Datenschutz sind, ob eine Patientenkarte auf freiwilliger Basis eingeführt werden kann, wie der Patient Zugriffsberechtigungen vergeben kann und wie bzw. ob mehr Transparenz der Datenverarbeitung für den Patienten möglich wird (siehe dazu auch [WELLBROCK 1994]).

Freiwilligkeit der Karte

Prinzipiell hat jeder das Recht, eine Patientenkarte zu besitzen, wenn er dies wünscht. Klärungsbedürftig sind jedoch die rechtlichen Rahmenbedingungen für die Verwendung solcher Karten, damit das verfassungsrechtlich gewährleistete informationelle Selbstbestimmungsrecht gewahrt bleibt. Nach der derzeitigen Gesetzeslage ist eine Verwendung der Patientenkarte nur auf freiwilliger Basis möglich. Die Erweiterung der KVK um zusätzliche medizinische Daten auf freiwilliger Basis ist rechtlich problematisch, so daß nur die Verwendung einer zweiten freiwilligen Karte in Betracht kommen würde.

Was bedeutet diese ›Freiwilligkeit‹ aus datenschutzrechtlicher Sicht? Welche wirkliche Entscheidungsfreiheit hat der Patient tatsächlich, und welche Konsequenzen sind mit der Ablehnung einer solchen Karte verbunden? Kann sich ein psychologischer und ökonomischer Druck auf den Patienten ergeben, die Karte zu verwenden? Hat er tatsächlich eine Chance, langfristig ohne Karte auszukommen, wenn eine flächendeckende Verwendung angestrebt wird? Beispielsweise kann ein ökonomischer Druck sich in der Richtung äußern, daß zukünftige Arbeitgeber als Voraussetzung für die Einstellung eines neuen Arbeitnehmers Einblick in diese Karte verlangen. Realistisch gesehen wird sich der Patient in vielen Fällen für diese zweite freiwillige Karte entscheiden müssen, um eine gute medizinische Behandlung und eventuell keine sonstigen Nachteile zu bekommen. Weiterhin ist fragwürdig, worauf sich die Einwilligung bezieht. Datenschutzrechtlich gesehen ist die Einwilligung nur dann rechtswirksam, wenn der Bürger vor der Verarbeitung seiner personenbezogenen Daten konkret auf den vorgesehenen Umfang und Zweck der Verarbeitung hingewiesen wird. Eine Einwilligung kann sich also nicht pauschal auf eine generelle Verwendung der Karte beziehen. Der Patient müßte also in jedem einzelnen Fall entscheiden können, welche Daten auf die Karte aufgenommen werden und wer welche Daten eintragen oder lesen darf.

Entscheidung über Zugriffsberechtigungen

Der Patient muß weiterhin entscheiden können, welcher Arzt auf welche Daten Zugriff haben kann. Das bedeutet, er muß die Zugriffsrechte auf die Daten seiner Karte selbst einrichten und verwalten können. Schwierig ist hier vor allem die Frage der Entscheidungsfähigkeit. Kann ein Patient überhaupt überblicken, welche Daten für eine Folgediagnose eventuell notwendig sind? Ist davon auszugehen, daß ein Arzt in dieser Hinsicht immer die richtige Entscheidung treffen kann? In derzeitigen Pilotprojekten wird auf der Karte zwischen Bereichen mit administrativen Daten, Notfalldaten und medizinischen Daten unterschieden. Diese Differenzierung wird jedoch nicht ausreichen, da innerhalb des medizinischen Bereichs sicherlich die Realisierung unterschiedlicher Zugriffsrechte möglich sein muß. Die ärztliche Schweigepflicht i.S. §203 StGB gilt auch zwischen Ärzten, so daß der Patient entscheiden können muß, welcher Arzt welche Daten zu welchem Zweck erhält. Sind auf einer Patientenkarte jedoch die kompletten Krankheitsdaten eines Patienten gespeichert, müssen differenzierte Bereiche auf der Karte vorgesehen sein, damit die ärztliche Schweigepflicht weiterhin garantiert werden kann.

Transparenz für den Patienten

Die Einführung einer Patientenkarte soll zu mehr Transparenz für den Patienten im Gesundheitswesen führen. Er muß also die Möglichkeit haben, die Daten, die auf seiner Karte gespeichert sind, einzusehen. Dies erfordert technische und organisatorische Maßnahmen. Er muß sich durch einen schriftlichen aktuellen Ausdruck an einem öffentlichen Terminal oder privaten PC über seine Daten informieren können. Dieses Auskunftsrecht ist die Voraussetzung für das Recht auf Korrektur oder Löschung seiner Daten. Es muß diskutiert werden, ob der Patient selbst seine Daten korrigieren oder gar löschen darf. In Anlehnung an das BDSG ist es sinnvoller, dem Patienten wohl nur das Recht auf Korrektur oder Löschung einzuräumen. Dieser Vorgang dürfte dann nur von vertrauenswürdigen autorisierten Stellen vorgenommen werden. Wird der Patient als Eigentümer der Karte alleiniger Herr über seine Krankendaten, stellt sich die Frage, wie bei Verlust der Karte die Daten wiederbeschafft werden können. Wäre bei einem Haus- oder Vertrauensarzt eine Kopie der Krankendaten gespeichert, könnten diese wiederum ohne Wissen des Patienten an andere Ärzte oder Institutionen weitergegeben werden. Die Erhöhung der Transparenz für den Patienten durch die Einführung der Patientenkarte ist somit fraglich. Wird es nicht eher immer schwieriger für den Patienten zu überblicken, welche Bedeutung und Relevanz die Daten, die über ihn gespeichert sind, haben und wer welche Daten über ihn erhält bzw. erhalten hat?

3.2.4 Technische Sicherungsvorschläge

Werden auf der Patientenkarte sensible medizinische Daten gespeichert, müssen diese einem besonderen Schutz vor unbefugtem Zugriff unterliegen. Umfangreiche Sicherungsmaßnahmen müssen verhindern, daß Unbefugte Zugang zu den Daten bekommen. Erfüllt die Karte die Rolle einer Zugangsberechtigung zu medizinischen Informationen, muß dieser Zugang differenziert geregelt werden können. Dies kann durch entsprechende Identifikations- und Authentisierungsfunktionen erfolgen. Identifikation stellt die Identität einer Person, beispielsweise durch die Vorlage eines Ausweises, in Form der Chipkarte fest. Authentisierung umfaßt neben der Überprüfung der Identität auch die Prüfung der Echtheit der Person. Die häufigste verwendete Methode ist die Eingabe einer Persönlichen Identifikationsnummer (PIN). Technisch möglich, aber noch sehr aufwendig ist die Prüfung biometrischer Merkmale wie Fingerabdruck, Geometrie der Iris, Frequenzspektrum der Stimme oder Blutgefäßanordnung auf der Netzhaut [BEUTELSPACHER 1991].

Beispielsweise könnte sich der Arzt mit einer sogenannten Professional Card ausweisen. Diese Karte ist eine Chipkarte mit reiner Ausweisfunktion, die nur vom jeweiligen Arzt und nicht vom restlichen medizinischen Personal benutzt werden kann. Damit weist sich der Arzt gegenüber dem Patienten aus. Der Patient könnte die Freigabe bestimmter Datenbereiche durch die Eingabe einer PIN oder durch die Prüfung biometrischer Merkmale ermöglichen.

Sensitive Daten müssen verschlüsselt auf der Karte abgelegt werden, damit bei Verlust der Karte oder unbefugtem Zugriff die Daten nicht verwendet werden können. Die Sicherheit der verschlüsselten Daten hängt maßgeblich von dem verwendeten Verschlüsselungsalgorithmus ab. Bekannterweise unterscheidet man zwischen symmetrischen und asymmetrischen Verfahren. Der wesentliche Unterschied in Hinblick auf die Gefahr für die verschlüsselten Daten liegt in der Schlüsselverteilung. Da bei symmetrischen Verfahren ein Schlüssel sowohl zum Ver- als auch zum Entschlüsseln verwendet wird, muß dieser Schlüssel an allen Stellen vorhanden sein, wo die Daten entschlüsselt werden sollen. Für eine sichere Verteilung der Schlüssel ist nun zu sorgen, damit die Schlüssel während der Verteilung nicht ausgeforscht werden können. Bei asymmetrischen Verfahren, bei denen ein Schlüsselpaar (ein geheimer, ein öffentlicher Schlüssel) verwendet verwendet wird, ist die Pflege der öffentlichen Schlüssel in einem allgemein zugänglichen Verzeichnis von großer Bedeutung, um eine sichere Ver- und Entschlüsselung zu gewährleisten.

Hier erscheint schnell die Forderung nach einer sicheren und zuverlässigen Schlüsselerzeugung, -verwaltung und -übertragung. Diese Aufgabe sollte von einer vertrauenswürdigen unabhängigen Institution übernommen werden. Dafür könnte ein medizinisches *Trust-Center* in Frage kommen. Dies ist eine zentrale Institution, die organisatorische und administrative Aufgaben im Zusammenhang mit den Sicherheitsfunktionen der Patientenkarte übernimmt. Aufgaben einer solchen Einrichtung sind die Schlüsselerzeugung für Kryptoverfahren, die Personalisierung von Schlüsseln, d.h. die Zuordnung von Schlüsseln zu Patienten, die Verteilung der öffentlichen Schlüssel an alle Teilnehmer und die Zertifizierung für öffentliche Schlüssel.

Eine weitere Sicherungsmaßnahme im Zusammenhang mit asymmetrischen Verschlüsselungsverfahren sind elektronische Signaturen. Sie können dazu beitragen, die Authentizität eines Dokuments, z.B. eines elektronischen Rezepts, zu gewährleisten. Allerdings ist der Beweiswert von elektronisch signierten Dokumenten bisher noch nicht juristisch anerkannt (siehe [HAMMER 1994]). Trotzdem sind sie als Sicherungsmaßnahme für Patientenkarten im Gesundheitswesen grundsätzlich zu verwenden. Mit Hilfe von elektronischen Signaturen und den zugehörigen Signaturprüfungen kann die Authentizität eines Dokuments festgestellt werden. Der zu unterschreibende Text wird mit einer Checksumme versehen, die dann (meistens mit RSA) verschlüsselt als elektronische Unterschrift an den Text gehängt wird. Da diese Verschlüsselung mit dem geheimen Schlüssel des Unterzeichners erfolgt, kann jeder mit dem zugehörigen öffentlichen Schlüssel prüfen, ob die Unterschrift tatsächlich vom Unterzeichner stammt. Diese Prüfung liefert unter anderem die ›zurückgerechnete‹ Checksumme. Diese kann nun mit der eigentlichen Checksumme des unterschriebenen Texts verglichen und damit die Datenintegrität des Dokuments geprüft werden. Dieses Verfahren ist überall dort einzusetzen, wo Datenintegrität gewährleistet werden soll und die Urheberschaft von beispielsweise Rezepten, Diagnosen und Befunden geschützt. Jedoch sind an die Anwendungsgestaltung der Signaturfunktion hohe Anforderungen zu stellen, damit die Handhabung keine zusätzlichen Probleme aufwirft (Anforderungen dazu siehe [DIPPEL 1993]).

Der Einsatz einer Patientenkarte ist wegen der genannten Risiken sehr kritisch zu betrachten, besonders im Hinblick auf die Nutzung z. B. durch technisch uninteressierte, weniger begabte oder ältere Menschen. Können diese die Transparenzmöglichkeiten nutzen und können sie ihre Rechte überschauen und in Anspruch nehmen? Es bleibt die Frage offen, wie sie mit dieser neuen Technologie umgehen können und wollen.

Eine breite öffentliche Diskussion diesbezüglich ist dringend geboten. Die rechtlichen und sozialen Anforderungen an Technikgestaltung und Technikeinsatz sind hoch. Der bloße Hinweis auf die Freiwilligkeit ist nicht ausreichend. Darüber hinausreichende Konzepte für einen datenschutzkonformen und sozialverträglichen Einsatz, die Voraussetzung für die Einführung einer Patientenchipkarte wären, fehlen bisher, und es ist fraglich, inwieweit sich hier zufriedenstellende Lösungen finden lassen.

4. Schlußbemerkungen

Das Volkszählungsurteil hatte seinerzeit wertvolle Datenschutzgrundsätze aufgestellt. Zehn Jahre nach dem Volkszählungsurteil herrscht bei Datenschützern jedoch auch Ernüchterung über die Situation des Datenschutzes in Deutschland. In einer Bestandsaufnahme der Datenschutzbeauftragten des Bundes und der Länder [DS-Konferenz 1994A] wird u.a. kritisiert, daß trotz des Erfordernisses nach bereichsspezifischen Datensschutzregelungen wesentliche Bereiche ungeregelt bleiben. Zudem seien datenschutzrechtliche Regelungen oftmals nicht geschaffen worden, um die Betroffenen angemessen zu schützen, sondern um die Datenverarbeitungspraxis - oft über das zulässsige Maß hinaus - gesetzlich zu legitimieren.

Allzu schnell werden neue Technologien eingeführt und angewendet, ohne daß vorher eine breite öffentliche Diskussion veranlaßt wurde, und ohne daß die gesellschaftlichen Folgen genügend berücksichtigt wurden.

Bei der Entwicklung hin zur ›Informationsgesellschaft‹ werden unsere heutigen Datenschutzregelungen nicht ausreichen. Der Trend der zunehmenden Vernetzung und des globalen Datenverkehrs macht neue technische Datenschutzvorkehrungen erforderlich, die z.B. nicht durch die zehn Anforderungen an den technischen Datenschutz nach §9 BDSG plus Anlage abgedeckt werden, da diese auf das Mainframe-Konzept der 70er und 80er Jahre abzielen. Zudem werden internationale Datenschutzregelungen erforderlich sein, wobei es jedoch problematisch sein wird, auf der Grundlage kultureller Unterschiede allgemein anerkannte Datenschutzregelungen mit einem hohen Schutzniveau international zu verwirklichen.

Der Weg in die Informationsgesellschaft bringt viele gesellschaftliche und datenschutzrechtliche Probleme mit sich, die vor lauter Technik-Euphorie unter ausschließlicher Verfolgung wirtschaftlicher Interessen bisher nicht in angemessener Weise berücksicht worden sind. Es ist höchste Zeit, daß man sich mit diesen Gefahren in angemessener Weise auseinandersetzt, bevor die neue Informationsinfrastruktur Schritt für Schritt eingeführt und es keinen Weg zurück geben wird. Eine datenschutz- und sozialverträgliche Gestaltung der Informationsgesellschaft unter dem demokratischen Mitwirken aller Beteiligten und Betroffenen ist erforderlich, jedoch nicht absehbar.

Ethische Leitlinien in der Informatik – etwas Besonderes?

ROLAND VOLLMAR

Zur Beschäftigung mit Ethik

MISSLICH ist es, in den folgenden Überlegungen die eigenen Fachmethoden nicht anwenden zu dürfen. Und so komme ich mir auch geradezu hochstapelnd vor, ein Thema behandeln zu wollen, das mit seinem Hinweis auf ›Ethik‹ einen philosophischen Anspruch erhebt - zumindest auf den ersten Blick. Beim Nachdenken darüber wurde mir aber wohler, ja ich kam zur Überzeugung, daß ein naives, d. h. nichtfachliches, sprich nichtphilosophisches Herangehen an solche Fragen und entsprechende Darlegungen in der Öffentlichkeit nicht die schlechteste Hinführung auf das ist, was als Ziel der Ethischen Leitlinien der Gesellschaft für Informatik gesehen werden kann: die Auseinandersetzung mit den Folgen unseres Tuns in unserer Profession.

Wenn ich im folgenden sehr vorsichtig mit den Begriffen ›wahr‹ und ›falsch‹ umgehen werde, so rührt dies daher, daß ich nicht Wissen vermitteln will, sondern lediglich einen Stachel setzen will, der die Beschäftigung mit dem Thema provozieren soll. Denn, wie A. Schweitzer sagt, »primäre Aufgabe der Ethik ist es, Unruhe zu wecken gegen die Gedankenlosigkeit, die sich als Sachlichkeit ausgibt«.

Und meine Haltung zu meinem Thema findet in den folgenden Sätzen von ADORNO wohlformulierten Ausdruck:

»... Sie sind gewohnt, daß man Ihnen Probleme vorlegt, für die bündige Lösungen erwartet werden. Zu diesen Problemen gehören nicht die der heutigen Diskussion. Denn sie stammen nicht aus einem in sich geschlossenen, wohldefinierten Gegenstandsgebiet, in dem für alles, was auftaucht, wenigstens typische Möglichkeiten der Lösung vorgesehen sind. ... Erwarten Sie insbesondere auf Ihre präzis formulierten Fragen keine ebenso präzisen und eindeutigen Thesen. Wenn ich in den meisten Fällen nicht mit einem strikten Ja oder Nein antworte, so ist das nicht Ausdruck von Lauheit oder Ängstlichkeit. Vielmehr beziehen sich die Fragen auf eine so verstrickte Realität, daß sie nach Ja oder Nein sich schlechterdings nicht erledigen lassen. Der Begriff des Erledigens selber ist ihnen unangemessen.« [ADORNO 1987]

Bevor ich auf spezifisch informatische Fragestellungen im Zusammenhang mit Ethik eingehe, werde ich zunächst meine grundsätzliche Haltung zum Problem *Technik und Ethik* kurz erläutern, wobei ich mich stark auf Zitate aus dem gleichnamigen von LENK und ROPOHL herausgegebenen Sammelband [LENK, ROPOHL 1987] stütze.

Keinesfalls folgen kann ich der Auffassung von E. TELLER, daß der Mensch alles, was er versteht, auch anwenden darf und sich dabei keine Grenzen zu setzen braucht. Vielmehr halte ich es da mit LENK & ROPOHL , wenn sie erklären: »Die Philosophie - und vor ihr die mythischen und religiösen Orientierungssysteme - hat nämlich schon immer gewußt, daß die Menschen mehr können, als sie dürfen. Ein Mensch kann einen anderen töten, er kann ihn berauben, er kann ihn belügen. Doch seit jeher gibt es moralische Regeln, die solche Handlungsmöglichkeiten verwerfen. Es bedürfte keiner Moral, wenn die Menschen alles, was sie können, auch tun sollten. So erweist sich der technologische Imperativ als Perversion jeglicher Moral, ja als proklamierte Unmoral. Welche technischen Handlungsmöglichkeiten aber dürfen die Menschen verfolgen, welche sollen sie verfolgen? Wie lassen sich Handlungsregeln begründen, die den Menschen angemessene Leitlinien für soziotechnisches Handeln geben? Gute Gründe dafür zu finden, warum man aus der Menge möglicher Handlungen nur ganz bestimmte Handlungen ausführen soll, ist schon immer die Kernfrage der Ethik gewesen« [LENK, ROPOHL 1987].

LENK und ROPOHL meinen dann auch: »Daß technisches Handeln nicht alles verwirklichen soll, was es in die Welt setzen könnte, darüber sind sich inzwischen alle einig, die über die Ambivalenzen der Technisierung nachgedacht haben.«

Wenn es aber darum geht, diese grundsätzliche Haltung in die tägliche Arbeit umzusetzen, beginnt die schwierigste Phase, ja eigentlich schon im Vorfeld, wie das folgende Zitat zeigt: »Es gehört zu den kontrovers diskutierten Fragen der technologischen Ethik, ob sie sich, da die Ingenieure die unmittelbaren Urheber der Technisierung sind, vorrangig mit Handlungsregeln für diese Ingenieure zu befassen hat oder ob nicht, wie schon Adorno seinerzeit ausdrücklich gesagt hat, die moralischen Probleme der Technik erst bei ihrer Anwendung entstehen, für die der Ingenieur gar nicht mehr zuständig ist. Stellt man sich jedoch auf den Standpunkt, daß nicht - weder zum Guten noch zum Bösen - verwendet werden kann, was nicht konzipiert und produziert wurde, so fällt dann jedenfalls doch eine beträchtliche Teilverantwortung auf den Ingenieur zurück.«

Hier darf ich bereits ohne Begründung vorgreifend sagen, daß ich die zuletzt zitierte Auffassung gerade für den Bereich der Informatik für zutreffend halte.

Einen besonderen Aspekt der Technik - der Zugewinn von Macht, der den Menschen aus ihr erwächst - hebt JONAS in seinem Aufsatz »Warum die Technik ein

Gegenstand für die Ethik ist: Fünf Gründe« hervor: »Daß, ganz allgemein gesprochen, die Ethik in Angelegenheiten der Technik etwas zu sagen hat, oder daß Technik ethischen Erwägungen unterliegt, folgt aus der einfachen Tatsache, daß die Technik eine Ausübung menschlicher Macht ist, d. h. eine Form des Handelns, und alles menschliche Handeln moralischer Prüfung ausgesetzt ist. Es ist ebenso eine Binsenwahrheit, daß ein und dieselbe Macht sich zum Guten wie zum Bösen benutzen läßt und man bei ihrer Ausübung ethische Normen beachten oder verletzen kann. Die Technik, als enorm gesteigerte menschliche Macht, fällt eindeutig unter diese generelle Wahrheit. Aber bildet sie einen besonderen Fall, der eine Bemühung des ethischen Denkens erfordert, die verschieden ist von der, die sich für jede menschliche Handlung schickt und für alle ihre Arten in der Vergangenheit ausreichte? Meine These ist, daß sie in der Tat einen neuen und besonderen Fall bildet ...« [JONAS 1987].

Ethik und Informatik

Diese Zitate können als bejahende Antwort auf die generelle Frage nach der Notwendigkeit des Nachdenkens über Ethik in den Ingenieurswissenschaften angesehen werden. Was es dabei mit den Besonderheiten für die Informatik auf sich hat, auf die im Titel dieses Artikels angespielt wird, soll im folgenden geklärt werden. Dies wird nicht systematisch geschehen, das wäre schon deshalb kaum möglich, weil über das Selbstverständnis der Informatik keine Einigkeit besteht, vielmehr wird anhand von Beispielen ein Problembewußtsein zu wecken versucht. Leider wird dies nicht an konkreten Fällen geschehen können, da mir deren Einzelheiten nicht bekannt sind, sondern es muß auf einem abstraktem Niveau vor sich gehen.

Selbstverständlich wurde und wird dieses Thema diskutiert, wobei für unseren Sprachraum - im Bewußtsein, daß diese Liste keineswegs vollständig ist - die Namen BRUNNSTEIN, CAPURRO, COY, FLOYD, LUFT, LUTTERBECK, RAMPACHER, RÖDIGER, RUST, SCHEFE, WEDEKIND und ZEMANEK genannt seien.

Bevor wir auf Beispiele zu sprechen kommen, seien noch zwei Artikel erwähnt, einer von R. CAPURRO »Zur Computerethik« [CAPURRO 1987] und der von J. LADD »Computer, Informationen und moralische Verantwortung« [LADD 1991].

CAPURRO behandelt insbesondere drei von Weizenbaum aufgeworfene Fragen, einmal die nach dem Einfluß der Existenz von Computern auf unser Selbstverständnis als Menschen, die vor allem auch durch das Forschungsgebiet der *Künstlichen Intelligenz* (KI) virulent wurde, die Frage nach der Privatheit, die durch den Einsatz von Computern in ihrer allgegenwärtigen Form bedroht scheint bzw. ist, und die Frage nach der Zentralisierung von Wissen und dadurch Macht, die durch den Computereinsatz sehr viel leichter als früher zu erreichen ist.

Auch LADD betrachtet die Möglichkeiten der Informationssammlung, -kombination und -auswertung mit Hilfe der Computer als eine potentielle Gefahr, wendet sich aber entschieden gegen den seines Erachtens gerade im Computersektor wuchernden Geheimhaltungskult. Er macht aufmerksam auf Probleme, z. B. im Börsenbereich, die durch vorprogrammiertes Verhalten entstehen. Nicht zuletzt betont er den Werkzeugcharakter des Computers. Seine Ausführungen dazu scheinen mir allerdings eine für Informatiker selbstverständliche Grundlage ihres Tuns zu bestätigen, wenn er z.B. sagt: »... (wir) sollten ... lernen, Computer als Werkzeuge zu behandeln«, aber vielleicht ist allgemein der Mythos von fehlerfreien Ergebnissen von Computerberechnungen noch nicht ausgerottet. Die in dieser Formulierung zum Ausdruck kommende Skepsis wird noch näher erörtert werden.

Ein Aufruf zum sorgsamen Umgang mit Informatik in einem breiteren Verständnis ist bei Zimmerli zu finden:

»Hinzu kommt, daß aus prinzipiellen Gründen beim Einsatz neuer Schlüsseltechnologien, etwa der Informations-, der Roboter- und der gentechnisch verfahrenden Biotechnologie, die Ergebnisse der Handlung niemals restlos vorhersehbar sind (›informationstechnologisches Paradox‹). Das gilt zwar bis zu einem gewissen Grade auch für jede andere Technik, gilt aber hier in qualitativ neuer Weise: Waren vorher mindestens die Kontroll- und Steuerungskapazitäten noch dem Menschen vorbehalten, der mithin dafür verantwortlich gemacht werden konnte, so werden in der Informations- und Robotertechnologie tendenziell auch diese Funktionen von Maschinen ausgeübt ....« [ZIMMERLI 1987].

Besonderheiten der Informatik

Lassen Sie uns auf unsere Titelfrage zurückkommen und zunächst einige Gedankenexperimente anstellen:

Nehmen wir einmal an, Computer seien nur in eng begrenzten Gebieten eingesetzt, und dabei sei jedes Exemplar isoliert: Für den Bereich von Wissenschaft und Administration ist diese Vorstellung wohl am leichtesten nachvollziehbar, haben doch viele der älteren unter uns mit Hilfe der damals nicht vernetzten Computer ihre Übungsaufgaben in Numerik gelöst und später ihre Lohn- oder Gehaltsabrechnungen von der einzelnen EDV-Anlage, die in der Verwaltung des Arbeitgebers stand, erhalten und sich geärgert über die undurchschaubaren Stromrechnungen.

Beispiele, bei denen eine Annahme der Isoliertheit plausibel ist, können im technischen Bereich gesehen werden in den Mikroprozessoren,

- die in Autos integriert sind und dort die ABS-Steuerung und die der Airbags übernehmen,
- die bei Bearbeitungsmaschinen z. B. in der Fertigungsindustrie die Stellen ansteuern, an denen Schweißpunkte gesetzt werden oder die Präzision der Spanabhebung bestimmen,
- die in Räumen in Abhängigkeit von der Anwesenheit von Menschen Temperatur und Beleuchtung steuern
- die in Flugzeugen oder Schiffen die Funktion der einzelnen Aggregate überprüfen und nach Vorgaben der Piloten bzw. des Kapitäns den Kurs halten,
- die den Ablauf eines chemischen Prozesses überwachen.

Können wir bei diesen Beispielen, die ausdrücklich unter der Annahme eines isoliert eingesetzten Computers standen, außer den technischen Schwierigkeiten auch solche im ethischen Bereich sehen?

Meines Erachtens zunächst nur die, die immer auftreten, wenn eine ingenieursmäßige Aufgabe zu lösen ist, nämlich die Frage nach der fachlichen Kompetenz: Man darf ohne Zweifel fordern, daß die Aufgabe ein fehlerfreies Resultat zu haben hat, weil sonst Gesundheit oder gar Leben von Menschen auf dem Spiel stehen, von materiellen Verlusten einmal abgesehen.

Und hier geraten wir schon ins Stocken: Ist es mit der Zuverlässigkeit von Computern so weit her, daß wir ohne Zögern die Frage nach der Beherrschbarkeit der Programmierstellung bejahen? Natürlich wurden in der Informatik Verfahren entwikkelt und stehen Methoden bereit, das Programmieren zuverlässig zu machen, zumindest wenn das Problem ›nicht zu groß‹ ist, es genau spezifiziert wurde, d. h. zwischen Auftraggeber und Auftragnehmer sorgfältig abgesprochen wurde, was genau die Aufgabe ist, ja, dann läßt sich sogar ›beweisen‹ (in einem Sinne, der jetzt nicht zu diskutieren ist), daß eine Lösung korrekt ist. Von dem Menschen, der das Problem bearbeitet, müssen wir natürlich erwarten dürfen, daß er die gängigen Methoden beherrscht und sich die Zeit nimmt und sie auch zugebilligt erhält, sie anzuwenden. Moralische Konflikte können bereits hier auftreten: Fühlt sich die Entwicklerin kompetent genug zur Bewältigung der Aufgabe? Wie verhält sie sich, wenn alle anderen, die Mitentwickler, die Chefinnen, die Auftraggeber auf eine beschleunigte Fertigstellung drängen? Aber dies sind wohl Standardfragen bei jedem solchen Tun!

Kommen wir jetzt auf eines unserer obigen Beispiele zurück, nämlich das der Flugzeugsteuerung. Wir gingen von der völlig unrealistischen Annahme eines isolierten Geschehens aus. In Wirklichkeit ist aber doch zumindest die Situation im Luftraum von entscheidendem Einfluß. Und damit haben wir ein wesentlich komplexeres System vorliegen. Es ist offensichtlich, daß ein wichtiges Programm, ein solches, das das Flugzeug sicher steuert, auf jeden Fall in Abhängigkeit des Verhaltens von anderen Flugzeugen konzipiert werden muß, in dem z. B. Regeln bei Begegnungen implementiert werden müssen, wobei selbst wieder sichergestellt sein muß, daß die anderen Flugzeuge sich ihnen entsprechend verhalten. Wir wollen das nicht weiter ausmalen, aber ich denke, es ist klar, daß die Komplexität der Aufgabe deutlich zugenommen hat.

Auf ähnliche Verhältnisse stoßen wir auch bei anderen Beispielen und in vielen realen Situationen, für die die im ersten Ansatz isolierten Modelle schnell als viel zu naiv entlarvt werden und die realistisch nur sehr komplex wiederzugeben sind. Das impliziert dann die Notwendigkeit, entsprechend große Programmsysteme entwickeln zu müssen, was auf viele Schultern verteilt werden muß und damit erhebliche Koordinierungsprobleme aufwirft. In dieser Notwendigkeit des gemeinsamen und koordinierten Arbeitenmüssens an hochkomplexen Systemen sehe ich ein Hauptproblem der Informatik und denke, daß ein Großteil der in unserem Fach zu stellenden ethischen Fragen mit der Beherrschbarkeit der Komplexität zu tun haben dürfte.

Die Beschränkungen und Schwierigkeiten resultieren aus der partiellen Unzuverlässigkeit der Hardware- und noch mehr der Software-Systeme, teilweise aber auch daraus, daß die Darstellungsweisen noch nicht so weit entwickelt sind, daß wirklich komplizierte Realitäten in Modelle gefaßt werden können, die von Menschen noch durchschaut und verstanden werden.

Natürlich hat die Informatik in den letzten Jahrzehnten dazu beigetragen, die technischen Probleme der Software-Erstellung besser in den Griff zu bekommen, was aber vor allem dazu führte, daß jeweils noch größere Systeme in Angriff genommen wurden. Beispiele globaler Art in der wahrsten Bedeutung des Wortes sind die weltumspannenden Kommunikationsnetzwerke. Aber auch in sehr viel bescheidenerem Rahmen kann Software Probleme bereiten, ihrer Eigenart wegen, fast ohne Aufwand und Kosten kopiert werden zu können - auf die Berechtigung dazu sei hier nicht näher eingegangen - : Programme, die vielleicht nur als ephemere Übungsbeispiele geschrieben wurden und bei denen zunächst niemand daran dachte, sie z. B. überhaupt sorgfältig zu entwerfen und zu testen, weil man nur einen speziellen Effekt sehen wollte, können über mehrere Zwischenstationen z. B. in sicherheitskritischen Programmsystemen Einlaß finden. Es sollte deshalb für jedes Programm, auch dann, wenn es keineswegs als vermarktbares Software-Produkt konzipiert ist, deutlich gemacht werden, welche Aufgabe es unter welchen Nebenbedingungen behandelt und wie seine Zuverlässigkeit ist, ob es z. B. verifiziert wurde oder wie sorgfältig es getestet wurde. Während bei materiellen Produkten dem potentiellen Benutzer von vornherein eine eingeschränkte Verwendungsmöglichkeit bewußt ist, kann dies bei Software nicht einfach gesehen werden, obwohl dem Entwickler nur ein gewisser Bereich - im einfachsten Falle z. B. von Parametern - vorschwebte.

Wie Sie sehen, liegt für mich die Besonderheit der Informatik vor allem im Mangel an Selbstbeschränkung im Umgang mit Komplexität begründet, stellt sich damit schon fast als ›technisches‹ Problem dar. Im Unterschied dazu wird von anderen Autoren -wie bereits erwähnt- das Problem des Selbstverständnisses des Menschen angesichts der Möglichkeiten von Computern in den Vordergrund gerückt. Meine differierende Einschätzung kommt wohl durch meine größere Skepsis gegenüber den (erwartbaren) Erfolgen der KI zustande.

Ethik-Diskussionen in der GI

Nachdem wir zunächst die prinzipielle Frage nach der Ethik in der Technik diskutierten und dann kurz auf spezielle Aspekte der ethischen Fragen im Zusammenhang mit der Informatik eingingen, wollen wir jetzt auf die Ethischen Leitlinien der Gesellschaft für Informatik [EL 1993] zu sprechen kommen, die ja zumindest die Mitglieder dieser Gesellschaft zum Nachdenken über ethische Fragen ihrer Profession anregen wollen.

Ich denke, es ist angebracht, kurz auf ihre Historie einzugehen, sagt sie doch auch etwas darüber aus, wie einfach oder schwierig es ist, zu ihnen zu gelangen.[1]

1969 wurde die GESELLSCHAFT FÜR INFORMATIK e.V. (GI) von 26 Personen als eine gemeinnützige wissenschaftliche Gesellschaft gegründet, mit dem Ziel, die Informatik in Forschung und Lehre, in den Anwendungen und in der Weiterbildung zu fördern. Im Moment hat die GI ca. 19 000 persönliche und ca. 300 fördernde Mitglieder. Es war notwendig, bis 1975 zu warten, um das tausendste Mitglied begrüßen zu können, und Ende 1987 gehörten 10 000 Mitglieder der GI an.

Die GI ist in zweierlei Weise strukturiert, einmal regional in rund 30 Regionalgruppen und in wissenschaftlicher Hinsicht in Fachbereiche, von denen es neun gibt, die wiederum unterteilt sind in Fachausschüsse, Arbeitskreise, Fachgruppen. Ingesamt existieren ungefähr 150 der zuletzt genannten Gruppierungen.

Die Fachbereiche sind als Dauereinrichtungen zur Bearbeitung wichtiger Langzeitaufgaben gedacht. Dazu gehört u.a. die Einrichtung und Koordination von Unterabteilungen, die Vorbereitung von Empfehlungen für die Regierung, die Industrie, die Hochschulen, die Vorbereitung und Durchführung von Konferenzen. Die Expertenkomitees, also Fachausschüsse, Arbeitskreise und Arbeitsgruppen, halten regelmäßig Treffen ab, in denen die eigentliche wissenschaftliche Arbeit geleistet wird.

In unserem Zusammenhang ist der Fachbereich 8 *Informatik und Gesellschaft* von Belang. In ihm wurde 1983 der Fachausschuß 8.3. installiert, der unter das Motto *Verantwortung der Informatiker* gestellt wurde. 1986 konstituierte sich in ihm ein Arbeitskreis *Grenzen eines verantwortbaren Einsatzes von Informationstechnik*, der unter Leitung von K.-H. RÖDIGER stand und der sich aus »Informatikern, Natur-, Wirtschafts- und Sozialwissenschaftlern, Arbeitspsychologen und Theologen interdisziplinär zusammensetzte«. »Der Arbeitskreis war auch interessenpluralistisch besetzt, da die Mitglieder aus Kreisen der Hersteller, der Anwender, der Benutzer und der Betroffenen kamen.«

Das Ergebnis der Beratungen war eine Stellungnahme unter dem Titel ›Informatik und Verantwortung‹ [RÖDIGER 1989], die auf der 18. GI-Jahrestagung 1988 in Hamburg präsentiert und diskutiert wurde und auf deren Inhalt ich schlagwortartig eingehen darf, wobei mir bewußt ist, daß meine Sicht keineswegs mit der Gewichtung der Autoren übereinzustimmen braucht; im folgenden werden allerdings weit mehr Gedanken daraus nochmals aufgegriffen und diskutiert.

»Die Informationstechnik ist ein technisches System mit ausgeprägten gesellschaftlichen Bezügen ... Informationstechnik soll

- unter der Leitlinie sozialer Zweckbestimmtheit und
- unter dem Gesichtspunkt des Werkzeugcharakters entwickelt werden.«

Dabei ist zu den beiden Schlüsselbegriffen folgendes gesagt:

1 Auf eine Bezugnahme zu Ethikcodizes anderer Informatik-Fachgesellschaften, die es natürlich auch gibt, wird hier bewußt verzichtet.

»Die *soziale Zweckbestimmtheit* als Entwicklungsleitlinie begründet sich aus der enormen Vielseitigkeit der Informationstechnik, die in immer neue Gegenstandsbereiche eindringt. Soziale Zweckbestimmtheit soll dieser Vielseitigkeit der Informationstechnik, im Interesse schützenswerter persönlicher und kultureller Räume Grenzen setzen. Zu fragen ist: Wird die Technik zu einem sozial akzeptablen Zweck eingesetzt?« Hier spiegelt sich das Problemfeld wider, das wir oben mit ›Vernetzung‹ schlagwortartig ansprachen.

»Der *Werkzeugcharakter* eines Produkts bemißt sich daran, inwieweit die menschlichen Eigenschaften und Fähigkeiten durch den Gebrauch des Produkts nicht unterdrückt, sondern gefördert bzw. entwickelt werden. Die Frage ist: Wie handhabbar ist das informationstechnische Arbeitsmittel?« Diese Formulierung ist stark auf die damals sehr ausführliche Diskussion über Hardware- und Software-Ergonomie bezogen.

Als ich im Frühjahr 1992 als damaliger Präsident der Gesellschaft für Informatik eine Satzungsänderung anstrebte, war es für mich selbstverständlich - insbesondere nach Diskussionen in einem anderen Arbeitskreis *Berufsständische Fragen* -, daß ein Ethikcodex ein Teil davon sein müßte. Bestärkt in dieser Haltung sah ich mich durch eine etwas später vorgelegte Stellungnahme des Wissenschaftsrates zu wissenschaftlichen Fachgesellschaften:

»Der Wissenschaftsrat regt an, daß die wissenschaftlichen Fachgesellschaften ihre Rolle im Wissenschaftssystem unter anderem dadurch stärken, daß sie ... die Verständigung über wissenschaftsethische Fragen vorantreiben und Selbstverpflichtungen ihrer Mitglieder im Vorfeld gesetzlicher Regelungen erweitern ...«

Die Naivität meiner Vorstellungen - daß dies nämlich eine kurze Zusammenstellung von Ge- und vor allem auch Verboten sein sollte - wurde mir in einem längeren Gespräch mit den Kollegen Coy und Rödiger bewußt. Beide erklärten sich aber erfreulicherweise bereit, sich in einem neuzugründenden Arbeitskreis mit dieser Frage auseinanderzusetzen. Im Herbst 1992 kam es dann zur Konstituierung des Arbeitskreises *Informatik und Verantwortung* (in den Räumen der Universität Freiburg). Herr Rödiger wurde zum Sprecher gewählt, und ich darf in diesem Zusammenhang nochmals betonen, daß es seinem Engagement vor allem zu verdanken ist, daß bereits im Mai ein Entwurf der Ethischen Leitlinien vorlag. Davor gab es aber ernsthafte Diskussionen darüber, ob eine Fixierung eines Ethikcodex *nicht überhaupt* seinem Zweck entgegenstehe - nämlich dem Anstoß zur Beschäftigung mit ethischen Fragen in unserer Profession. Ich darf dazu zitieren: »Eine Kodifizierung von informatikspezifischen Handlungsregeln kann den umfassenden moralischen Anspruch nicht umsetzen, den man an Handlungsentscheidungen der Techniker und Technikerinnen in der Informatik erheben muß, und eine Kodifizierung könnte somit das gefährliche Mißverständnis fördern, eine Erfüllung der kodifizierten Anforderungen bedeute moralische Rechtfertigung. Zudem ist eine klare Stellungnahme in strittigen anwendungsnahen Fragen wohl kaum zu erwarten, wenn der Kodex in der

Informatik allgemein anerkennbar sein soll. Andererseits bedeutet ein Verzicht auf Kodifizierung auch, daß der Eindruck erweckt wird, moralische Fragen würden von der Disziplin nicht wichtig genommen. Gewisse Wirkungen würde eine Kodifizierung vielleicht doch zeigen. Zumindest wäre das Vorhaben, einen solchen Kodex aufzustellen, ein neuer Anlaß für den wichtigen Streit um die moralischen Prinzipien, die sich darin ausdrücken sollten, und damit um das moralische Selbstverständnis der Informatiker/innen« [RUST 1994a].

Ethische Leitlinien in der GI

Für Personen, die in einem Arbeitskreis über Fragen einer Berufsethik mitwirken, ist natürlich eine Sensibilisierung gegeben und das Nachdenken über mögliche ethische Konflikte das Natürliche. Wie erreicht man aber solches bei Informatikerinnen und Informatikern, die bis dahin nicht in problematische Situationen gerieten oder diese nicht als solche identifizierten oder zumindest über die Möglichkeiten informiert wurden? Im Arbeitskreis einigte man sich darauf, daß Ethische Leitlinien *eine* Möglichkeit darstellten, einen fortlaufenden *Diskurs* in der GI zu initiieren. »Sie sind« - wie Herr COY bei der Vorstellung schreibt - »bewußt offen gehalten und bedürfen der steten Diskussion durch die Mitglieder der GI.« Und diese Diskussionen sollen natürlich auch auf die Ethischen Leitlinien selbst wieder rückwirken: So lautet »Art 13: Fortschreibung: Die ethischen Leitlinien werden regelmäßig überarbeitet.« Die Förderung des Diskurses soll auch angeregt werden durch das Sammeln konfliktträchtiger Fälle: In Art 12 ist dazu gesagt: »Die GI legt eine allgemein zugängliche Fallsammlung über ethische Konflikte an, kommentiert und aktualisiert sie regelmäßig.«

Die beiden zitierten Artikel könnten bei Ihnen jetzt den Eindruck erweckt haben, der Arbeitskreis hätte sich nur auf ein Metaprinzip, nämlich den Aufruf zur Diskussion, einigen können. Daß dies nicht so ist, will ich durch Erläutern und Zitieren eines Teils der übrigen Artikel untermauern:

Naheliegenderweise werden an die Mitglieder in herausgehobenen beruflichen Positionen weitergehende Forderungen gestellt als an ›normale Mitglieder‹. Für alle wird aber der Besitz und die kontinuierliche Aktualisierung verschiedener Kompetenzen als ethisch geboten erachtet; explizit erwähnt werden

- Fachkompetenz
- Sachkompetenz
- juristische Kompetenz und
- kommunikative Kompetenz und Urteilsfähigkeit.

Die betreffenden Artikel lauten:

»ART. 1: Fachkompetenz

Vom Mitglied wird erwartet, daß es seine Fachkompetenz nach dem Stand von Wissenschaft und Technik ständig verbessert.

ART. 2: Sachkompetenz
Vom Mitglied wird erwartet, daß es sich über die Fachkompetenz hinaus in die seinen Aufgabenbereich betreffenden Anwendungen von Informatiksystemen soweit einarbeitet, daß es die Zusammenhänge versteht. Dazu bedarf es der Bereitschaft, die Anliegen und Interessen der verschiedenen Betroffenen zu verstehen und zu berücksichtigen.
ART. 3: Juristische Kompetenz
Vom Mitglied wird erwartet, daß es die einschlägigen rechtlichen Regelungen kennt, einhält und an ihrer Fortschreibung mitwirkt.
ART. 4: Kommunikative Kompetenz und Urteilsfähigkeit
Vom Mitglied wird erwartet, daß es seine Gesprächs- und Urteilsfähigkeit entwickelt, um als Informatikerin oder Informatiker an Gestaltungsprozessen und interdisziplinären Diskussionen im Sinne kollektiver Ethik mitwirken zu können.«

Etwas polemisch könnte man dies, R. LÖWENTHAL paraphrasierend, zusammenfassen: Informatiker, »die sich nicht nur mit dem beschäftigen, was man machen *kann*, sondern sich auch die Frage stellen, was davon man machen *darf*, müssen zweierlei besitzen: Technische Kenntnisse und eine eigene, selbständige Auffassung in ethischen Fragen.«

Vom Mitglied in einer Führungsposition wird zusätzlich erwartet, daß es Bedingungen schafft, die ein Arbeiten nach dem Stand der Technik und im Sinne dieser Ethischen Leitlinien möglich macht, wozu auch gehört, daß der Erwerb der genannten Kompetenzen gefördert wird. Dem in Lehre und Forschung tätigen Mitglied wird auferlegt, »die Lernenden auf deren Verantwortung sowohl im individuellen als auch im kollektiven Sinne« vorzubereiten und diese Verantwortung selbst vorbildlich wahrzunehmen.

Aber nicht nur die Mitglieder werden in die Pflicht genommen, die Gesellschaft für Informatik geht ebenfalls Verpflichtungen ein. Zunächst wird aber unter der Überschrift »IV Die Gesellschaft für Informatik« noch eine Erwartung geäußert oder vielmehr ein Aufruf an die Mitglieder gerichtet, der m.E. auch weiter oben Platz hätte finden können:

»Die GI ermutigt ihre Mitglieder in Situationen, in denen deren Pflichten gegenüber ihrem Arbeitgeber oder einem Kunden im Konflikt zur Verantwortung gegenüber Betroffenen stehen, mit Zivilcourage zu handeln.« Diese Haltung scheint als bemerkenswert angesehen zu werden, war doch ein Artikel in den VDI-Nachrichten aus dem letzten Jahr betitelt: »Zivilcourage ausdrücklich erwünscht«.

Die GI bietet an, Vermittlungsfunktionen zu übernehmen, »wenn Beteiligte in Konfliktsituationen diesen Wunsch an sie herantragen«. Außerdem will sie ›interdisziplinäre Diskurse zu ethischen Problemen der Informatik‹ ermöglichen und -wie bereits oben zitiert - den Aufbau einer Fallsammlung über ethische Konflikte betreiben. Unter Fallsammlung wird dabei »... eine Zusammenfassung von wirklichen

Begebenheiten verstanden, in denen Beschäftigte (vorzugsweise Informatikerinnen und Informatiker) durch die ihnen übertragenen Aufgaben in ethische Konflikte geraten sind. ... Die Sammlung hat den Sinn, diese Leitlinien zu konkretisieren und sie anhand praktischer Beispiele besser vermittelbar zu machen. Einzelne können diese Beispiele in vergleichbaren Situationen als Leitlinie für ihr Verhalten zu Rate ziehen.«

Zum Zweck der Leitlinien sei nochmals aus ihrer Präambel zitiert:

»Die Gesellschaft für Informatik (GI) will mit diesen Leitlinien bewirken, daß berufsethische Konflikte Gegenstand gemeinsamen Nachdenkens und Handelns werden. Ihr Interesse ist es, ihre Mitglieder, die sich mit verantwortungsvollem Verhalten exponiert haben, zu unterstützen. Vor allem will sie den Diskurs über ethische Fragen in der Informatik mit der Öffentlichkeit aufnehmen und Aufklärung leisten.«

Bevor wir auf Diskussionen einiger Begriffe eingehen, noch kurz etwas zur weiteren Geschichte der hier vorgestellten Leitlinien: Sie wurden im letzten Frühjahr vom Arbeitskreis beschlossen, der Fachbereich 8 stimmte ihnen im Sommer 1993 zu, und gleichzeitig wurden sie im *Informatik-Spektrum* veröffentlicht. Nach ihrer Verabschiedung durch das Präsidium im Januar 1994 und der Abstimmung unter den Mitgliedern Ende 1994, bei der die Leitlinien mit überwältigender Mehrheit angenommen wurden, sind sie für die GI und ihre Mitglieder bindend geworden.

Spezielle Fragen

Die ersten kritischen Anmerkungen sind auch schon bei Herrn RÖDIGER eingegangen, darunter solche, in denen Zweifel an der Wirksamkeit von Codizes überhaupt geäußert wurden. U.a. wurde auch eine zu geringe Radikalität der Leitlinien bemängelt, und der Begriff der ›kollektiven Ethik‹ wurde - auch wegen der Bezeichnung- in Frage gestellt. Er soll noch etwas näher betrachtet werden. Zunächst sei aus den Leitlinien folgende Erläuterung zitiert:

»*Kollektive Ethik.* Ethik befaßt sich mit dem vorbedachten Verhalten von Menschen, die die Folgen ihres Verhaltens für andere Menschen, ihre Mitgeschöpfe und die Umwelt in noch unerfahrenen, durch Sitten und Rechtsnormen noch nicht geprägten Situationen bedenken (reflektieren). Hierbei können die Folgen des Verhaltens unmittelbar oder über längere Zeiten und größere Räume zu bedenken sein. Was der einzelne Mensch hinsichtlich dieser Verhaltensfolgen bedenken kann, umfaßt die individuelle Ethik.

Für den einzelnen Menschen sind aber nicht immer die Folgen von Verhalten in Kollektiven (Organisationen, Gruppen, Wirtschaften und Kulturen) überschaubar. Kollektives Verhalten bedarf deshalb zusätzlich zur individuellen der kollektiven Reflexion. Kollektive Ethik beruht auf der Möglichkeit, mit ›Vorsicht‹ künftige kollektive Handlungen, die sich nicht an Erfahrungen und daraus entwickelten Normen orientieren können, gemeinschaftlich zu bedenken. Eine besondere Notwendigkeit solcher Reflexion ergibt sich immer dann, wenn individuelle Ethik oder Moral mit der kollektiven Ethik in Konflikt geraten.«

Für mich ist *ein* Beispiel der Einsatz von Computern zur Überwachung der Börsennotierungen und dem daraus resultierenden Kaufen oder Verkaufen von Aktien. Während dies für jede einzelne Bank z. B. einen ethisch nicht fragwürdigen Einsatz eines Computers zur Entlastung von mühseliger und für den Menschen schwer übersehbarer Arbeit bedeutet, weiß man inzwischen oder zumindest argwöhnt man, daß die weltweite Computernutzung zu diesem Zweck (u. U. durch die Starrheit der Programme) unvorhersehbare Wirkungen auf das Börsengeschehen hat - und damit für sehr viele Menschen zumindest wirtschaftliche Probleme mit sich bringt. Hier führt auch das noch so sorgfältige und vorbedachte Arbeiten der oder des an einzelnen Systemen Tätigen nicht zum wünschenswerten globalen Erfolg, vielmehr muß von der Gemeinschaft der Handelnden und Verantwortlichen ein Diskurs zum Erreichen eines verantwortungsvollen Vorgehens initiiert werden. LUTTERBECK, SEETZEN und STRANSFELD drücken dies wie folgt aus: »Kollektive Ethik verwirklicht sich in Verfahren, in denen gemeinschaftlich über Ziele und Handlungen diskursiv verhandelt wird in Erwartung einer erhöhten Rationalität von individuellen wie auch institutionellen Orientierungen angesichts komplexer Handlungs- und Entscheidungszusammenhänge« [LUTTERBECK 1993].

Zum Begriff der kollektiven Verantwortung in einem weit umfassenderen philosophischen Sinn sei auf verschiedene Veröffentlichungen von CAPURRO, u.a. in [LENK, ROPOHL 1987] verwiesen; stärker technikorientiert sind Ausführungen von RUST [RUST 1994b] zu diesem Thema.

Vielleicht erscheint es verwunderlich, daß ich Themen wie informationelle Selbstbestimmung und den damit zusammenhängenden Datenschutz, Produkthaftungsfragen oder die vor Jahren - m.E. zu Recht - stark umstrittenen Frühwarnsysteme oder die SDI-Entwicklung nicht anspreche. Dies will ich schon deshalb hier nicht tun, weil dazu bereits sehr viel publiziert wurde und weil zum andern zu einem tieferen Eindringen ein recht umfangreiches technisches Vorwissen erforderlich ist.

Ein - zugegebenermaßen stark emotional befrachtetes - Beispiel will ich noch anführen; an ihm wird deutlich werden, daß auch scheinbar eindeutige Situationen problematisch sein können.

Für den Einsatz von Computern im Medizinbereich sprechen eine Reihe von Erfolgen, sei es die Ausnutzung der Datenverarbeitungskapazitäten für Langzeitreihenuntersuchungen, in Computertomographen oder zur Bahnberechnung für komplizierte Hirnoperationen. Eine Verwendung von computergesteuerten Robotern zur Erledigung schwerer oder gefährlicher Arbeiten, z. B. zum Transport von Betten in Seuchenstationen, ist wohl auch noch akzeptabel. Eine ausgesprochene Horrorvorstellung für mich ist es aber, mir auszumalen, Roboter würden weitgehend selbständig zur Pflege von Patienten eingesetzt. Verblüfft war ich deshalb, als ich in [BMFT 1993] las, daß dies von Japanern ganz anders gesehen wird: »In der japanischen Tradition ist die Befürchtung, gegenüber seinen Mitmenschen ›das Gesicht zu verlieren‹, tief verankert. Man ist sehr darauf bedacht, die ›Würde‹ eines anderen Menschen nicht zu verletzen und ›Harmonie‹ mit anderen Menschen zu wahren. ... Die Pflege durch eine andere Person, und sei es ein enger Verwandter, stellt für einen japanischen Kranken oder Pflegebedürftigen deshalb ein großes Problem dar, sozusagen die Schande, jemandem zur Last zu fallen. Ein Roboter, der aus europäischer Sicht jede menschliche Zuwendung vermissen läßt und daher zur Beförderung der Genesung eher ungeeignet erscheint, ist aus japanischer Sicht ein Hilfsmittel, dieses ›Gesicht-Verlieren‹ zu vermeiden und gleichzeitig die Kapazitätsprobleme im Pflegebereich (*Pflegenotstand*) zu lösen. Ein Roboter für Pflegearbeiten ist daher aus japanischer Sicht jedem ›menschlichen› Pflegepersonal vorzuziehen«. So können soziokulturelle Eigenarten zu ganz unterschiedlichen ethischen Bewertungen führen.

Wie erwähnt, sind die in der Lehre Tätigen u.a. aufgerufen, die Lernenden auf deren Verantwortung vorzubereiten, und so will ich Ihnen meine Einstellung zu dieser Frage nicht vorenthalten: Einerseits sehe ich natürlich, daß es genügend ›Stoff‹ zu vermitteln gäbe - einschließlich zahlreicher Beispiele oder Fälle, anhand derer man Einsichten gewinnen kann (wie sie z. B. in einer *Self-Assessment Procedure* der ACM von 1990 [CACM 1990] zusammengestellt sind). Andererseits würde eine solche Frontalvorlesung unter vielen anderen das Gebiet eher entwerten und gerade nicht dem Diskursprinzip entsprechen. Eigenständige Lehrveranstaltungen biete ich deshalb nicht an. Ich stehe allerdings nachdrücklich dazu, in geeigneten Vorlesungen - und dies bereits im Grundstudium - die Problematik anzusprechen.

Schließen möchte ich mit einem Zitat von H. LENK aus ›Kritik der kleinen Vernunft‹, das meine Haltung zu ethischen Fragen in der Informatik widerspiegelt: »Es kommt u.U. gar nicht so sehr darauf an, Probleme so zu lösen, daß man ihre Lösungen schwarz auf weiß - und sei es ungedruckt - nach Hause tragen und in seinem (eventuell mentalen) Aktenschrank abheften kann, sondern es kommt eher darauf an, die Probleme wirklich zu erleben, zu durchdenken, durchzuarbeiten, klarzustellen, zu präzisieren, mit den Problemen zu kämpfen, die Fragen klarzulegen und möglichst auszubreiten« [LENK 1987].

Dank

Ohne die zahlreichen Gespräche und Diskussionen mit Herrn Dr. H. RUST über Fragen der Zuverlässigkeit von Computern und ihre ethischen Aspekte hätte ich mich sicherlich nicht in der Lage gesehen, über mein heutiges Thema zu sprechen.

Literaturverweise

[Acs, Audretsch 1989] Z. J. Acs & D. B. Audretsch: Innovation and Firm Size. WZB Berlin 1989.

[Adorno 1987] Th. W. Adorno: Über Technik und Humanismus. In [Lenk, Ropohl 1987]. S. 22-30.

[Amin, Thrift 1992] A. Amin & N. Thrift: Neo-Marshallian nodes in global networks. *International Journal of Urban and Regional Research*, Vol. 16, N. 4, Dec. 1992. S. 571-587.

[Arbeitsgruppe Bielefelder Soziologen 1981] Arbeitsgruppe Bielefelder Soziologen (Hrsg.): *Alltagswissen, Interaktion und gesellschaftliche Wirklichkeit* 1+2. Opladen: Westdeutscher Verlag 1981.

[Ashby 1956] W. R. Ashby: Design for an Intelligence-Amplifier. In: C. E. Shannon, J. McCarthy, (Eds.): *Automata Studies*, 215-234; Annals of Mathematical Studies, Vol. 34, Princeton, N.J.: Princeton Univ Press 1956.

[Ashby 1961] W. R. Ashby: What is an Intelligent Machine? Proc. of the Western Joint Computer Conference, May 9-11, 1961. S. 275-280.

[Audretsch 1993] D. B. Audretsch: The Competitive and Technological Effects of Patents: A Critical Assessment of the Relevant Literature in Industrial Economics. WZB Berlin 1993.

[Bammé et al. 1983] A. Bammé, G. Feuerstein, R. Genth, E. Holling, R. Kahle & P. Kempin: *Maschinen-Menschen, Mensch-Maschinen. Grundrisse einer sozialen Beziehung.* Reinbek: Rowohlt Verlag 1983.

[Bangemann 1994] Europäische Kommission: Europa und die globale Informationsgesellschaft (*Bangemann-Bericht*) http: //www. earn. net/ec/bangemann. html

[Bangemann 1995] M. Bangemann: Europas Weg in die Informationsgesellschaft (Eröffnungsrede des 13. ifip World Congress am 29. 9. 1994 in Hamburg). *Informatik Spektrum* 18/ 1995.

[Bartsch 1993] M. Bartsch: Stellungnahme zum politischen Handlungsbedarf. In: [Lutterbeck, Wilhelm 1993].

[Baumbach, Hefermehl 1988] A. Baumbach & W. Hefermehl: *Wettbewerbsrecht*, Kurzkommentar. München 1988.

[Becher 1990] G. Becher u. a.: Regulierungen und Innovation. München: ifo 1990.

[Becher, Hemmelskamp 1993] G. Becher & J. Hemmelskamp: Ansatzpunkte für eine Verbesserung der Standortbedingungen für Forschung, Entwicklung und Technologie in der Bundesrepublik. Basel: Prognos, 1993.

[Beck 1986] U. Beck: *Risikogesellschaft.* Frankfurt a. M.: Suhrkamp Verlag 1986.

[Bender 1988] D. Bender: *Computer Law.* New York 1988.

[Bergmann, Möhrle & Herb] Bergmann, Möhrle & Herb: *Datenschutzrecht* (Handkommentar), Bd. 1 und 2. R. Stuttgart: Boorbeck-Verlag.

[Bernstein 1977] B. Bernstein: *Beiträge zu einer Theorie des pädagogischen Prozesses,* Frankfurt a.M.: Suhrkamp Verlag 1977.

[Beutelspacher 1991] A. Beutelspacher, A. Kersten & A. Pfau: *Chipkarten als Sicherheitswerkzeug. Grundlagen und Anwendungen.* Berlin, Heidelberg, New York et al.: Springer Verlag 1991.

[BFD 1993] BUNDESBEAUFTRAGTER F. D. DATENSCHUTZ: 14. Tätigkeitsbericht. Bonn 1993. S. 92-93.

[BJERKNES, EHN, KYNG 1987] G. BJERKNES, P. EHN & M. KYNG (Hrsg.), *Computers and Democracy - A Scandinavian Challenge*, Aldershot (England) et al.: Avebury, 1987.

[BMFT 1991] BUNDESMINISTER FÜR FORSCHUNG UND TECHNOLOGIE (Hrsg.): Chancen und Risiken von CIM. Ergebnisse und Empfehlungen der CIM. Bonn 1991.

[BMFT 1993A] BUNDESMINISTER FÜR FORSCHUNG UND TECHNOLOGIE (Hrsg.): Informationstechnik und Mikroelektronik - Ein forschungs- und industriepolitischer Ländervergleich. Bonn 1993.

[BMFT 1993B] BUNDESMINISTER FÜR FORSCHUNG UND TECHNOLOGIE (Hrsg.): Deutscher Delphi-Bericht zur Entwicklung von Wissenschaft und Technik. Bonn 1993.

[BOEHM 1986] B. W. BOEHM: *Wirtschaftliche SW-Produktion.* Wiesbaden: Forkel Verlag 1986.

[BOLZ, KITTLER, THOLEN 1993] N. BOLZ, F. KITTLER & CH. THOLEN (Hrsg.): *Computer als Medium.* München: Fink Verlag 1993.

[BOOSS, PATE 1988] B. BOOSS & G. PATE: On the Risks of Technology Applications at the Border of our Knowledge, *Scientific World* 3/1988.

[BRACZYK 1994] H. J. BRACZYK: Die möglichen Folgen technisierter Kommunikation in Arbeitsorganisationen. In: H. Bullinger (Hrsg.), *Technikfolgenabschätzung.* Stuttgart 1994.

[BRACZYK, SCHIENSTOCK 1994] H. J. BRACZYK & G. SCHIENSTOCK: Lean Production - Intra Mures? *Soziologische Revue,* Heft 3/1994. S.. S. 320-331.

[BRACZYK, SCHIENSTOCK 1995] H. J. BRACZYK & G. SCHIENSTOCK: Im Lean-Express zu einem neuen Produktionsmodell? Lean production in Wirtschaftsunternehmen Baden-Württembergs - Konzepte, Wirkungen, Folgen. In: Dies. (Hrsg.): *Kurswechsel in der Industrie. Lean production in Baden-Württemberg.* Stuttgart: Kohlhammer Verlag (im Erscheinen).

[BRANDT 1990] G. BRANDT: *Arbeit, Technik und gesellschaftliche Entwicklung. Transformationsprozesse des modernen Kapitalismus.* Aufsätze 1971-1987. Frankfurt a.M. 1990.

[BRAUER, BRAUER 1992] W. BRAUER & U. BRAUER: Wissenschaftliche Herausforderungen für die Informatik: Änderungen von Forschungszielen und Denkgewohnheiten. In: W. Langenheder/G. Müller/B. Schinzel, *Informatik - cui bono?* Berlin-Heidelberg-New York et al.: Springer Verlag 1992.

[BRÄUTIGAM ET AL. 1990] L. BRÄUTIGAM, H. HÖLLER & R. SCHOLZ: *Datenschutz als Anforderung an die Systemgestaltung.* Opladen: Westdeutscher Verlag 1990.

[BRAVERMAN 1978] H. BRAVERMAN: *Die Arbeit im modernen Produktionsprozeß.* Frankfurt a.M. 1978.

[BRIEFS 1984] U. BRIEFS: *Informationstechnologien und Zukunft der Arbeit, Mikroelektronik und Computertechnik,* Köln: Pahl Rugenstein Verlag 1984.

[BRINCKMANN 1991] H. BRINCKMANN: Rechtliche Instrumente zur Techniksteuerung - Ein Überblick. In: Diskursprotokoll II-2 des Diskurses der GRVI. VDI/VDE-IT, Berlin 1991.

[BRODBECK, SONNENTAG 1993] F. BRODBECK & S. SONNENTAG: Arbeitsanforderungen und soziale Prozesse in der Software-Entwicklung. In: [COY u. a. 1993]

[BRÖDNER 1985] P. BRÖDNER: *Fabrik 2000. Alternative Entwicklungspfade in die Zukunft der Fabrik*, Berlin: edition sigma 1985.

[BRUNNSTEIN 1989] K. BRUNNSTEIN: Human Intelligence and AI: An Outlook, in K. BRUNNSTEIN (Hrsg.), Opportunities and Risks of Artificial Intelligence Systems, Proc. ORAIS-89 Hamburg: Universität Hamburg, Fachbereich Informatik 1989.

[BRUNNSTEIN 1995] K. BRUNNSTEIN: Vom Internet-Chaos zu den Datenautobahnen. Datensicherheitsreport. April 1995.

[BULL 1984] H. BULL: *Datenschutz oder die Angst vor dem Computer.* München-Zürich: Piper Verlag 1984.

[BULLINGER 1993] H. BULLINGER: Benutzergerechte Gestaltung von Software, Eine Herausforderung an den Industriestandort Deutschland. In: [COY et al. 1993].

[BUNDESGERICHTSHOF 1985] BUNDESGERICHTSHOF: Inkassoprogramm. *CR* 1985, 22.

[BUNDESGERICHTSHOF 1991] BUNDESGERICHTSHOF: Betriebssystem. *CR* 1991, 80.

[CACM 1990] E. A. WEISS (Hrsg.): Self-Assessment Procedure XXII. *CACM*, 33 (1990), 110-132.

[ČAPEK 1921] K. ČAPEK: *R. U. R. - Rossums Universal Robots.* Prag: Kolektivni Drama, 1921 (dt: *W. U. R. - Werstands Universal Robots*, übersetzt von Otto Pick.Prag-Leipzig: Orbis Verlag, 1922).

[CAPURRO 1987] R. CAPURRO: Zur Computerethik. In [LENK, ROPOHL 1987], 259-273.

[CAPURRO 1990] R. Capurro: Ethik und Informatik. *Informatik Spektrum*, Band 13, Heft 6. S. 311-320 (1990).

[CARD, MCGARRY, PAGE 1987] D. CARD, F. MC GARRY & G. PAGE: Evaluating Software Engineering Technologies, *IEEE Trans. Software Eng.* 13:7, 1987.

[CHAUM 1985] D. CHAUM: Security without Identification: Transaction Systems to Make Big Brother Obsolete. *CACM*. Vol. 28. Nr. 10. 1985. S. 1030-1044.

[CLARK, FUJIMOTO 1992] K. CLARK & T. FUJIMOTO: *Automobilentwicklung mit System, Strategie, Organisation und Management in Europa, Japan und den USA.* Frankfurt a.M. 1992.

[CLINTON 1993] The National Information Infrastructure: Agenda for Action.
HTTP: //SMSITE. NNC. EDU/NII/TOC. HTML

[COOKE 1995] PH. COOKE: Der baden-württembergische Werkzeugmaschinenbau: Regionale Anworten auf globale Bedrohungen. In: BRACZYK/SCHIENSTOCK (Hrsg.): *Kurswechsel in der Industrie. Lean production in Baden-Württemberg.* Stuttgart, im Erscheinen.

[COOLEY 1978] M. COOLEY: *Computer Aided Design - Sein Wesen und seine Zusammenhänge.* Stuttgart: Alektor Verlag 1978.

[CORDS 1993] D. CORDS: Betriebliche CAD-Systemanpassung: produktbezogen und kooperativ? In: W. MÜLLER & E. SENGHAAS-KNOBLOCH (Hrsg.): *Arbeitsgerechte Softwaregestaltung. Leitbilder, Methoden, Beispiele.* Münster-Hamburg: Lit-Verlag 1993.

[COUNCIL OF EUROPEAN COMMUNITIES 1991] COUNCIL OF EUROPEAN COMMUNITIES: Council directive of May 14 1991 on the legal protection of computer programs, No. L 122/42. 1991

[Council on Competitiveness 1991] Council on Competitiveness: Gaining New Ground - Technology Priorities For America's Future. Washington 1991.

[Coy 1992] W. Coy: Informatik - Eine Disziplin im Umbruch? In: [Coy u. a. 1992] .

[Coy et al. 1992] W. Coy, F. Nake, J.-M.Pflüger, A. Rolf, J. Seetzen, D. Siefkes & R. Stransfeld (Hrsg.): *Sichtweisen der Informatik*. Braunschweig/Wiesbaden: Vieweg Verlag 1992.

[Coy et al. 1993] W. Coy, P. Gorny, I. Kopp & C. Skarpelis (Hrsg.): *Menschengerechte Software als Wettbewerbsfaktor*; Arbeitstagung des Projektträgers ›Arbeit und Technik‹ in Zusammenhang mit dem German Chapter of the ACM und der GI. Stuttgart: Teubner Verlag 1993.

[Coy, Bonsiepen 1988] W. Coy & L. Bonsiepen: *Erfahrung und Berechnung: Kritik der Expertensystemtechnik*. Berlin-Heidelberg-New York et al.: Springer Verlag 1988.

[CPSR 1994] Computer Professionals for Social Responsibilities: Serving the Community: A Public-Interest Vision of the National Information Infrastructure. 1994.

[Curtis, Krasner, Iscoe 1988] B. Curtis, H. Krasner & N. Iscoe: A Field study of the Software Design Process for Large Systems. *CACM*, 11/31, 1988.

[Cusumano 1991] M. A. Cusumano: *Japans Software Factories*. Oxford: Oxford Univ Press 1991.

[Cyranek 1987] G. Cyranek: Menschliche Kommunikation und Rechnerdialog. In: E. Nullmeier & K. -H. Rödiger (Hrsg.): *Dialogsystem in der Arbeitswelt*. Mannheim: Bibliographisches Institut 1987.

[Dassbach 1994] C. H. A. Dassbach: Where Is North American Automobile Production Headed: Low-Wage Lean Production. In: *The Electronic Journal of Sociology*, Alberta 1994.

[De Marco, Lister 1987] T. De Marco & T. Lister: *Peopleware: Productive Project and Teams*. New York 1987.

[Denninger 1990] E. Denninger: *Verfassungsrechtliche Anforderungen und die Normsetzung im Umwelt- und Technikrecht. Baden-Baden:* Nomos Verlag 1990.

[DFM 1994] Dänisches Forschungsministerium: Info-Society 2000. Dänemark. November 1994.

[Dierkes 1987] M. Dierkes: Technikgenese als Gegenstand sozialwisssenschaftlicher Forschung. Erste Überlegungen. In: Verband sozialwisssenschaftlicher Technikforschung (Hrsg.): Mitteilungen 1/1987. S. 154-170.

[Dierkes 1991] M. Dierkes: Was ist und wozu betreibt man Technikfolgenabschätzung? In: H. J. Bullinger (Hrsg.): *Handbuch des Informationsmanagements im Unternehmen*. Bd. II, München 1991. S. 1495-1522.

[Dierkes, Hoffmann, Marz 1992] M. Dierkes, U. Hoffmann & L. Marz: *Leitbild und Technik*. Berlin 1992: edition Sigma.

[Dippel 1993] K. Dippel: Design for Security Functions of Chipcard Software. Proceedings of the IFIP WG 9. 6 Working Conference on Security and Control of Information Technology in Society. Stockholm-St. Petersburg. August 1993.

[Dreyfus 1972] H. L. Dreyfus: *What Computers can't do*, New York: Harper & Row Publ. , 1972 und 1979 (dt. *Die Grenzen der Künstlichen Intelligenz. Was Computer nicht können*. Königstein: Athenäum Verlag 1985).

[DREYFUS, DREYFUS 1986] H. L. DREYFUS &E. ST. DREYFUS: *Mind over Machine,* New York: The Free Press, 1986 (dt. *Künstliche Intelligenz - Von den Grenzen der Denkmaschine und dem Wert der Intuition.* Reinbek: Rowohlt Verlag 1987).

[DS-KONFERENZ 1994a] KONFERENZ DER DATENSCHUTZBEAUFTRAGTEN DES BUNDES UND DER LÄNDER. Bestandsaufnahme über die Situation des Datenschutzes ›10 Jahre nach dem Volkszählungsurteil‹. 47. Sitzung. 9. /10. 3. 1994 in Potsdam (veröffentlicht im 13. Tätigkeitsbericht des Hamburgischen Datenschutzbeauftragten).

[DS-KONFERENZ 1994b] KONFERENZ DER DATENSCHUTZBEAUFTRAGTEN DES BUNDES UND DER LÄNDER. Beschluß zu Chipkarten im Gesundheitswesen. Potsdam: 47. Sitzung. a. a. O.

[DS-KONFERENZ 1995] KONFERENZ DER DATENSCHUTZBEAUFTRAGTEN DES BUNDES UND DER LÄNDER. Entschließung: Datenschutzrechtliche Anforderungen an den Einsatz von Chipkarten im Gesundheitswesen. 50. Sitzung. 9. /10. 11. 1995

[EDWARDS 1981] R. EDWARDS: *Herrschaft im modernen Produktionsprozeß.* Frankfurt a.M. 1981.

[EHN 1988] P. EHN: *Work Oriented Design of Computer Artifacts,* Stockholm: Almqvist&Wiksell 1988.

[EL 1993] Ethische Leitlinien der Gesellschaft für Informatik. *Informatik Spektrum,* 16 (1993), 239-240.

[ELLRICH 1992] L. ELLRICH: Die Konstitution des Sozialen. *Zeitschrift für philosophische Forschung,* 1, 46. Meisenhain: Anton Hain Verlag 1992.

[ENGELBRECHT ET AL. 1994] R. ENGELBRECHT, C. HILDEBRAND & E. JUNG: Smart Cards as Communication Tools in Health Information Systems. In: *Information Processing* 94. Proc. 13th World Computer Congress 1994. Amsterdam: Elsevier Science 1994. S. 541-547.

[EFA 1992] ECONOMIC PLANNING AGENCY (EPA): Technologie und Produkte im Jahre 2010, Japan 1992.

[EUCKEN 1990] W. EUCKEN: *Grundsätze der Wirtschaftspolitik.* Tübingen: Mohr Verlag 1990 (1952).

[EWERS, BECKER, FRITSCH 1989] H.-J. EWERS, C. BECKER & M. FRITSCH: Der Kontext entscheidet. Wirkungen des Einsatzes computergestützter Techniken in Industriebetrieben. In: R. SCHETTKAT & M. WAGNER (Hrsg.): *Technologischer Wandel und Beschäftigung. Fakten, Analysen, Trends.* Berlin-New York: Walter de Gruyter Verlag 1989. S. 27-70.

[FEIJEN ET AL. 1990] W. H. J. FEIJEN et al. (Eds.): *Beauty is our Business. A Birthday Salute to Edsger W. Dijkstra.* Texts and Monographs in Computer Science. Berlin-Heidelberg-New York: Springer Verlag 1990.

[FISCHER-HÜBNER 1994] S. FISCHER-HÜBNER: Towards a Privacy-Friendly Design and Use of IT-Security Mechanisms. Proceedings of the 17th National Computer Security Conference. Baltimore. Oktober 1994.

[FITTING, AUFFARTH, KAISER, HEITHER 1990] K. FITTING, F. AUFFARTH, H. KAISER & N. HEITHER: *Betriebsverfassungsgesetz (Handkommentar).* München: Verlag Franz Vahlen, 1990.

[FLOYD et al. 1991] CHR. FLOYD, H. ZÜLLIGHOVEN, R. BUDD & R. KEIL-SLAWIK (Hrsg.), *Software Development and Reality Construction.* Berlin-Heidelberg-New York et al.: Springer Verlag 1991.

[FRANK 1990] M. FRANK: *Das Sagbare und das Unsagbare.* Frankfurt a.M.: Suhrkamp Verlag 1990.

[FRIEDRICH ET AL. 1995] J. FRIEDRICH, TH. HERRMANN, M. PESCHEK & A. ROLF (Hrsg.): *Informatik und Gesellschaft.* Stuttgart: Spektrum Verlag 1995.

[FRIEDRICH, RÖDIGER 1991] J. FRIEDRICH & K.-H. RÖDIGER (Hrsg.): *Computergestützte Gruppenarbeit (CSCW),* Stuttgart: Teubner Verlag 1991.

[FRIEDRICH, WICKE, WICKE 1982] J. FRIEDRICH, F. WICKE & W. WICKE: Computereinsatz: Auswirkungen auf die Arbeit, Bd. 3 der Reihe ›*Humane Arbeit - Leitfaden für Arbeitnehmer*‹ (Hrsg. von L. ZIMMERMANN), rororo aktuell 4943, Reinbek: Rowohlt Verlag 1982.

[FRIESE, ZAPF 1991] FRIESE, ZAPF (Hrsg.): *Fehler bei der Arbeit mit dem Computer. Ergebnisse von Beobachtungen und Befragungen im Bürobereich.* Bern 1991.

[FROMM, NORDEMANN 1986] F.-K. FROMM &W. NORDEMANN: *Urheberrecht.* Stuttgart 1986.

[FUCHS-KITTOWSKI, GERTENBACH 1987] K. FUCHS-KITTOWSKI & D. GERTENBACH (Hrsg.): System Design for Human Development and Productivity: Participation and Beyond, Berlin (DDR): Zentrum für gesellschaftswissenschaftliche Information 1987 (Proc. IFIP TC 9. 1 Conf. 1986).

[FUNKEN 1989] CHR. FUNKEN: *Frau-Frauen-Kriminelle.* Opladen: Westdeutscher Verlag 1989.

[GERHARDT 1992] W. GERHARDT: Zur Modellierbarkeit von Datenschutzanforderungen im Entwurfsprozeß eines Informationssystems. *Datenschutz und Datensicherung* 3, 1995. S. 126-136.

[GESETZ BSIG 1990] Gesetz über die Errichtung des Bundesamtes für Sicherheit in der Informationstechnik (BSIG) vom 17. 12. 1990.

[GI-ARBEITSKREIS 1992] GI-ARBEITSKREIS SOFTWARESCHUTZ: Der rechtliche Schutz von Software: Aktuelle Fragen und Probleme. *Informatik Spektrum* 1992/15, 89-100.

[GIBBONS, GWIN 1986] J. H. GIBBONS & H. L. GWIN: Technik und parlamentarische Kontrolle. In: M. DIERKES, TH. PETERMANN & V. VON THIENEN (Hrsg.): *Technik und Parlament. Technikfolgen-Abschätzung. Konzepte, Erfahrungen, Chancen.* Berlin: edition sigma 1986.

[GIBBS 1994] W. GIBBS: Software's chronic Crisis. *Scientific American*, September 1994.

[GOEBEL 1990] J. W. GOEBEL (Hrsg.), *Rechtliche und ökonomische Rahmenbedingungen der deutschen EDV-Branche.* Köln: Otto Schmidt Verlag, 1990.

[GOEBEL 1993] J. W. GOEBEL: Informations- und Datenbankschutz in Europa. (Vortragsmanuskript) Kongreß 1993 der Deutschen Ges. für Recht und Informatik e. V. (DGRI) zum Informationsmarkt und Informationsschutz in Europa 9./10. 9. 1993 Fulda.

[GOLDSCHEIDER, ZEMANEK 1971] P. GOLDSCHEIDER & H. ZEMANEK: *Computer - Werkzeug der Information.* Berlin-Heidelberg-New York et al.: Springer Verlag, 1971.

[GORNY, KILIAN 1985] P. GORNY & W. KILIAN (Hrsg.): *Computersoftware und Sachmängelhaftung.* Stuttgart: Teubner Verlag 1985.

[GRAVENREUTH 1992] G. V. GRAVENREUTH: *Computerrecht von A-Z.* München 1992.

[GRUPP 1993] H. GRUPP (Hrsg.): Technologie am Beginn des 21. Jahrhunderts. FhG-ISI, Karlsruhe 1993.

[HACKER 1993] W. HACKER: Arbeitsgestaltung trotz/bei Automatisierung, Vortrag auf der Tagung ›Computer&Gesellschaft‹ in Ilmenau , 15. -17. September 1993.

[HAMMER 1994] V. HAMMER: Beweiswert digital signierter Dokumente. Proc. Multicard '94. S. 92-97.

[HAMMERICH 1978] K. HAMMERICH & M. KLEIN (Hrsg.): *Soziologie des Alltags*. Opladen: Westdeutscher Verlag 1978.

[HANDBUCH NORMUNG 1985, 1986] *Handbuch der Normung: Bd. 1-4*. Berlin 1985, 1986.

[HANDBUCH TELEKOMMUNIKATION 1993] *Handbuch der Telekommunikation*. Köln 1993.

[HANNEMANN 1985] H. J. HANNEMANN: *The Patentability of Computer Software*. Deventer 1985.

[HAUGELAND 1985] J. HAUGELAND: *Artificial Intelligence: The Very Idea*. M.I.T. Press, Cambridge Mass. 1985. (dt.: *Künstliche Intelligenz - Programmierte Vernunft?* Hamburg: MacGraw-Hill 1987).

[HEINZE, SCHMID 1994] R. G. HEINZE & J. SCHMID: Industrieller Strukturwandel und die Kontingenz politischer Steuerung: Mesokorporatistische Strategien im Vergleich. In: Forschungsstelle für Sozialwissenschaftliche Innovations- und Technologieforschung (SIT), Ruhr-Universität Bochum, SIT-wp-2-94, Bochum 1994.

[HEITMANN 1993] K. HEITMANN: *Neue Konzepte für die künftige Produktion von Halbleiterbauelementen*. me 6/1993, 326-329.

[HELLIGE 1991] H.-D. HELLIGE: Leitbilder und historisch-gesellschaftlicher Kontext der frühen wissenschaftlichen Konstruktionsmethodik, Artec Paper Nr. 8, Januar 1991, Universität Bremen, 1991.

[HELLIGE 1993] H.-D. HELLIGE: Von der programmatischen zur empirischen Technikgeneseforschung - Ein technikhistorisches Analyseinstrumentarium für die prospektive Technikbewertung, Artec Paper Nr. 24, April 1993, Universität Bremen.

[HELLING 1993] K. HELLING: Informatiker - Beruf ohne Berufsbild? *Informatik-Spektrum* 16, Berlin, Heidelberg, New-York et al.: Springer Verlag 1993.

[HERRIGEL 1993] G. B. HERRIGEL: Power and The Redefinition of Industrial districts. The Case od Baden-Württemberg. In: G. GRABHER (Hrsg.): *The Embedded Firm. On the Socioeconomics of Industrial Networks*. London: Routledge 1993. S. 227-251.

[HERRMANN, HESS, WEISE 1988] TH. HERRMANN, K. HESS & K. WEISE: Die Verformung von Kommunikationsstrukturen durch ISDN. In: U. Linder-Kostka/F. Obermaier: *Schöne neue Computerwelt* (S. 62-75). Berlin: VSA Verlag 1988.

[HESSE 1994] W. HESSE et al: Terminologie der Softwaretechnik, Teil 1. *Informatik-Spektrum*, 17, Berlin, Heidelberg, New-York et al.: Springer Verlag 1994.

[HEYDENREICH 1992] N. HEYDENREICH: Ziel- und risikoorientierte Strategien der Anwendungsentwicklung. In: G. LEINWEBER: *Software- und Anwendungsmanagement*. München: Oldenbourg Verlag 1992.

[HOARE 1984] C. A. R. HOARE: The Emperor's Old Clothes. *Comm. of the* ACM 42: 2 (1981) Deutsch: Der neue Turmbau zu Babel, *Kursbuch* 75. S. 57-74 (1984).

[HOHMEYER, HÜSING, REISS 1993] HOHMEYER, HÜSING & REISS: Änderung des Gentechnikgesetzes. Stellungnahme für die öffentliche Anhörung des Gesundheitsausschusses des Deutschen Bundestages. FhG-ISI, Karlsruhe 1993.

[HOYOS, HOLZ, ORTLIEB 1993] C. G. HOYOS, B. HOLZ AUF DER HEIDE & S. ORTLIEB: Eine iterative Software-Entwicklungsstrategie mit gezielter Benutzerbeteiligung und systematischer Evaluation der Benutzerfreundlichkeit. In: [Coy u. a. 1993].

[HUBMANN 1987] H. HUBMANN: *Urheber- und Verlagsrecht.* München 1987.

[IITF 1995] INFORMATION INFRASTRUCTURE TASK FORCE: National Information Infrastructure: Privacy and the Principles for Providing and Using Personal Information. Office of Management and Budget. Final Version 6. 7. 1995.

[INFORMATIONEN BMWI 1993] Informationen des Bundeswirtschaftsministeriums (BMWI) zur Produktsicherheit, 1993.

[IPAS-PROJEKT] IPAS-Projekt: Interdisziplinäres Projekt zur Arbeitssituation in der Software-Entwicklung, Fachbereich Psychologie der Universität Gießen, Fachbereich Informatik der Universität Marburg und sozialwissenschaftliche Projektgruppe München (Leitung: O. BITTNER UND W. HESSE).

[ITG 1990] INFORMATIONSTECHNISCHE GESELLSCHAFT (ITG) IM VDE (Hrsg.) (1990): *Datenschutz im ISDN.* Frankfurt a. M.: VDE-Verlag 1993.

[ITG 1992] INFORMATIONSTECHNISCHE GESELLSCHAFT (ITG) IM VDE (Hrsg.): *Gestaltungsfelder beim Mobilfunk.* Dokumentation des ITG-Forums, 12. Mai 1992, Frankfurt a. M.: VDE-Verlag 1992.

[JAMES 1991] W. JAMES et al.: *Die zweite Revolution in der Autoindustrie.* Frankfurt a. M. 1991.

[JONAS 1987] H. JONAS: Warum die Technik ein Gegenstand für die Ethik ist: Fünf Gründe. In [LENK, ROPOHL 1987], 81-91.

[JUNKER 1988] A. JUNKER: *Computerrecht.* Nomos, Baden-Baden 1988.

[JÜRGENS 1991] U. JÜRGENS: Gruppe und Team in der Organisation japanischer Betriebe. Discussion Paper, Wissenschaftszentrum für Sozialforschung (WZB). Berlin 1991.

[JÜRGENS 1994] U. JÜRGENS: Lean Production. In: H. Corsten (Hrsg.): *Handbuch Produktionsmanagement.* Wiesbaden 1994. S. 369-379.

[KERN 1994] H. KERN: Intelligente Regulierung. Gewerkschaftliche Beiträge in Ost und West zur Erneuerung des deutschen Produktionsmodells. *Soziale Welt* 1994, Heft 1. S. 33-59.

[KERN, SCHUMANN 1984] H. KERN & M. SCHUMANN: *Ende der Arbeitsteilung? Rationalisierung in der industriellen Produktion: Bestandsaufnahmen, Trendbestimmung.* München: C.H. Beck 1984.

[KERST, STEFFENSEN 1995] CH. KERST & B. STEFFENSEN: Der baden-württembergische Maschinenbau. Ergebnisse der Sekundärauswertung einer Unternehmensbefragung (NIFA-Panel). Akademie für Technikfolgenabschätzung in Baden-Württemberg. Stuttgart 1995 (Manuskript).

[KILIAN, HEUSSEN 1993] W. KILIAN & B. HEUSSEN: *Computerrechts-Handbuch.* München: Beck Verlag 1993.

[KLEIN 1985] KLEIN: *Einführung in die DIN-Normen.* Berlin: Beuth Verlag 1985.

[KLUMPP 1994] D. KLUMPP: *Erneuerung braucht Querdenken: Diskursanstöße in der Informations- und Kommunikationstechnik*. Mössingen-Talheim: Talheimer Sammlung Kritisches Wissen 1994.

[KOBSA 1985] A. KOBSA: *Benutzermodellierung in Dialogsystemen*. Berlin, Heidelberg, New-York et al.: Springer Verlag 1985.

[KOCHER 1992] G. KOCHER: Die Zukunft ist wichtiger als die Gegenwart: *Technische Rundschau* Heft 45, 1992. S. 16-18.

[KÖHLER, LANGE, BERLAGE 1992] ST. KÖHLER, K. LANGE & M. BERLAGE: Substitutionsmöglichkeiten beruflich bedingten Personenverkehrs durch Telekommunikation. In: [LANGENHEDER, MÜLLER & SCHINZEL 1992].

[KOMMISSIONEN 1994] IT-KOMMISSIONEN: Vingar åt människans förmåga (Wings for Human Ability). Stockholm, August 1994.

[KÖTTER 1991] W. KÖTTER, U. KREUTNER & C. PLEISS: Zur psychologischen Analyse, Bewertung und Gestaltung kooperativer Arbeitsformen. In: H. OBERQUELLE: *Kooperative Arbeit und Computerunterstützung*. Göttingen: Verlag für Angewandte Psychologie 1991.

[KRAUCH 1970] H. KRAUCH: *Die organisierte Forschung*. Neuwied am Rhein-Berlin: Luchterhand Verlag 1970.

[KROHN 1993] W. KROHN: Software-Entwicklung als experimenteller und rekursiver Prozeß. Unveröffentlichtes Manuskript. Bielefeld1993.

[KRONAUER 1995] M. KRONAUER: Massenarbeitslosigkeit in Westeuropa - die Entstehung einer neuen underclass? Vortrag auf der Fachtagung Gesellschaft im Übergang. SOFI, 12. -14. Januar 1995, Göttingen.

[KRUSE ET AL. 1995] D. KRUSE & H. PEUCKERT: Chipkarte und Sicherheit. *Datenschutz und Datensicherheit* 3/95. S. 142-149.

[KTK 1976] Kommission für den Ausbau des technischen Kommunikationssystems (KtK): *Telekommunikationsbericht*. Bonn-Bad Godesberg: Verlag Dr. Hans Heger 1976.

[KUBICEK 1982] H. KUBICEK: Glasfasernetze als Autobahnen zum elektronischen Büro und zum elektronischen Heim. In: DGB Landesbezirk Rheinland-Pfalz (Hrsg.): ›Neue Medien‹: Angriff auf Kopf, Konto und Arbeitsplatz des Arbeitsnehmers. Medientag '82 des DGB in Rheinland-Pfalz 1982. S. 15-30.

[KUBICEK 1991] H. KUBICEK (Hrsg.): *Telekommunikation und Gesellschaft*. Karlsruhe: Müller Verlag 1991.

[KUBICEK, ROLF 1986] H. KUBICEK & ARNO ROLF: *Mikropolis - Mit Computernetzen in die ›Informationsgesellschaft‹*, 2. Aufl., Hamburg: VSA 1986.

[KUHN 1967] TH. S. KUHN: *Die Struktur wissenschaftlicher Revolution*. Frankfurt a.M.: Suhrkamp Verlag 1967.

[KUMBRUCK 1993] CHR. KUMBRUCK: Anwendergerechtheit in der Rechtspflege, Eine empirische Studie. Arbeitspapier Nr. 105, Projektgruppe: Verfassungsverträgliche Technikgestaltung. Darmstadt 1993.

[LADD 1991] J. LADD: Computer, Informationen und moralische Verantwortung. In [LENK, ROPOHL 1987] . S. 269-285.

[LANGENHEDER 1990] W. LANGENHEDER: Technikfolgenforschung in der Informationstechnik. Erfahrungen und Konzepte in der Gesellschaft für Mathematik und Datenverarbeitung (GMD). In: W. FRICKE (Hrsg.): *Jahrbuch Arbeit und Technik,* Bonn: Dietz Nachf 1990.

[LANGENHEDER, MÜLLER, SCHINZEL 1992] W. LANGENHEDER, G. MÜLLER & B. SCHINZEL (Hrsg.): *Informatik cui bono?* Proc. GI-FB 8 Fachtagung. Berlin-Heidelberg-New York et al.: Springer Verlag 1992.

[LAWRENCE 1989] CHR. LAWRENCE: *Grundrechtsschutz, technischer Wandel und Generationenverantwortung.* Berlin: Duncker & Humblot Verlag 1989

[LAY 1995] G. LAY: Regionalspezifisch angepaßtes Technologiemanagement als Schlüssel zur Wettbewerbsfähigkeit baden-württembergischer Firmen? In: BRACZYK & SCHIENSTOCK (Hrsg.): *Kurswechsel in der Industrie. Lean production in Baden-Württemberg.* Stuttgart: Kohlhammer Verlag (im Erscheinen).

[LEITLINIEN BMI 1993] Leitlinien für die Sicherheit beim Einsatz von Informationstechnik, Rohentwurf, 30. 9. 1993, BMI: Bonn 1993.

[LENK 1987] H. LENK: *Kritik der kleinen Vernunft.* Frankfurt a. M. 1987.

[LENK 1989] K. LENK: *Informationstechnik und Gesellschaft, in: Informationstechnik. Versuch einer Systemdarstellung.* Berlin-München: Siemens Aktiengesellschaft 1989, S. 181-208

[LENK, ROPOHL 1987] H. LENK & G. ROPOHL (Hrsg.): *Technik und Ethik.* Stuttgart: Reclam Verlag 1987.

[LENK, ROPOHL 1987] H. LENK & G. ROPOHL: Technik zwischen Können und Sollen. In [LENK & ROPOHL 1987] . S. 5-21.

[LENK 1991] H. LENK (Hrsg.): *Wissenschaft und Ethik.* Stuttgart: Reclam Verlag 1991.

[LUFT 1988] A.-L. LUFT: *Informatik als Technikwissenschaft,* Mannheim-Leipzig-Wien-Zürich: B. I. Wissenschaftsverlag 1988.

[LUHMANN 1984] N. LUHMANN: *Soziale Systeme, Grundriß einer allgemeinen Theorie.* Frankfurt a. M.: Suhrkamp Verlag 1984.

[LUHMANN 1986] N. LUHMANN: Systeme verstehen Systeme. In: N. Luhmann & K.-E. Schorr (Hrsg.): *Zwischen Intransparenz und Verstehen.* Frankfurt a. M.: Suhrkamp Verlag 1986.

[LUTTERBECK 1977] B. LUTTERBECK: *Parlament und Information: eine informationstheoretische und verfassungsrechtliche Untersuchung,* München-Wien: Oldenbourg Verlag 1977.

[LUTTERBECK, WILHELM 1992] B. LUTTERBECK & R. WILHELM: Rechtsgüterschutz in der Informationsgesellschaft. Bericht ›Rechtliche Beherrschung der Informationstechnik‹. GRVI, Berlin 1993.

[MACK 1993] J. MACK: Technikfolgenabschätzung für die Informationstechnik-Gestaltung, Mitt. Nr. 220 des FB Informatik der Universität Hamburg, 1993.

[MAIER 1987] H. E. MAIER: Das Modell Baden-Württemberg. Über institutionelle Voraussetzungen differenzierter Qualitätsproduktion - Eine Skizze. Discussion Papers No. IIM, LMP 87-10a. Berlin: WZB 1987.

[MAMBREY, OPPERMANN 1983] P. MAMBREY & R. OPPERMANN (Hrsg.): *Beteiligung von Betroffenen bei der Entwicklung von Informationssystemen.* Frankfurt a.M.-New York: Campus Verlag 1983.

[MANAGER MAGAZIN 6/94] Manager Magazin 6/1994, "Ein trauriges Kapitel".

[MARTIN 1988] H. -E. MARTIN: *Kommunikation mit ISDN*. München 1988.

[MATURANA 1985] H. MATURANA: *Erkennen: Die Organisation und Verkörperung von Wirklichkeit-Arbeiten zur biologischen Epistemologie*. Braunschweig-Wiesbaden: Vieweg Verlag 1985.

[MEYER-KRAHMER 1989] F. MEYER-KRAHMER: *Der Einfluß staatlicher Technologiepolitik auf industrielle Innovationen*. Baden-Baden: Nomos Verlag 1989.

[MEYER-KRAHMER 1993] F. MEYER-KRAHMER (Hrsg.): *Innovationsökonomie und Technologiepolitik*. Heidelberg: Physika-Verlag 1993.

[MEYER, SCHULZE 1993] S. MEYER & E. SCHULZE (Hrsg.): *Technisiertes Familienleben. Berlin:* edition sigma, 1993.

[MITI JAPAN 1990] MITI (Japan): Visionen für die Industriepolitik der 90er Jahre. Tokio 1990.

[MOHR, WINKLER 1986] MOHR &H. WINKLER: Europäische Normung auf dem Gebiet der Informationstechnik. *CR* 1986.

[MÜLLER, CORDS 1992] W. MÜLLER & D. CORDS: Ingenieure zwischen technischer Entwicklung und Arbeitsgestaltung. In: I. BERGSTERMANN, TH. MANZ (Hrsg.): *Technik gestalten, Risiken beherrschen*. Berlin: edition sigma 1992. S. 123-137.

[NABSETH, RAY 1978] L. NABSETH & G. F. RAY (Hrsg.): *Neue Technologien in der Industrie*, Berlin-München 1978.

[NACHREINER, MESENHOLL 1993] F. NACHREINER &E. MESENHOLL: Defizite der Software-Ergonomie, Ergebnisse einer Bilanzierung vorliegender Forschungsergebnisse zur Arbeit an Bildschirmgeräten, 1993.

[NAKE 1986] F. NAKE: Die Verdoppelung des Werkzeugs, in A. ROLF (Hrsg.), *Neue Techniken alternativ*, Hamburg: VSA Verlag. S. 43-52, 1986.

[NAKE 1991] F. NAKE: Schnittstelle Mensch-Maschine, *Kursbuch* 75, 1984. S. 109-118.

[NASCHOLD 1987] F. NASCHOLD: *Technologie-Kontrolle durch Technologiefolgenabschätzung? Entwicklung, Kontroversen, Perspektiven der Technologiefolgenabschätzung und -bewertung*. Köln: Bund Verlag 1987.

[NAUR 1991] P. NAUR: *Computing as a Human Activity*. (ACM Press) Reading, Mass.: Addison-Wesley 1991.

[NAUROTH 1990] D. NAUROTH: *Computerrecht für die Praxis*. München 1990.

[NEUMANN 1995] P. G. NEUMANN: *Computer related risks*, (ACM Press) Reading, Mass. : Addison-Wesley 1995.

[NIEVERGELT, VENTURA 1983] J. NIEVERGELT & A. VENTURA: *Die Gestaltung interaktiver Programme*, Stuttgart: Teubner Verlag 1983.

[NYGAARD 1986] K. NYGAARD: Program Development as a Social Activity, in H. -J. KUGLER (Hrsg.), *Information Processing* 86 (proc. IFIP World Computer Congress 86), Amsterdam: North Holland 1986.

[ORTMANN 1995] G. ORTMANN: *Formen der Produktion. Organisation und Rekursivität*. Opladen: Westdeutscher Verlag 1995.

[PARNAS 1987] D. PARNAS: Warum ich an SDI nicht mitarbeite - Eine Auffassung beruflicher Verantwortung. *Informatik Spektrum* 10: 1. S. 3-10 (1987)

[PASCHEN, BECHMANN, WINGERT 1981] H. PASCHEN, G. BECHMANN & B. WINGERT: Funktion und Leistungsfähigkeit des Technology Assessment (TA) im Rahmen der Technologiepolitik. In: v. KRUEDENER & v. SCHUBERT (Hrsg.): *Technikfolgen und sozialer Wandel.* Köln: Verlag Wissenschaft und Politik 1981. S. 60-72.

[PASCHEN, GRESSER, CONRAD 1978] H. PASCHEN, K. GRESSER & F. CONRAD (Hrsg.): *Technology Assessment: Technikfolgenabschätzung. Ziele, methodische und organisatorische Probleme, Anwendungen.* Frankfurt a.M.-New York: Campus Verlag 1978.

[Patent- und Musterrecht 1993] *Patent- und Musterrecht.* (Beck-Texte) München: dtv 1993.

[PETERMANN 1992] TH. PETERMANN: Weg von TA - aber wohin? In: Th. Petermann (Hrsg.): *Technikfolgen-Abschätzung als Technikforschung und Politikberatung.* Frankfurt a.M.-New York: Campus Verlag 1992. S. 271-298.

[PETRI 1983] C. A. PETRI: Zur ›Vermenschlichung‹ des Computers, *GMD-Spiegel* 3/4 (1983). S. 42-44.

[PFITZMANN, WAIDNER & PFITZMANN 1990] B. PFITZMANN, M. WAIDNER & A. PFITZMANN: Rechnersicherheit trotz Anonymität in offenen digitalen Systemen. *Datenschutz und Datensicherung* Nr. 6 (Teil 1). 1990. S. 243-253 und Nr. 7 (Teil 2). 1990. S. 305-315.

[PFLÜGER 1994] J.-M. PFLÜGER: Informatik auf der Mauer, *Informatik Spektrum* 17: 6, 1994.

[PFLÜGER, SCHURZ 1987] J.-M. PFLÜGER & R. SCHURZ: *Der maschinelle Charakter*, Opladen: Westdeutscher Verlag 1987.

[PIORE, SABEL 1984] M. PIORE & CH. F. SABEL: *The Second Industrial Divide.* New York 1984.

[PODLECH 1976] A. PODLECH: Gesellschaftspolitische Grundlagen des Datenschutzes. In: DIERSTEIN/ FIEDLER, SCHULZ (Hrsg.) *Datenschutz und Datensicherung.* Köln 1976.

[PRIGOGINE, STENGERS 1993] I. PRIGOGINE & I. STENGERS: *Das Paradox der Zeit - Zeit, Chaos und Quanten.* München-Zürich: Piper Verlag 1993.

[PYKE, SENGENBERGER 1992] F. PYKE & W. SENGENBERGER (Hrsg.): *Industrial Districts and Local Economic Regeneration,* Geneva, International Institute for Labor Studies1992.

[RAMMERT 1990] W. RAMMERT: *Computerwelten-Alltagswelten; Wie verändert der Computer die soziale Wirklichkeit?* Opladen: Westdeutscher Verlag 1990.

[RAMMERT 1993] W. RAMMERT: Wie KI und TA einander näher kommen. In: *KI - Organ des Fachbereichs 1 der GI*, Heft 3, September 1993.

[RAMMERT, WEHRSIG 1988] W. RAMMERT & CH. WEHRSIG: Neue Technologien im Betrieb: Politiken und Strategien der betrieblichen Akteure. In: [FELDHOFF u. a. 1988].

[RAUTERBERG, MOLLENHAUER, SPINAS 1993] M. RAUTERBERG, R. MOLLENHAUER & PH. SPINAS: Phasenmodell ist out. Benutzerbeteiligung jetzt auch bei Standard-Software-Entwicklung. In: [COY u. a. 1993].

[Reese u. a. 1979] H. REESE, H. KUBICEK, B. P. LANGE, R. LUTTERBECK & U. REESE: *Gefahren der informationstechnologischen Entwicklung. Perspektiven der Wirkungsforschung.* Frankfurt a. M.-New York: Campus Verlag 1979.

[RÖDIGER 1989] K.-H. RÖDIGER et al.: Informatik und Verantwortung. *Informatik Spektrum*, 12 (1987). S. 281-289.

[RÖDIGER 1993] K.-H. RÖDIGER (Hrsg.): *Software-Ergonomie '93. Von der Benutzeroberfläche zur Arbeitsgestaltung.* Stuttgart: Teubner Verlag 1993.

[ROLF 1986] A. ROLF (Hrsg.): *Neue Techniken alternativ,* Hamburg: VSA Verlag. S. 43-52, 1986.

[ROLF 1992] A. ROLF: Informatik als Gestaltungswissenschaft. Bausteine für einen Sichtwechsel. In [LANGENHEDER, MÜLLER & SCHINZEL 1992].

[ROLF 1992] A. ROLF: Sichtwechsel. In: [W. COY et al. 1992].

[ROPOHL 1988] G. ROPOHL: Konzeptionen der Technikbewertung. In: Technikfolgenabschätzung und Technikbewertung. Konzeptionen, Anwendungsfälle, Perspektiven. 9. Daimler-Benz Seminar Berlin der Forschungsgruppe Berlin 19./20.11.87. Düsseldorf. VDI-Verlag 1988. S. 15-26.

[ROSSNAGEL 1993] A. ROSSNAGEL: *Rechtswissenschaftliche Technikfolgenforschung.* Baden-Baden: Nomos Verlag 1993.

[Roßnagel, Wedde, Hammer, Pordesch 1990] ROSSNAGEL, WEDDEL, HAMMER & PORDESCH: *Digitalisierung der Grundrechts? Zur Verfassungsverträglichkeit der Informations- und Kommunikationstechnik.* Opladen: Westdeutscher Verlag 1990.

[RUST 1994A] H. RUST: Dreimal Ethik und Informatik. *Informatik Spektrum* 17, 1994.

[RUST 1994B] H. RUST: *Zuverlässigkeit und Verantwortung. Die Ausfallsicherheit von Programmen.* Braunschweig/Wiesbaden: Vieweg Verlag 1994.

[SCHACHTNER 1993] CH. SCHACHTNER: *Geistmaschine.* Frankfurt a.M.: Suhrkamp Verlag 1993.

[SCHADE 1988] D. SCHADE: Technikfolgenabschätzung im Staat, Produktfolgenabschätzung in der Wirtschaft. In: Technikfolgenabschätzung und Technikbewertung: Konzeptionen, Anwendungsfälle, Perspektiven. 9. Daimler-Benz-Seminar Berlin der Forschungsgruppe Berlin 19. /20. November 1987. Düsseldorf: VDI-Verlag 1988.

[SCHEFE ET AL. 1993] P. SCHEFE, H. HASTEDT, Y. DITTRICH & G. KEIL (Hrsg.): *Informatik und Philosophie,* Mannheim: Bibliographisches Institut 1993.

[SCHINZEL 1992] B. SCHINZEL, Informatik und weibliche Kultur. In: [W. COY et al. 1992].

[SCHLESE 1995] M. SCHLESE (Hrsg.): Technikgeneseforschung als Technikfolgenabschätzung: Nutzen und Grenzen; Forschungszentrum Karlsruhe - Technik und Umwelt; Wissenschaftliche Berichte FZKA5556, Mai 1995.

[SCHMIDT 1993] A. SCHMIDT: Der mögliche Beitrag der Kooperation zum Innovationserfolg - Empirische Ergebnisse einer Fallstudienuntersuchung. WZBBerlin 1993.

[SCHMIDT 1995] G. SCHMIDT: Lean production - konzeptionelle Überlegungen zu einer Zauberformel. In: BRACZYK, SCHIENSTOCK (Hrsg.): *Kurswechsel in der Industrie. Lean production in Baden-Württemberg. Stuttgart* Kohlhammer-Verlag (im Satz).

[SCHMOCH 1990] U. SCHMOCH: Wettbewerbsvorsprung durch Patentinformation. Köln: Verlag TÜV Rheinland, 1990.

[SCHNEIDER 1989] V. SCHNEIDER: *Technikentwicklung zwischen Politik und Markt: Der Fall Bildschirmtext.* Frankfurt a.M.-New York: Campus Verlag 1989.

[Schröder 1986] Th. Schröder: Arbeit und Informationstechnik, Proc. einer GI-Fachtagung in Karlsruhe im Juli 1986, Berlin-Heidelberg-New York et al.: Springer Verlag, 1986.

[Schultz-Wild et al. 1989] R. Schultz-Wild, Ch. Nuber, F. Rehberg & K. Schmiel: An der Schwelle zum CIM. Strategien, Verbreitung, Auswirkungen. Eschborn: RKW-Verlag, Köln: Verlag TÜVRheinland 1989.

[SCS Informationstechnik 1990] SCS Informationstechnik: Datenschutztechniken für offene digitale Kommunikationsnetze. Teletech NRW. Mülheim 1990.

[Seeger 1990] P. Seeger: *Die ISDN-Strategie. Probleme einer Technikfolgenabschätzung.* Berlin: Vistas Verlag 1990.

[Semlinger 1994] K. Semlinger: Kooperativer Tausch - Preissteuerung und strategische Koordination im Arbeitsverhältnis. In: K. Gerlach & R. Schettkat (Hrsg.): *Determinanten der Lohnbildung. Theoretische und empirische Untersuchungen.* Berlin 1994. S. 258-281.

[Siefkes 1992] D. Siefkes: *Formale Methoden und Kleine Systeme,* Braunschweig-Wiesbaden: Vieweg Verlag 1992.

[Spinner 1994] H. Spinner: *Die Wissensordnung: ein Leitkonzept für die dritte Grundordnung des Informationszeitalters,* Opladen: Leske + Budrich Verlag 1994.

[Staudt 1990] E. Staudt (Hrsg.): Innovation durch Kooperation. IAI Bochum 1990.

[Staudt 1991] E. Staudt (Hrsg.): Gesetzesfolgenabschätzung im Umweltbereich. IAI Bochum 1991.

[Staudt, Horst 1989] E. Staudt & Heike Horst: Innovation trotz Regulation. *List Forum*, Bd. 15 (1989).

[Steinbuch 1963] K. Steinbuch: *Automat und Mensch. Auf dem Wege zu einer kybernetischen Anthropologie,* Berlin-Heidelberg-New York et al.: Springer Verlag 1963.

[Steinbuch 1979] K. Steinbuch: Der Ingenieur im Spannungsfeld von Politik und Technik. In: VDE (Hrsg.): *VDE-Kolloquium über Ingenieurethik.* Frankfurt a.M.: VDE-Verlag 1979. S. 43-56 (1979).

[Steinmüller 1993] W. Steinmüller: Genetisches Selbstbestimmungsrecht, Eine Skizze zur sozialen Bewältigung der Genomanalyse. *Datenschutz und Datensicherheit* 1/93. S. 6-10 (1993).

[Steinmüller 1993] W. Steinmüller: *Informationstechnologie und Gesellschaft - Einführung in die angewandte Informatik,* Darmstadt: Wiss. Buchgesellschaft 1993.

[Steinmüller et al. 1971] W. Steinmüller, B. Lutterbeck & C. Mallmann: Grundfragen des Datenschutzes. Gutachten im Auftrag des BMI. BT-Drucks. 6/3826 (1971).

[Stransfeld 1991] R. Stransfeld: Neue Wege in der Technikfolgenabschätzung - Diskurse zur Informationstechnik. In: Diskurs-Jahresband '90. VDI/VDE-IT, Berlin 1991.

[Stransfeld 1993a] R. Stransfeld: Technikfolgen - Technikablehnung, Technikkommunikation - Technikpolitik. In: Johnke, Schmitt-Tegge (Hrsg.), *Akzeptanzprobleme bei Maßnahmen zur Abfallentsorgung.* Berlin: Schmidt, 1993.

[Stransfeld 1993b] R. Stransfeld: Mikrosystemtechnik - Eine Universaltechnologie? Manuskr. , VDI/VDE-IT, Teltow 1993.

[STRAUSS 1978] A. STRAUSS: *Negotiations.* San Francisco 1978.

[STREECK 1989] W. STREECK: Successful Adjustment to Turbulent Markets. In: P. KATZENSTEIN (Hrsg.): *Industry and Politics in West Germany.* Ithaka 1989.

[STRUIF 1992] B. STRUIF: Das elektronische Rezept mit digitaler Unterschrift. Proc. Teletrust '92. Bonn 1992. S. 71-75.

[STRUIF 1994] B. STRUIF: Sicherheit und Datenschutz bei elektronischen Rezepten. Proc. Multicard '94. Bonn 1994. S. 71-80.

[TACKE, BORCHERS 1991] V. TACKE & U. BORCHERS: Organisation, Informatisierung und Risiko. Blinde Flecken mediatisierter und formalisierter Informationsprozesse. Fakultät für Soziologie der Universität Bielefeld. Forschungsschwerpunkt ZUKUNFT DER ARBEIT. Arbeitsberichte und Forschungsmaterialien Nr. 60, Bielefeld 1991.

[TAYLOR 1983] F. W. TAYLOR: *Die Grundsätze wissenschaftlicher Betriebsführung.* Raben Verlag 1983.

[TECH-WRITERS 1991] S. BECKER: Umfrage zur Benutzerfreundlichkeit von Softwareprodukten auf der Systems '91. Berlin 1991.

[TECH-WRITERS 1992] TECH-WRITERS: Projektbeschreibung - CACTUS. Berlin 1992 (Unveröffentlichtes Manuskript).

[THIENEN 1983] V. v. THIENEN: *Technikfolgen-Abschätzung und sozialwissenschaftliche Technikforschung - Eine Bibliographie,* Wissenschaftszentrum Berlin (WZB) 1983.

[ULICH 1991] E. ULICH: *Arbeitspsychologie.* Stuttgart-Zürich: Poeschel Verlag 1991.

[VDI 87] BMFT: Förderschwerpunkt Wirkungsforschung zur Entwicklung und Anwendung neuer Informationstechniken. VDI/VDE Technologiezentrum Informationstechnik Berlin, Mai 1987

[VDI/VDE-IT 1990/91] VDI/VDE-IT Diskursprotokolle III-1-4: ›Rechtliche Beherrschung der Informationstechnik‹ (GRVI u. a.), Berlin 1990/91.

[VDI/VDE-IT 1991/92] VDI/VDE-IT: Diskursprotokolle V-1-2: ›Datenschutz im ISDN/Mobilfunk‹ (ITG), Berlin 1991/92.

[VOLPERT 1987] W. VOLPERT: Kontrastive Analyse des Verhältnisses von Mensch und Rechner als Grundlage des System-Designs. *Zeitschrift für Arbeitswissenschaft* 41. S. 147-152, 1987.

[VOLPERT 1990] W. VOLPERT: Verantwortbare Aufgabengestaltung für informatik-geprägte Arbeitsplätze. In A. REUTER (Hrsg.), *GI - 20. Jahrestagung: Informatik auf dem Weg zum Anwender* (S. 168-177). Berlin-Heidelberg-New York et al.: Springer Verlag 1990.

[VOLPERT 1994] W. VOLPERT: *Wider die Maschinenmodelle des Handelns.* Lengerich-Berlin et al.: Wolfgang Pabst Verlag 1994.

[VOLPERT 1988] W. VOLPERT: *Zauberlehrlinge - Die gefährliche Liebe zum Computer.* Weinheim-Basel: Beltz Verlag, 1985, Neuauflage München: dtv 1988.

[WAGNER 1991A] I. WAGNER: Groupware zur Entscheidungsunterstützung als Element von Organisationskultur. In: HORST OBERQUELLE (Hrsg.): *Kooperative Arbeit und Computerunterstützung.* Göttingen: Verlag für Angewandte Psychologie 1991.

[WAGNER 1991B] I. WAGNER: Transparenz oder Ambiguität. *Zeitschrift für Soziologie* 4, 1991.

[WAHL 1982] K. WAHL, M. S. HONIG & L. GRAVENHORST: *Wissenschaftlichkeit und Interessen*. Frankfurt a.M.: Suhrkamp Verlag 1982.

[WARNECKE 1993] H. J. WARNECKE: *Die fraktale Fabrik. Revolution der Unternehmenskultur.* Heidelberg-Berlin-New York et al.: Springer Verlag 1993.

[WARREN ET AL. 1890] S. WARREN & L. BRANDEIS: *The Right to Privacy.* Harvard Law Review. 1890-91. No. 5. S. 193-220.

[WEBER 1994] H. WEBER (Hrsg.): *Lean Management - Wege aus der Krise. Organisatorische und gesellschaftliche Strategien.* Wiesbaden 1994.

[WEDEKIND 1987] H. WEDEKIND: Gibt es eine Ethik der Informatik? Zur Verantwortung des Informatikers. *Informatik Spektrum* 10: 6, 324-328 (1987).

[WEIZENBAUM 1976] J. WEIZENBAUM: *Computer Power and Human Reason: From Judgment to Calculation.* San Francisco: W. H. Freeman 1976 (dt.: *Die Macht der Computer und die Ohnmacht der Vernunft.* Frankfurt a.M.: Suhrkamp Verlag 1978).

[WELLBROCK 1994] R. WELLBROCK: Chancen und Risiken des Einsatzes maschinenlesbarer Patientenkarten. *Datenschutz und Datensicherheit* 2/94. S. 70-74.

[WENDE 1991] I. WENDE: Normung in der Informationstechnik. In: Rechtliche Beherrschung der Informationstechnik, Diskurs-Protokoll III-3. VDI/VDE-IT, Berlin 1991.

[WENZLAFF, TRAPPE & FRETTER 1994] P. WENZLAFF, H. -J. TRAPPE & R. FRETTER: DEFICARD - Die neue Dimension in der Patientennachsorge. Proc. Multicard '94. S. 332-335.

[WESTIN 1967] A. WESTIN: *Privacy and Freedom.* New York 1967.

[WHORF 1984] B. L. WHORF: *Sprache-Denken-Wirklichkeit.* Reinbek bei Hamburg: Rowohlt Verlag 1984.

[WIEANDT 1993] A. WIEANDT: Die Entstehung von Märkten durch Innovationen. WZB Berlin 1993.

[WIEDEMANN 1991] P. WIEDEMANN: Ungewißheit besser verstehen. Szenariotechnik und Sozialverträglichkeit. *Technische Rundschau* Nr. 27/1991. S. 28-34.

[WIENER 1954] N. WIENER: *The Human Use of Human Beings.* Boston: Houghton Mifflin, 1954 (dt. *Mensch und Menschmaschine.* Berlin: Ullstein, 1961).

[WILLIAMS 1994] J. WILLIAMS: Ethical Issues in the National Information Infrastructure. Proceedings of the 17th National Computer Security Conference. Baltimore. Oktober 1994.

[WILSON 1981] T. P. WILSON: Theorien der Interaktion und Modelle soziologischer Erklärung. In: Arbeitsgruppe Bielefelder Soziologen (Hrsg.): *Alltagswissen, Interaktion und gesellschaftliche Wirklichkeit* 1+2. Opladen: Westdeutscher Verlag 1981.

[WINOGRAD, FLORES 1986] T. WINOGRAD & F. FLORES: *Understanding Computers and Cognition - A New Foundation for Design.* Norwood, N. J. Ablex 1986 (Deutsch: *Erkenntnis, Maschinen, Verstehen: Zur Neugestaltung von Computersystemen.* Berlin: Rotbuch 1989).

[WOHLAND 1989] G. WOHLAND: Das demokatische Potential der neuen Fabrik. In: R. KLISCHEWSKI & S. PRIBBENOW (Hrsg.): *Computerarbeit: Täter, Opfer, Perspektiven,* Proc. Jahrestagung des Forums Informatiker für Frieden und gesellschaftliche Verantwortung FIFF '88 in Hamburg. Berlin: VAS in der Elefantenpress 1989.

[WOLF, MICKLER, MANSKE 1992] H. WOLF, O. MICKLER & F. MANSKE: *Eingriffe in Kopfarbeit: Die Computerisierung technischer Büros im Maschinenbau.* Berlin: edition sigma 1992.

[WOLFF u. a. 1977] S. WOLFF, G. CONFURIUS, H. HELLER & T. LAU: Entscheidungen als praktische Herstellungen. *Soziale Welt* 1977, 271-305.

[WOMACK, JONES, ROOS 1992] J. P. WOMACK, D. T. JONES & D. ROOS: *Die zweite Revolution in der Autoindustrie. Konsequenzen aus der weltweiten Studie aus dem Massachusetts Institute of Technology.* Frankfurt a.M.-New York 1992.

[WRIGHT 1990] K. WRIGHT: Auf dem Weg zum globalen Dorf. *Spektrum der Wissenschaft*, Mai 5, 1990.

[ZAHRNT 1987, 88, 89] ZAHRNDT: *DV-Rechtsprechung,* 3 Bände. Hallbergmoos 1987, 1988, 1989.

[ZEMANEK 1979] H. ZEMANEK: Abstract Architecture. General Concepts for Systems Design. In: D. BJÖRNER (Hrsg.): *Abstract Software Specifications,* Proceedings Copenhagen Winterschool 1979. Lecture Notes in Computer Science, Vol. 86. Berlin-Heidelberg-New York et al.: Springer Verlag, 1980. S.554-563

[ZEMANEK 1992] H. ZEMANEK: *Das geistige Umfeld der Informationstechnik.* Berlin-Heidelberg-New York et al.: Springer Verlag 1992.

[ZEMANEK 1992] H. ZEMANEK: Software-Fabriken. Mehr als eine Buchbesprechung. *Informationstechnik* 34 H. 6 (1992). S. 468-472.

[ZIMMERLI 1987] W. C. ZIMMERLI: Wandelt sich die Verantwortung mit dem technischen Wandel? In [LENK, ROPOHL 1987] . S. 92-111.

[ZKW 2000 1993] ZUKUNFTSKOMMISSION WIRTSCHAFT 2000 (Hrsg.): *Aufbruch aus der Krise*, Stuttgart 1993.

[ZUSE 1986] K. ZUSE: *Der Computer - Mein Lebenswerk.* 2. veränd. Aufl., Berlin-Heidelberg-New York et al.: Springer Verlag 1986.

vieweg